Unity3D 脚本编程

使用C#语言开发跨平台游戏

陈嘉栋 著

電子工業出版社
Publishing House of Electronics Industry
北京•BEIJING

内 容 简 介

本书以 Unity 3D 的跨平台基础 Mono，以及其游戏脚本语言 C#为基础进行讲解。全面系统地剖析了 Unity 3D 的跨平台原理以及游戏脚本开发的特点。

第 1 章主要介绍了 Unity 3D 引擎的历史以及编辑器的基本知识；第 2 章主要介绍了 Mono，以及 Unity 3D 利用 Mono 实现跨平台的原理，并且分析了 C#语言为什么更适合 Unity 3D 游戏开发的原因；第 3 章到第 10 章主要介绍了 Unity 3D 游戏脚本语言 C#在使用 Unity 3D 开发过程中的知识点，包括 Unity 3D 脚本的类型基础、数据结构，在 Unity 3D 脚本中使用泛型、使用委托和事件打造自己的消息系统、利用定制特性来拓展 Unity 3D 的编辑器、Unity 3D 协程背后的秘密——迭代器，以及可空类型和序列化在 Unity 3D 中使用的相关知识；第 11 章到第 14 章主要介绍了 Unity 3D 的资源管理，以及优化和编译的内容。

无论是初次接触 Unity 3D 脚本编程的新人，还是有一定经验的老手，相信都可以借本书来提高自己在 Unity 3D 方面的水平。

图书在版编目（CIP）数据

Unity 3D 脚本编程：使用 C#语言开发跨平台游戏 / 陈嘉栋著. —北京：电子工业出版社，2016.9
ISBN 978-7-121-29718-2

Ⅰ. ①U… Ⅱ. ①陈… Ⅲ. ①游戏程序－程序设计 Ⅳ. ①TP317.6

中国版本图书馆 CIP 数据核字(2016)第 196502 号

策划编辑：付　睿
责任编辑：徐津平
印　　刷：北京天宇星印刷厂
装　　订：北京天宇星印刷厂
出版发行：电子工业出版社
　　　　　北京市海淀区万寿路 173 信箱　邮编 100036
开　　本：787×980　1/16　印张：25.25　字数：560 千字
版　　次：2016 年 9 月第 1 版
印　　次：2022 年 9 月第 19次印刷
定　　价：79.00 元

凡所购买电子工业出版社图书有缺损问题，请向购买书店调换。若书店售缺，请与本社发行部联系，联系及邮购电话：（010）88254888，88258888。

质量投诉请发邮件至 zlts@phei.com.cn，盗版侵权举报请发邮件至 dbqq@phei.com.cn。

本书咨询联系方式：010-51260888-819，faq@phei.com.cn。

推荐序

Unity 3D 是由两个具有巨大吸引力而极其令人愉悦的领域混合而成的——C#语言和游戏开发。Unity 团队设计 Unity 3D 将这两者有机地结合起来。

对于 C#语言的喜爱要回溯至 2000 年，当时微软向世界推出了新的语言 C#，不仅震惊了 Windows 领域，它同时也震惊了开源世界。GNOME 项目的领导者 Meguel de Icaza 就看到了 C#语言在桌面开发的前景，着手创建了开源的.NET 跨平台实现 Mono，如今 Mono 已经用于从嵌入式系统到服务器、工业控制、移动开发和游戏的所有方面。.NET 语言不仅确保了我们不再受限于某一种当下的语言，而且确保了我们可以继续重用之前使用 C 和 C++编写的现有代码，C#使我们和我们所处的世界更加高效。随着微软成立.NET 基金会，大力发展开源跨平台的.NET，同时 Unity 公司也是.NET 基金会成员，我们有理由相信使用 C#的 Unity 3D 平台也会发展得更好。

正如 Unity Technologies 的 CEO David Helgason 先生所说：“Unity 是一个用来构建游戏的工具箱，它整合了图像、音频、物理引擎、人机交互以及网络等技术。”Unity 3D 因为它的快速开发以及跨平台能力而为人所知。Unity 3D 的快速开发和跨平台能力正是来自于它对 Mono 平台和 C#语言的依赖，使用 C/C++来编写高性能要求的引擎代码，针对开发人员采用高级的 C#、UnityScript、Boo 语言作为游戏开发的脚本。

本书作者陈嘉栋带着激情投身于 Unity 游戏开发，他在 Unity 社区也非常活跃，他也通过博客写了大量和 Unity 3D 相关的文章，如今他将这些在社区上的贡献汇集成这样一个涉及 Unity 3D 跨平台原理分析、Unity 3D 和 Mono 的结合，以及在游戏脚本编程中使用 C#语言的作品。希望无论是初次接触 Unity 3D 脚本编程的新人，还是有一定经验的老手都能对 Unity 3D 了解得更全面深刻，对 C#语言在开发游戏脚本过程中的知识点掌握得更牢固，写出更高效的代码。

使用 C#和 Unity 3D 构建游戏是一件极佳的事情。你能够使用一种强类型的、类型安全的、垃圾回收的、具有最热门 API 的语言来开发游戏，下面开始学习陈嘉栋创作的这本佳作吧！

微软 MVP　张善友

2016.7.13 书于 深圳

前 言

2005年6月6日，在WWDC大会上，Unity 3D的第一个版本正式推出。当时的Unity 3D还只能在Mac OS X平台上运行，经过10年的发展，到如今Unity 3D已经迎来了5.0的时代。Unity 3D在这十年间继承并发扬了其一贯的优势，即拥有强大的编辑器，以及便利的跨平台能力和适合移动平台的3D开发能力。正是基于这些优势，Unity 3D无疑为开发者节省了大量的时间和精力，使得整个开发流程变得更加高效而且便捷。而它本身也早已成为了全功能游戏引擎市场不可忽视的一股力量。

正如Unity Technologies的CEO——David Helgason先生所说："Unity是一个用来构建游戏的工具箱，它整合了图像、音频、物理引擎、人机交互以及网络等技术。"的确如此，Unity 3D因为它的快速开发以及跨平台能力而为人所知。

其中Unity 3D编辑器的构建和拓展，以及引擎本身强大的跨平台能力，都多多少少借助了Mono以及C#语言来实现，而C#语言更是Unity 3D引擎最主要的游戏脚本语言，而采用脚本语言开发游戏逻辑无疑大大提高了使用Unity 3D进行开发的效率。

但目前国内并没有太多涉及Unity 3D跨平台原理分析、Unity 3D和Mono的结合，以及在游戏脚本编程中使用C#语言的资料。作者身边的很多朋友和网上认识的很多同行，由于没有一份系统剖析Unity 3D脚本编程的资料，而对这部分的内容没有形成一个全面的了解。

因此，本书的目标便是将Unity 3D和Mono的关系，以及使用C#语言开发Unity 3D的游戏脚本的内容进行系统化地整理分析，本书不仅会分析C#语言在Unity 3D脚本编程中的知识点（例如使用定制特性来拓展Unity 3D编辑器、使用委托事件机制打造自己的消息系统，以及Unity 3D中协程的实现细节等），还会带领各位读者走进更加底层的CIL代码层，了解Unity 3D借助Mono跨平台的原理，最后还会关注Unity 3D引擎本身的资源管理、项目优化以及编译的内容。通过介绍最有代表性的两大移动平台——Android 平台和 iOS 平台，通过介绍两个平台上的项目编译进而使广大读者了解 JIT 编译方式以及 AOT 编译方式。希望能通过这些内容使国内的广大 Unity 3D 从业人员对 Unity 3D 了解得更全面深刻，对 C#语言在开发游戏脚本过程中的知识点掌握得更牢固，写出更高效的代码。

本书的作者长期关注 Unity 3D、Mono 以及 C#语言，并且在博客园、游戏蛮牛以及 InfoQ 网站以“慕容小匹夫”的笔名发表过多篇博客和文章，更是在 2015 年获得了微软最有价值专家（MVP）的称号。我在博客园写博客的期间，很荣幸地获得了电子工业出版社计算机分社付睿编辑的认可，联系之后确定了本书的选题以及主要的内容框架。在本书的写作过程中，我也得到了很多朋友的帮助和支持，在此一并感谢。

最后，还要感谢所有在我的博客浏览、评论、支持、批评、指正的朋友们，仅以本书献给所有读者，并衷心地希望和各位读者共同进步。

目　录

第 1 章
Hello Unity 3D

本章会带领大家走进 Unity 3D 游戏引擎的发展历史，并介绍 Unity 3D 引擎的基本结构，最后引出搭建了 Unity 3D 引擎脚本核心基础的 Mono 平台。

1.1 Unity 3D 游戏引擎进化史

正如 Unity Technologies 的 CEO——David Helgason 先生所说：“Unity 是一个用来构建游戏的工具箱，它整合了图像、音频、物理引擎、人机交互以及网络等技术。”的确如此，Unity 3D 因为它的快速开发，以及跨平台能力而为人所知。那么它究竟是如何“横空出世”的呢？

时间回溯到 2002 年 5 月 21 日下午 1 点 47 分。一个叫作 Nicholas Francis 的丹麦程序员在网上发出了一个寻找合作伙伴的帖子，帖子的内容就是协助他，并为他的游戏引擎共同开发一套 Shader 系统（Shader 即着色器，是一个能够针对 3D 对象进行操作，并被 GPU 所执行的程序。通过这些程序，程序员就能够获得绝大部分想要的 3D 图形效果）。不久之后，有一位叫作 Joachim Ante 的程序员响应了这个帖子，并决定和 Nicholas Francis 共同开发这套 Shader 系统。而作为最初的第三位开发者，也是后来成为 CEO 的 David Helgason 先生，在听说了这个项目之后，也决定加入这个项目。

两年之后，他们成立了一个叫作 Over the Edge Entertainment（OTEE）的公司，David Helgason 成为 CEO。他们当时决定开发一种独立开发者也有能力使用的游戏引擎。

而日后 Unity 3D 游戏引擎之所以获得成功的一大原因，就是得益于对无力承担游戏引擎高额许可费用的独立开发者的支持。

又经过两年没日没夜的工作，Unity 3D 游戏引擎最初的版本已经初具雏形，如图 1-1 所示为早期 Unity 3D 版本的截图。但是考虑到游戏开发者在没有看到基于 Unity 3D 游戏引擎开发的成功案例之前，很难说服他们使用 Unity 3D。因此，Unity 3D 团队认识到，必须要使用他们的新引擎开发一套完整的商业游戏。这不仅可以用来检测和证明他们引擎的能力，同时开发出的这款商业游戏，也可以补贴后续开发的费用。

就这样，Unity 3D 开发团队使用他们的新引擎，花费了 5 个月的时间开发了一款商业游戏——《GooBall》，如图 1-2 所示。

图 1-1 早期 Unity 3D 版本（version 0.2b）的截图

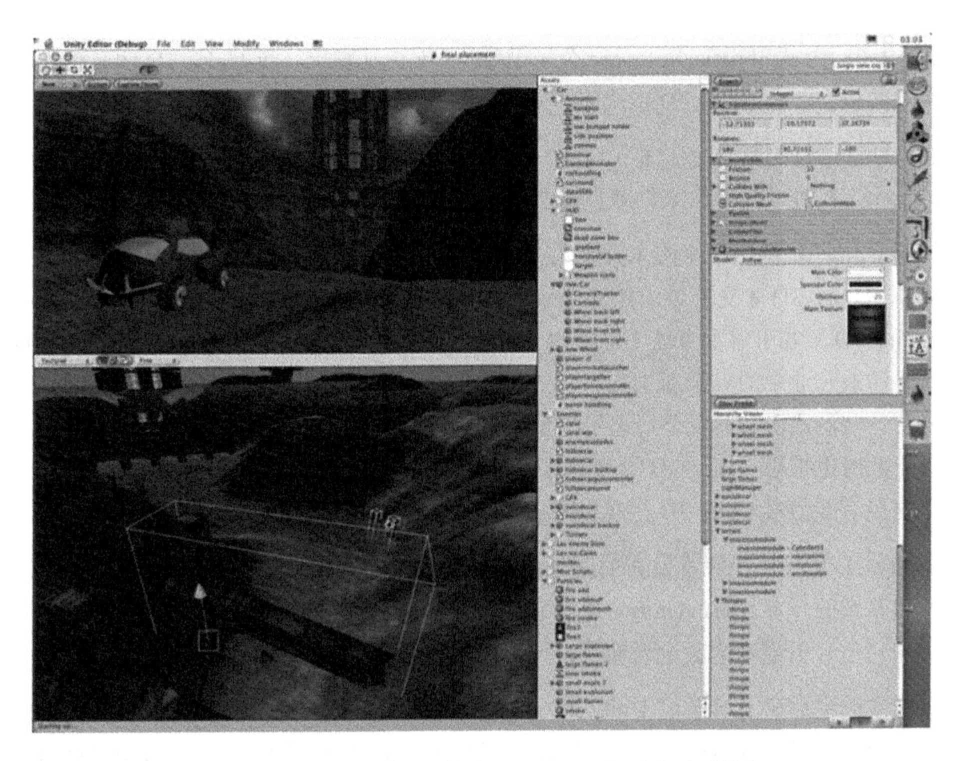

图 1-1 早期 Unity 3D 版本（version 0.2b）的截图（续）

图 1-2 GooBall 截图

《GooBall》由 Ambrosia Software 公司于 2005 年 3 月发行。而 Unity 3D 团队也借开发这款商业游戏的机会，在 Unity 3D 正式版本发布前修改了一些 Bug，调整了若干接口，等等。

这样，Unity 3D 的第一个版本（1.0.0）由 3 个关键人物：David Helgason、Joachim Ante 及 Nicholas Francis 在丹麦开发出来，并且在 2005 年 6 月 6 日发布。

而使用 Unity 3D 的第一个版本开发出来的项目，也仅仅支持在 Mac OS X 平台上运行。直到 1.1 版本，Unity 3D 才支持导出能够运行在微软的 Windows 操作系统及浏览器平台上的项目（此时 Unity 3D 游戏引擎本身还不能在 Windows 操作系统上运行）。而此时的 Unity 3D 游戏引擎仅仅是游戏工业中的一个新生儿，它的用户也仅仅是以游戏开发爱好者和独立开发者为主。与此同时，一些游戏引擎开发公司由于销量不好，最终放弃了它们的游戏引擎。很多 Unity 3D 的潜在用户此时也担心 Unity 3D 会重蹈那些公司的覆辙。而 OTEE 公司用了两年多的时间，才证明了自己有能力对 Unity 3D 游戏引擎提供足够的支持和更新。

在 Unity 3D 的第一个版本发布的同时，Unity 3D 2.0 版本也几乎马不停蹄地开始了开发。在经过两年左右的开发之后，Unity 3D 2.0 版本带着“Unity 3D 向前迈的最大一步”的名号，在 2007 年的 Unity 开发者大会上发布了。

这个版本的重点在于增强了 Unity 3D 开发出的项目对微软 Windows 操作系统的支持，以及提高 Web Player 跨平台的能力。为了实现这些，Unity 3D 的开发团队为 Unity 3D 游戏引擎添加了对微软 Direct X 的支持，而 Direct X 也为那些使用 Unity 3D 游戏引擎开发出的作品在 Windows 操作系统上带来了大约 30%的性能提升。这个版本的 Unity 3D 游戏引擎的新功能还包括：Web 数据流的处理、实时阴影、网络通信、地形引擎、Unity 素材商店以及一套新的 GUI 系统。

在这期间，随着智能手机的流行，特别是苹果手机和 App Store 在全球的风靡，Unity 团队甚至还专为 iPhone 开发过一款专门的引擎——Unity iPhone。

在 2008 年到 2009 年这一段时间里，Unity 开发团队又认识到了让 Unity 3D 游戏引擎本身的编辑器同样能够在 Windows 操作系统上运行的必要性。而为了实现这一点，他们不得不重写了当时的 Unity 3D 编辑器的代码，使其变成与具体平台无关的部分。而 Unity 团队也在 2009 年的游戏开发者大会上发布了能够运行在 Windows 操作系统上的 Unity 3D 游戏引擎，也就是 Unity 3D 2.5 版本。

Unity 3D 3.0 版本于 2010 年 9 月 27 日发布。这次升级带来了很多诱人的新功能，包括各大平台统一的编辑器、Beast 烘焙系统（lightmapping）、延迟渲染（deferred rendering）、Umbra 遮挡剔除（occlusion culling）、FMOD 音频引擎等。而随着 Unity 3D 3.0 版本的发布，Unity 已经拥有了超过 20 万人次的注册开发者，成为了手机平台应用最广泛的游戏引擎之一。

2012 年 2 月 14 日，Unity 团队又发布了 Unity 3D 3.5 版本。该版本最大的亮点是提供了对 Flash 部署的支持。

2012 年 11 月 13 日，Unity 3D 4.0 版本对开发者开放了下载。在该版本中，又引入了 Mecanim 动画系统、Shuriken 粒子系统等新功能。

1.2 Unity 3D 编辑器初印象

打开 Unity 3D 游戏引擎的编辑器，给我们的第一印象就是它由很多子窗口组成。默认情况下的 Unity 3D 编辑器，如图 1-3 所示。

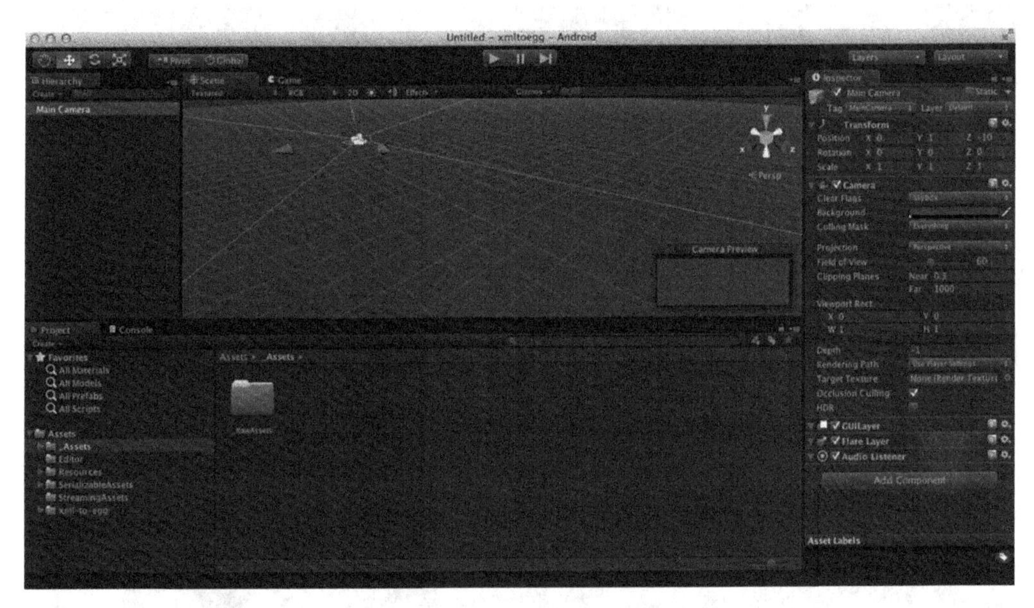

图 1-3 Unity 3D 编辑器界面

最常见的几种视图是：Project 视图（项目浏览器视图）、Inspector 视图（检视面板）、Game 视图、Scene 视图、Hierarchy 视图（层级面板视图）以及工具栏。

1.2.1 Project 视图

Project 视图，或者也可以叫项目浏览器视图窗口，包含了所有被导入到当前 Unity 3D 项目中的素材。如图 1-4 所示，左侧的面板展现了项目的文件夹层级结构，其中左侧面板的上半部分是素材收藏夹，主要为了方便开发者能够轻松地访问经常需要使用的素材。而在右侧面板的正上方，在查看状态下会标识出当前被查看的文件夹路径，如图 1-5 所示。

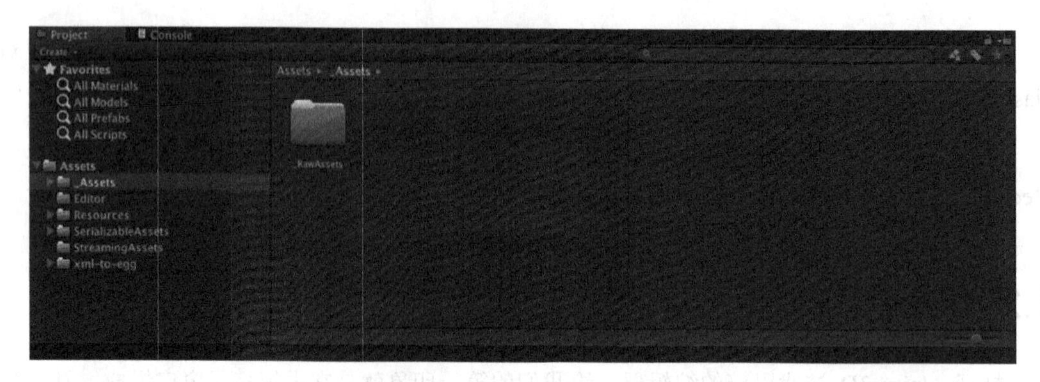

图 1-4 Project 视图窗口

图 1-5 当前被查看的文件夹路径

而在素材搜索状态下，该区域将变成搜索区，会标识出根目录、当前目录以及资源商店的素材统计，如图 1-6 所示。

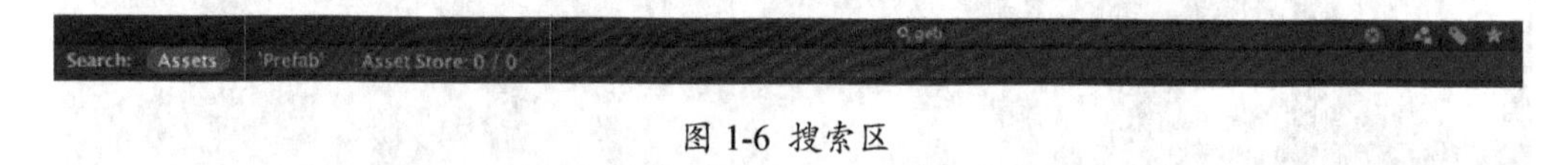

图 1-6 搜索区

在项目浏览器视图窗口的最上方，则是一个工具栏，为开发者提供了添加、创建新素材，以及检索项目中素材的功能，如图 1-7 所示。

图 1-7 Project 视图面板的工具栏

单击“Create”按钮，弹出相应菜单，可以很方便地创建新素材，如图 1-8 所示。

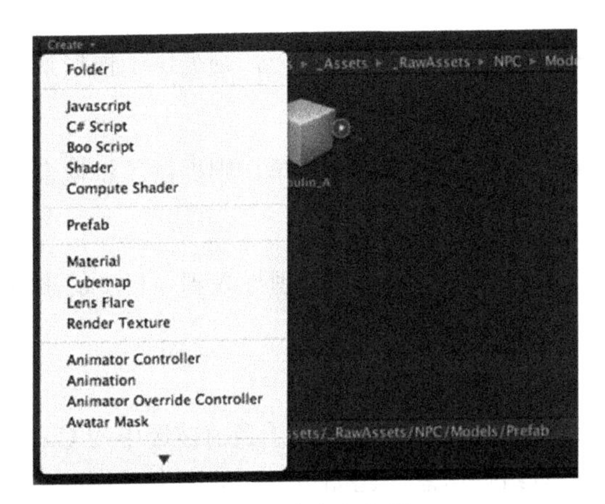

图 1-8 创建新素材

而素材的搜索功能同样十分方便和强大，在搜索栏的右侧有 3 个按钮，可以用来进一步对搜索结果进行过滤，提高搜索的效率，如图 1-9 所示。

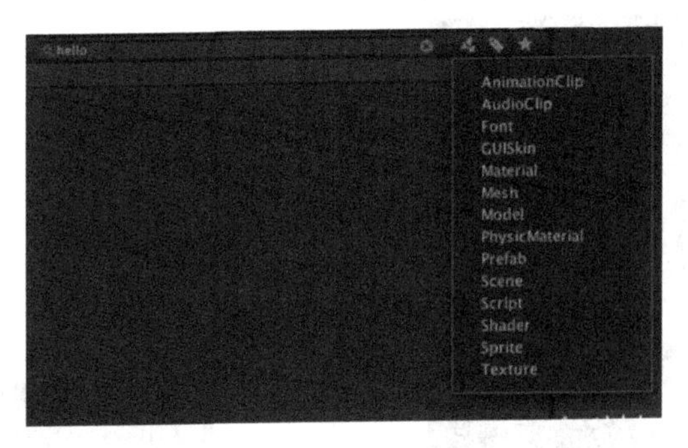

图 1-9 根据类型过滤搜索结果

单击第一个（从左往右）按钮，弹出相应菜单，可以根据目标类型过滤搜索结果，如图 1-10 所示。

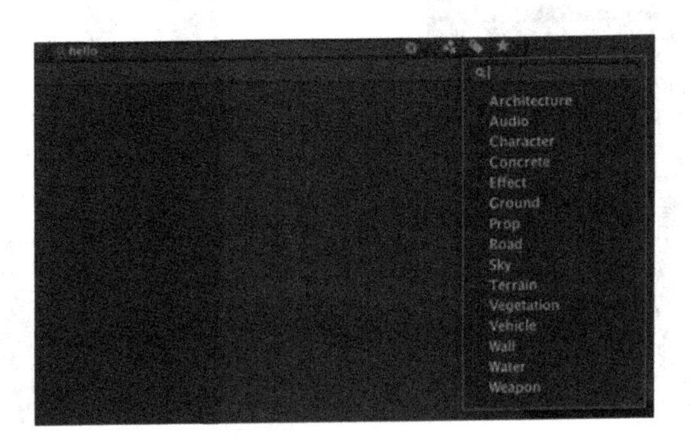

图 1-10 根据目标类型过滤搜索结果

单击第二个（从左往右）按钮，弹出相应菜单，则提供了根据素材标签来过滤搜索结果的功能，开发者可以自定义这些标签。

单击第三个（从左往右）按钮，弹出相应菜单，则提供了将搜索结果添加到前面提到的素材收藏夹中的功能。

作为项目的开发者，可以很方便地检索和管理导入到项目中的素材。

1.2.2 Inspector 视图

Inspector 视图窗口，如图 1-11 所示。它展示了当前被选中的 Game Object 的详细信息，以及该 Game Object 绑定的所有组件信息。比如自定义的脚本、物理部件、碰撞器等。在这里，开发者可以看到脚本中暴露出的各个变量，同时无论游戏运行与否，开发者都可以手动调整具体变量的数值。而在对应的组件后方会有一个齿轮样的图标，游戏开发者可以对该组件进行操作，如图 1-12 所示。

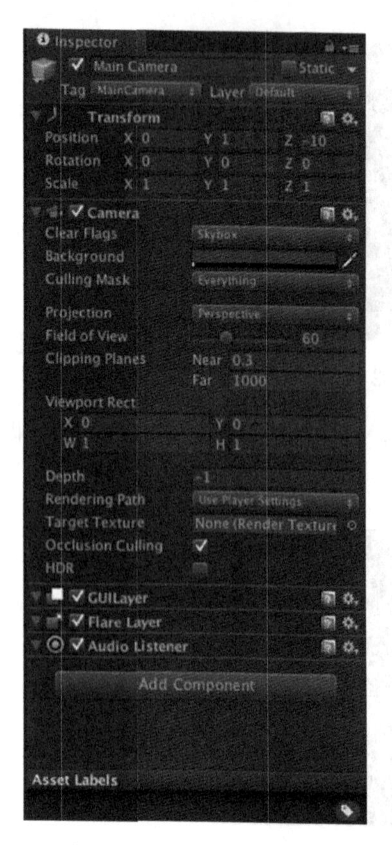

图 1-11 Inspector 视图窗口

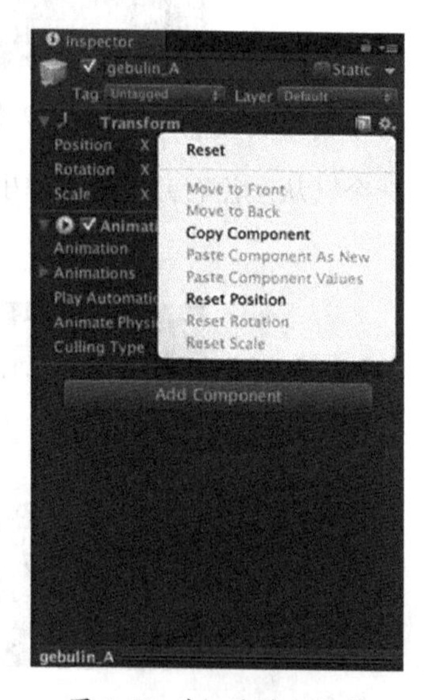

图 1-12 对组件进行操作

在检视面板的最下方，则可以为该资源添加标签。这个标签可以作为项目浏览器视图中搜索素材的过滤条件，如图 1-13 所示。

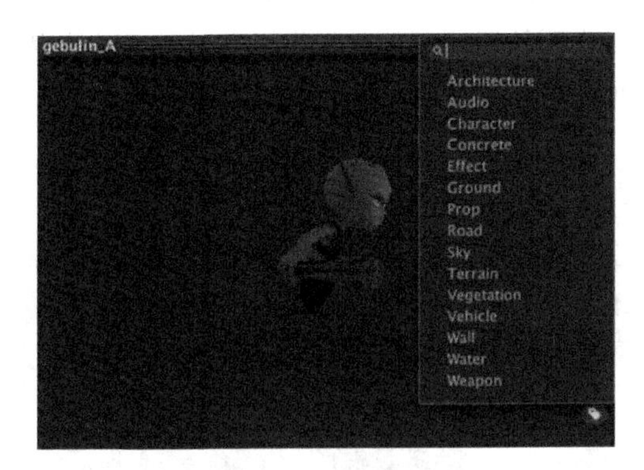

图 1-13　为资源添加标签

1.2.3 Hierarchy 视图

Hierarchy 视图窗口包括了当前场景中所有的对象，如图 1-14 所示。当有新的对象加入当前场景或有旧的对象从当前场景消失时，Hierarchy 视图会同时更新。在这个窗口中，开发者可以通过拖曳的方式为当前场景中的对象指定父子关系。而其中的子对象将继承父对象的旋转以及移动。

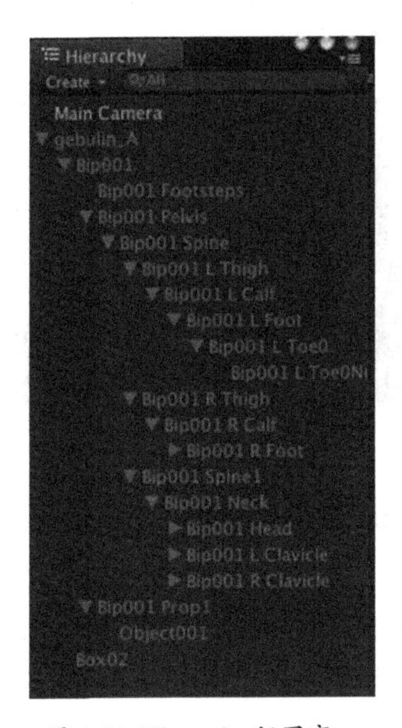

图 1-14 Hierarchy 视图窗口

1.2.4 Game 视图

Game 视图窗口如图 1-15 所示。Game 视图为开发者提供了一种“所见即所得”的功能。这个窗口展示的就是游戏发布后的运行画面，作为开发者，可以使用一个或多个摄像机来控制玩家在实际游戏中看到的画面。同时也可以立刻反映出在 Scene 视图中做出的调整。

图 1-15 Game 视图窗口

和项目浏览器视图类似，在该面板的正上方同样是一个控制栏——游戏视图控制栏。其中最左边的是游戏视图宽高比下拉菜单，在这里你可以选择 Unity 3D 提供的宽高比，也可以自己定义所需要的宽高比，如图 1-16 所示。

图 1-16 设置游戏视图宽高比

游戏视图控制栏除了游戏视图宽高比下拉菜单，从左往右依次是 Maximize on Play 开关、Stats 按钮以及 Gizmos 开关。

其中 Maximize on Play 开关用来控制游戏视图是否是 100%全屏模式开启。若选中，则游戏视图会进入全屏模式。Stats 按钮则会显示当前的渲染状态统计，可以用来监测性能，如图 1-17 所示。

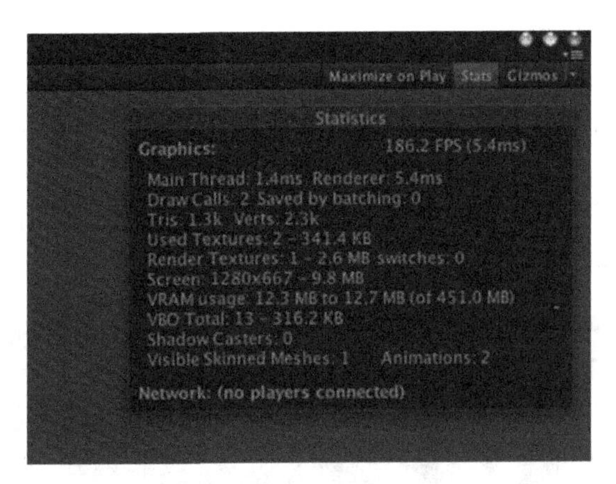

图 1-17 渲染状态统计窗口

若单击 Gizmos 开关，则开启 Gizmos 窗口，如图 1-18 所示。

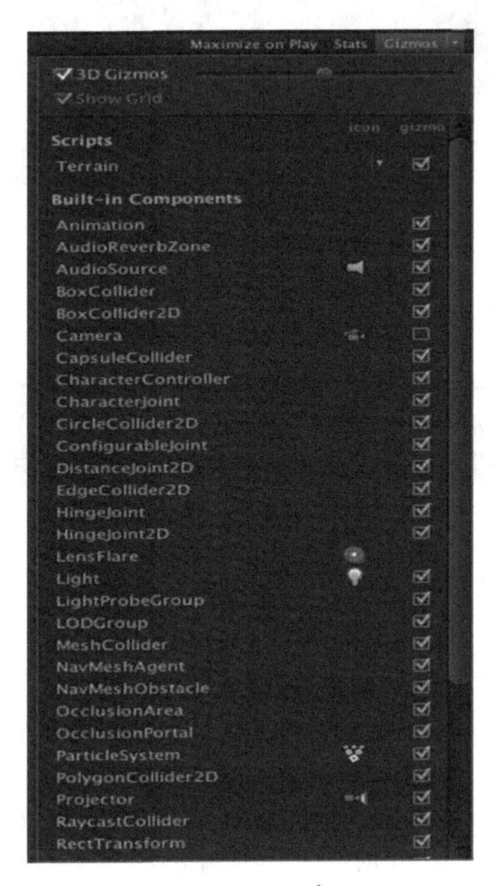

图 1-18 Gizmos 窗口

1.2.5 Scene 视图

Scene 视图即场景视图，如图 1-19 所示，是直接创建游戏的视图窗口。开发者需要在场景视图中选择和设置环境、玩家、相机、敌人以及其他游戏对象。作为游戏开发者，可以直接从项目浏览器视图中拖曳素材到场景视图中，也可以通过代码在游戏运行的过程中动态创建游戏对象。这些都会体现在场景视图中。

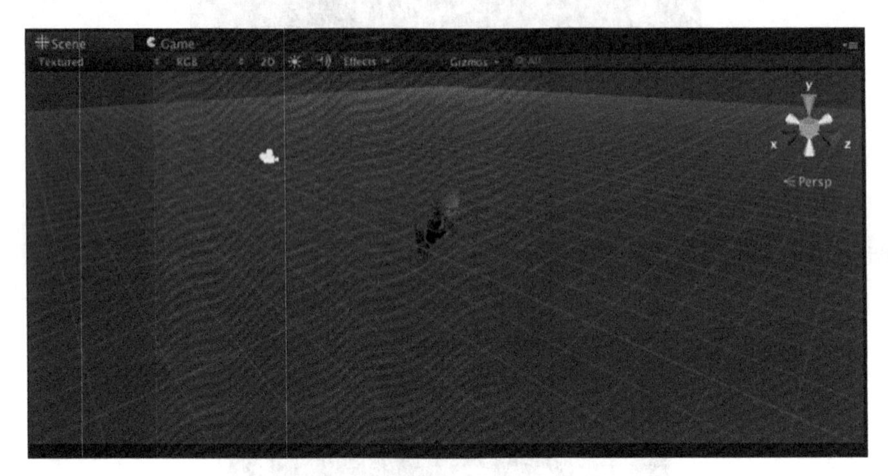

图 1-19 场景视图窗口

而为了准确而快速地操作场景视图中的游戏对象，Unity 3D 游戏引擎为我们提供了游戏对象的定位和操作工具，如图 1-20 所示。

图 1-20 游戏对象的定位和操作工具

在编辑器的左上角有 4 种工具，分别是拖曳平移场景视图工具、游戏对象平移工具、游戏对象旋转工具、游戏对象缩放工具。

拖曳平移场景视图工具，顾名思义，可以用来平移场景视图（快捷键为 Q）。

游戏对象平移工具，操作目标是游戏对象，可以调整游戏对象的位置。当对选中的游戏对象使用该工具时，被选中的游戏对象出现平移工具对应的 Gizmo（即可视化操作辅助工具），如图 1-2 所示。此时可以通过拖动鼠标调整 Gizmo 的方式来调整游戏对象的位置，也可以在监视面板中直接修改 Transform 组件中的对应字段来调整游戏对象的位置（快捷键为 W）。

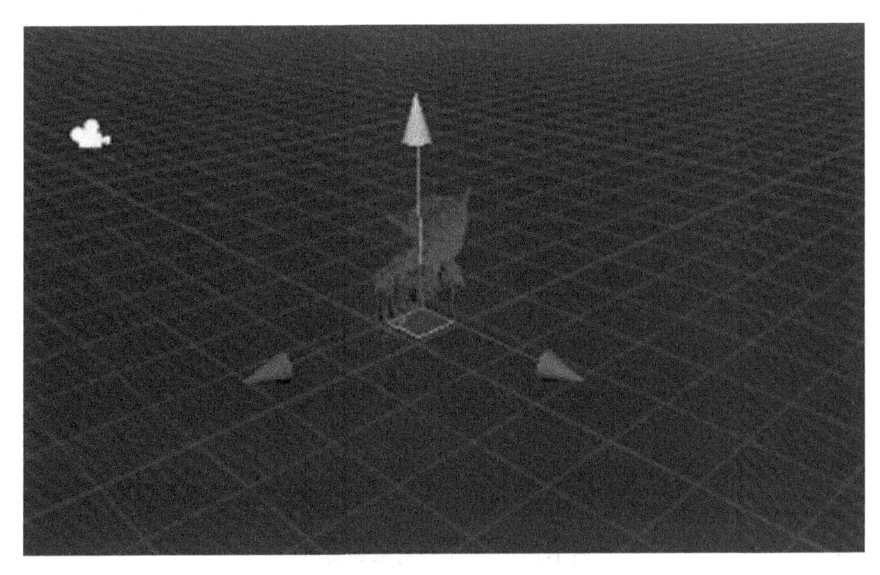

图 1-21 调整游戏对象的位置

游戏对象旋转工具和游戏对象缩放工具的操作目标同样是游戏对象，分别调整被选定的游戏对象的角度（快捷键 E）和大小（快捷键 R），它们也分别有其对应的 Gizmo，如图 1-22 和图 1-23 所示。此时同样可以通过拖动鼠标来调整 Gizmo 各轴的大小来对游戏对象进行旋转和缩放，也可以在监视面板中直接修改 Transform 组件中的对应字段来调整游戏对象的角度和大小。

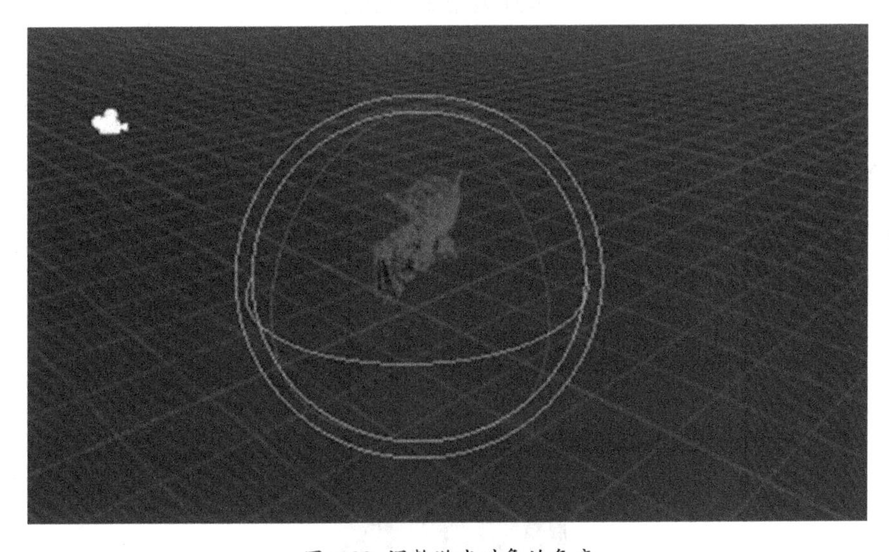

图 1-22 调整游戏对象的角度

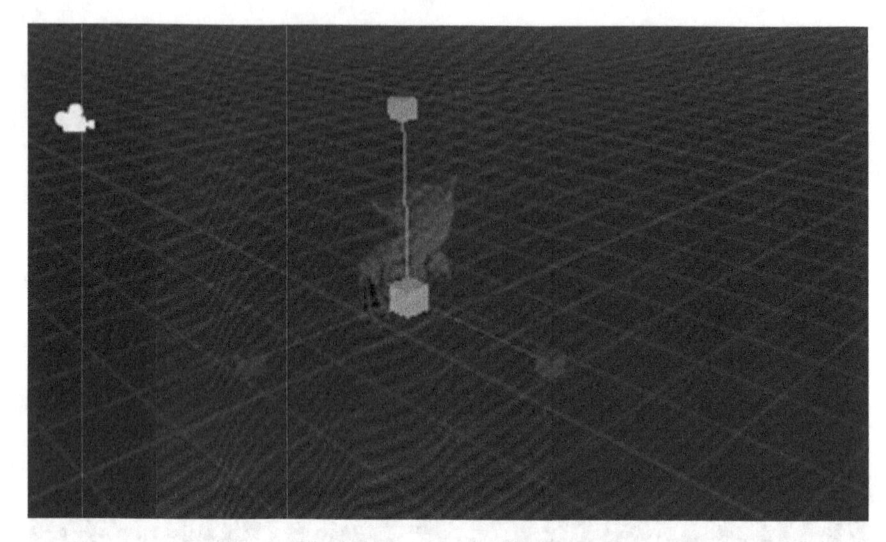

图 1-23 调整游戏对象的大小

在场景视图窗口的正上方是场景视图控制条，如图 1-24 所示。在场景视图控制条中可以查看和设置场景中的各种选项，以及决定灯光和音频是否启用。需要注意的是，场景视图控制条上的修改仅仅影响开发中的场景视图，而不会对最终发布的游戏造成影响。

图 1-24 场景视图控制条

场景视图控制条（从左往右）分别可以控制场景视图的绘图模式、场景视图的渲染模式、2D/3D 视角切换、场景视图照明切换、音频试听模式切换，以及 Effects 菜单和 Gizmos 菜单。

1.2.6 绘图模式

单击“Textured”按钮，弹出绘图模式下拉菜单，如图 1-25 所示。此时弹出的下拉菜单中，有 5 种方案供我们选择，如表 1-1 所示。

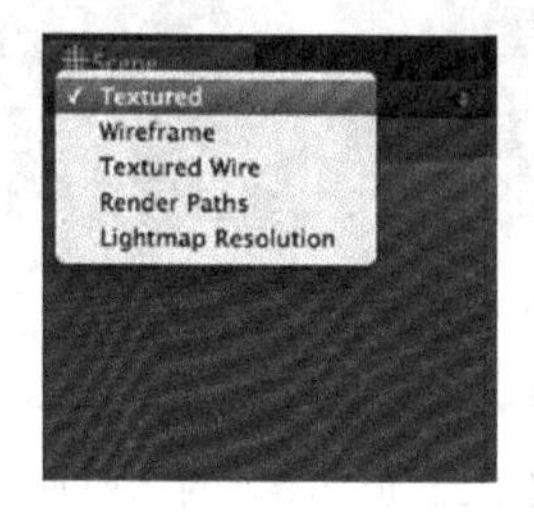

图 1-25 绘图模式下拉菜单

表 1-1 绘图模式种类

名　　称	作　　用
Textured（纹理）	显示可见的纹理表面
Wireframe（线框）	显示以线框的方式绘制模型的网格
Textured Wire（纹理线框）	显示有线框覆盖的网格纹理
Render Paths（渲染路径）	显示每个模型的渲染路径，通过使用不同的颜色来区分不同的渲染路径
Lightmap Resolution（光照贴图分辨率）	通过覆盖棋盘格的方式来显示光照贴图的分辨率

选择不同的绘图模式，Unity 3D 就会用相应的模式来描绘场景。Textured 模式场景视图绘制效果，如图 1-26 所示；Wireframe 模式场景视图绘制效果，如图 1-27 所示；Textured Wire 模式场景视图绘制效果，如图 1-28 所示；Render Paths 模式场景视图绘制效果，如图 1-29 所示；Lightmap Resolution 模式场景视图绘制效果，如图 1-30 所示。

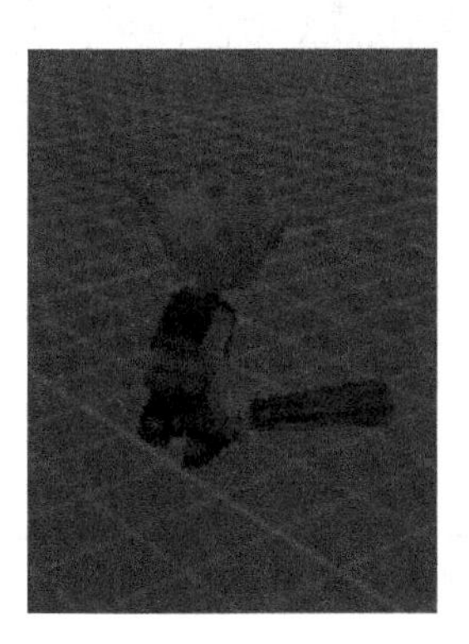

图 1-26 Textured 模式场景视图绘制效果

图 1-27 Wireframe 模式场景视图绘制效果

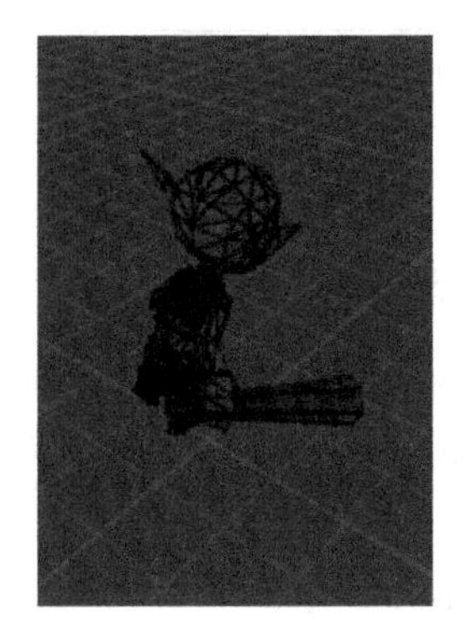

图 1-28 Textured Wire 模式场景视图绘制效果

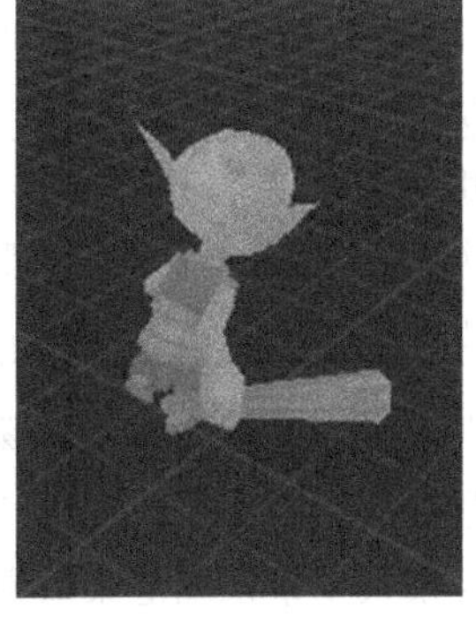

图 1-29 Render Paths 模式场景视图绘制效果

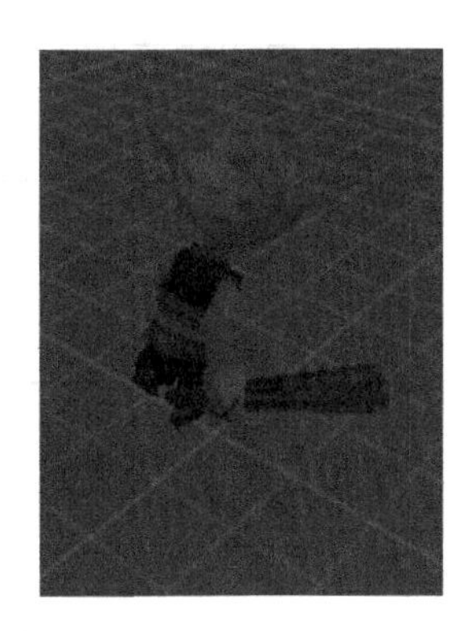

图 1-30 Lightmap Resolution 模式场景视图绘制效果

1.2.7 渲染模式

单击“RGB”按钮，弹出渲染模式下拉菜单，如图 1-31 所示。

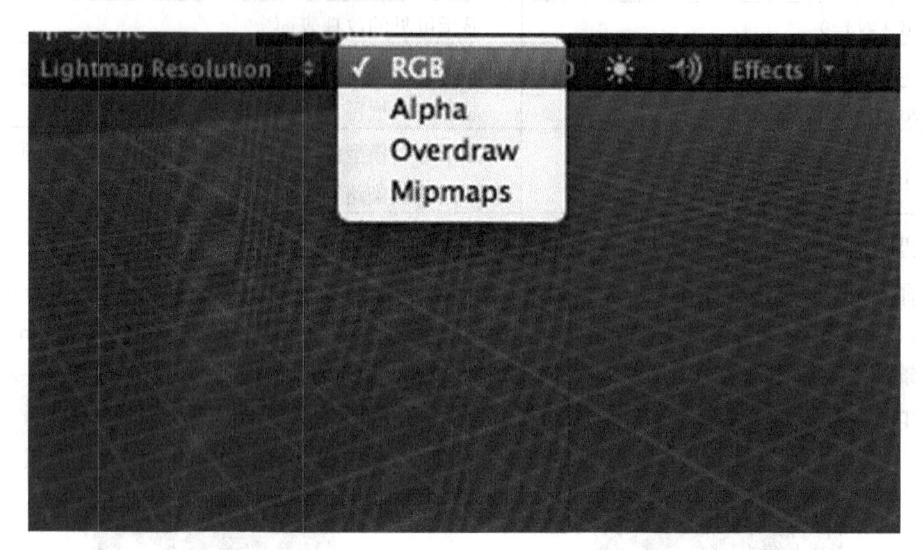

图 1-31 渲染模式下拉菜单

通过选择不同种类的渲染模式，场景视图将通过不同的模式渲染场景。Unity 3D 游戏引擎提供了 4 种不同的渲染模式。

表 1-2 渲染模式种类

名　称	作　用
RGB 模式	使用正常的颜色渲染场景
Alpha 模式	使用 Alpha 信息渲染场景
Overdraw 模式	将物体当作透明剪影渲染，即通过透明的颜色累加，来定位物体绘制在另一个物体之上
Mipmaps 模式	使用不同的颜色表示素材不同的理想尺寸。红色表示在当前的距离和分辨率下，纹理大于所需的尺寸；蓝色表示纹理可以更大。这里的理想尺寸由游戏运行的分辨率，以及相机距离物体的距离决定

选择不同的渲染模式时，场景视图就会显示相应的渲染效果。RGB 模式场景视图渲染效果，如图 1-32 所示；Alpha 模式场景视图渲染效果，如图 1-33 所示；Overdraw 模式场景视图渲染效果，如图 1-34 所示；Mipmaps 模式场景视图渲染效果，如图 1-35 所示。

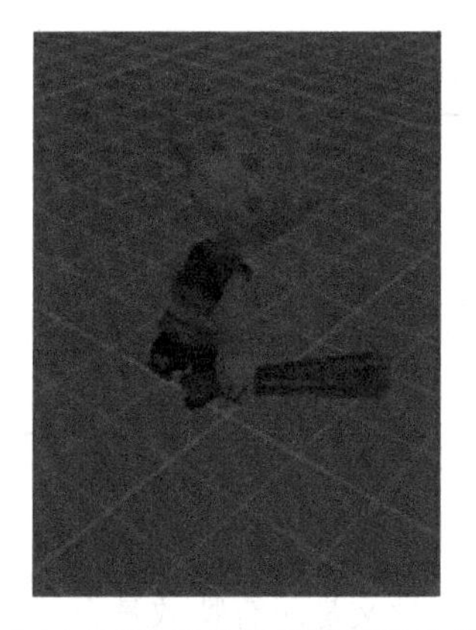

图 1-32 RGB 模式场景视图渲染效果

图 1-33 Alpha 模式场景视图渲染效果

图 1-34 Overdraw 模式场景视图渲染效果

图 1-35 Mipmaps 模式场景视图渲染效果

1.2.8 场景视图控制

场景视图控制开关，即 2D/3D 视角切换开关、场景视图照明切换开关、音频试听模式切换开关，如图 1-36 所示。

图 1-36 场景视图控制开关

表 1-3 场景视图控制开关的作用

名　称	作　用
2D/3D 视角切换开关	切换场景视图的 2D 视角和 3D 视角。在 2D 模式下，摄像机对准 Z 轴方向，X 轴向右，Y 轴向上
场景视图照明切换开关	开启场景视图的照明效果或关闭场景视图的照明效果
音频试听模式切换开关	开启音频效果或关闭音频效果

1.2.9 Effects 菜单和 Gizmos 菜单

Effects 菜单用来设置场景视图的渲染特效，而其本身又是所有特效是否开启的总开关。Unity 3D 提供了 4 种场景视图的渲染特效供开发者使用，分别是 Skybox、Fog、Flares 和 Animated Materials，如图 1-37 所示。Gizmos 菜单主要用来控制那些为了方便开发者而在场景视图中渲染的图形。

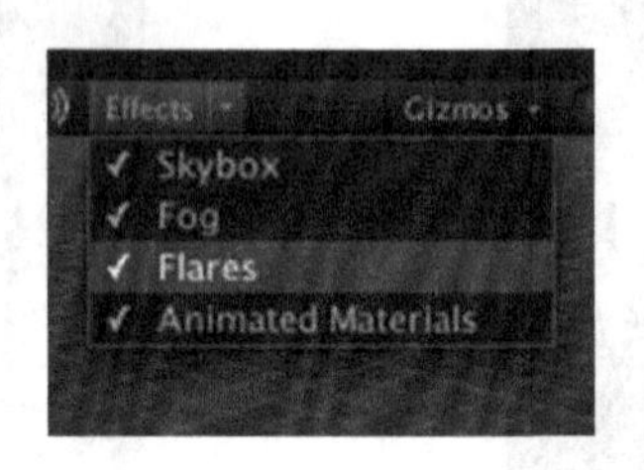

图 1-37 Effects 菜单

1.3 Unity 3D 的组成

Unity 3D 集成了很多有用的模块来帮助开发者更好、更快地解决问题，从宏观的角度可以分为以下 7 个模块。

- 图形模块（Graphics）：在 Unity 3D 游戏引擎中负责处理图像显示部分，主要包括摄像机、光照、Shader、粒子系统等。
- 物理模块（Physics）：在 Unity 3D 游戏引擎中负责处理物理效果的相关内容，包括刚体、碰撞器等。
- 音频模块（Audio）：负责处理 Unity 3D 中的音频部分，包括音效分段、发送接收设置等。
- 动作模块（Animation）：负责处理动作，包括 Unity 3D 4.0 版本引入的 Mecanim 系统，以及经典的动作系统。

- 导航模块（Navigation）：负责处理 AI 以及寻路。
- UI 模块。
- 脚本模块。

这 7 个模块共同组成了 Unity 3D 游戏引擎，而脚本模块是游戏开发过程中最重要的模块之一。即便是最简单的游戏，同样需要脚本来处理游戏和玩家的互动。除此之外，脚本同样可以用来实现图像效果、控制游戏对象的物理行为，甚至可以自己使用脚本来实现一套角色的 AI 系统。而 Unity 3D 允许开发者使用 3 种编程语言，分别是 C#、UnityScript、Boo。

- C#：是一种安全的、稳定的、简单的、优雅的，由 C 和 C++衍生出来的面向对象的编程语言。
- UnityScript：专为 Unity 3D 设计的语言，与 JavaScript 十分相似。
- Boo：一种语法与 Python 类似的.Net 语言。

一个 C#脚本文件，如图 1-38 所示。

图 1-38　C#脚本文件

一个默认的 C#脚本文件内容，如下所示。

```
  using UnityEngine;
using System.Collections;

public class NewBehaviourScript : MonoBehaviour {

    // Use this for initialization
    void Start () {

    }

    // Update is called once per frame
```

```
    void Update () {

    }
}
```

1.4 为何需要游戏脚本

为何需要有脚本系统呢？脚本系统又是因何而出现的呢？其实游戏脚本并非一个新的名词或技术，早在暴雪的《魔兽世界》开始火爆的年代，人们便熟知了一个叫作 Lua 的脚本语言。而当时其实有很多网游都不约而同地使用了 Lua 作为脚本语言，比如网易的大话西游系列。

但是在单机游戏流行的年代，却很少听说有什么单机游戏使用了脚本技术。这又是为什么呢？因为当时的硬件水平很低，所以需要使用 C/C++这样的语言来尽量“压榨”硬件的性能。同时，单机游戏的更新换代并不如网游那么迅速，所以开发时间、版本迭代速度并非其考虑的第一要素，因而可以使用 C/C++这样开发效率不高的语言来开发游戏。但是随着时间的推移，硬件水平逐年提高，“压榨”硬件性能的需求已经不再迫切。相反，此时网游的兴起却对开发速度、版本迭代提出了更高的要求。所以开发效率并不高效，且投资巨大、风险很高的 C/C++便不再适应市场的需求了。而更加现实的问题是，随着 Java、.Net，甚至是 JavaScript 等语言的流行，程序员可以选择的编程语言越来越多，这更加导致了 C/C++的程序员所占比例越来越小。而网游市场的不断扩大，对人才的需求也同样越来越大，这就造成了大量的人才空缺，也就反过来提高了使用 C/C++开发游戏的成本。而由于 C/C++是一门入门容易、进阶难的语言，其高级特性和高度灵活性带来的高风险，也是每个项目使用 C/C++进行开发时不得不考虑的问题。

而一个可以解决这种困境的举措便是在游戏中使用脚本。可以说游戏脚本的出现，不仅解决了由于 C/C++难以精通而带来的开发效率问题，而且还降低了使用 C/C++进行开发的项目风险和成本。从此，脚本与游戏开发相得益彰、互相促进，逐渐成为了游戏开发中不可或缺的一部分。

而到了如今手游兴起的年代，市场的需求变得更加庞大且变化更加频繁。这就更加需要有脚本语言来提高项目的开发效率、降低项目的成本。

而作为游戏脚本，它具体的优势都包括哪些呢？

- 易于学习，代码维护方便，适合快速开发。
- 开发成本低（因为易于学习，所以可以启用新人，同时开发速度快，这些都是降低成本的方法）。

因此，包括 Unity 3D 在内的众多游戏引擎，都提供了脚本接口，让开发者在开发项目时能够摆脱 C/C++（Unity 3D 本身是用 C++写的）的束缚，这其实是变相降低了游戏开发的门槛，吸引了很多独立开发者和游戏制作爱好者。

所以会写脚本，能写好脚本，的确是每个 Unity 3D 从业者都需要具备的技能。而本书也将此作为着力点，力求让每位读者都能具备写出好脚本的能力。

1.5 本章总结

本章首先通过回顾 Unity 3D 的发展历史，让读者对 Unity 3D 的发展历程有了一个直观的认识。然后介绍了 Unity 3D 中开发者最常接触的编辑器窗口内容，使读者对 Unity 3D 的工作环境有了一个直接的了解。还介绍了 Unity 3D 的各大模块以及最重要的脚本系统，并且分析了游戏开发中使用脚本的必要性。

第 2 章 Mono所搭建的脚本核心基础

Unity 3D 中为了方便开发者进行游戏开发而提供了众多组件。我们应该了解的是，尽管通过脚本操作 Unity 3D 组件的过程， Unity 3D 有其自己的实现和技术，但是归根结底，Unity 3D 仍然还是利用了 Mono 运行时来实现其脚本模块的基础。那么本章就和大家谈谈 Mono 究竟是什么、Mono 与 Unity 3D 之间究竟有怎样的关系。

2.1 Mono 是什么

Mono 是一个由 Xamarin 公司所赞助的开源项目。它基于通用语言架构（Common Language Infrastructure，缩写为 CLI）和 C#的 ECMA 标准（Ecma-334、Ecam-335），提供了微软的.NET 框架的另一种实现。与微软的.NET 框架不同的是，Mono 具备了跨平台的能力，也就是说它不仅能运行在 Windows 操作系统上，而且还可以运行在 Mac OS X、Linux 操作系统上，甚至是一些游戏平台上。

自从 2004 年发布 Mono 1.0 版本以来，Mono 也逐渐从 Linux 桌面应用程序开发者平台发展成为了支持广泛的硬件架构和操作系统的平台。

而作为微软的.NET 框架在不同平台上的重要补充，Mono 也被很多公司所采用，这其中就包括 Unity 3D 的开发者——Unity Technologies 公司。他们为 Unity 3D 引入了 Mono，以帮助游戏开发者获取开发跨平台游戏的能力。

2.1.1 Mono 的组成

从剖析 Mono 的组件来看看它是如何组成的。Mono 的组件主要可以分为以下几个部分。

- **C#编译器。**目前最新的 Mono 版本（v4.0.1）的 C#编译器完全兼容 C# 1.0、2.0、3.0、4.0 以及 5.0。但是由于一些历史原因，Unity 3D 采用的 Mono 版本仍然停留在 2.0+的阶段。所以 C#的一些新功能，在 Unity 3D 中是不会出现的。而在 Mono 的发展历史上，同样的编译器却有很多不同的版本。例如 gmcs（编译目标为 2.0 mscorlib）、smcs（编译目标为 2.1 mscorlib，主要用来构建 MoonLight 应用）、dmcs（编译目标为 4.0 mscorlib）。而 Mono 从 Mono 2.11 版本开始，采用了一个统一的编译器——mcs。它的出现替代了之前提到过的 3 种编译器的不同版本。而由于 mcs 是 C#写的编译器，而且还使用了很多.NET 的 API，所以在非 Windows 平台上需要 Mono 运行时（Runtime）来运行 mcs。而在 Windows 平台上，既可以使用微软的.NET 运行时，也可以使用 Mono 运行时。
- **Mono 运行时。**运行时实现了前面提到过的 Ecma 的通用语言架构标准，该标准是一个开放的技术规范，它定义了构成.NET 框架基础结构的可执行代码，以及代码的运行时环境，也就是说该标准旨在定义一个与具体语言无关的、跨架构系统的运行环境。具体而言，Mono 运行时提供了一个即时编译器（Just-in-time，缩写为 JIT），以及一个提前编译器（Ahead-of-time compiler，缩写为 AOT）。同时还有类库加载器、垃圾回收器和线程系统等。
- **基础类库。**Mono 平台提供了广泛的基础类，为构建应用提供一个坚实的基础，而这些类库也同微软的.NET 框架兼容。
- **Mono 类库。**Mono 也提供了很多超越基础类库、超越微软的.NET 框架的类。这些类提供了很多有用的额外功能，特别是在构建 Linux 的应用方面。例如一些处理 Gtk+、Zip files、LDAP、OpenGL、Cairo、POSIX 的类。

2.1.2 Mono 运行时

在刚刚介绍的 Mono 组件中，提到了 C#编译器——mcs。而 mcs 的作用是将 C#编译为 ECMA CIL 的 byte code，之后则需要 Mono 运行时中的编译器，将 CIL 的 byte code 再转译为原生码（Native Code，即本地 CPV 的图标执行代码）。Mono 运行时为我们提供了 2 种编译器和 3 种转译方式。3 种转译方式如下。

- **即时编译**（Just-in-time，JIT）：在程序运行的过程中，将 CIL 的 byte code 转译为目标平台的原生码。
- **提前编译**（Ahead-of-time，AOT）：在程序运行之前，将.exe 或.dll 文件中的 CIL 的 byte code 转译为目标平台的原生码并且存储起来。但仍会有一部分 CIL 的 byte code 会在程序运行的过程中进行转译，即有一部分转译工作仍需要 JIT 编译。
- **完全静态编译**（Full-ahead-of-time，Full-AOT）：这种模式出现的目的，是完全杜绝在程序运行的过程中使用 JIT 编译。也就是说在程序运行之前，所有的代码已经被编译成了目标平台的原生码。在 Unity 3D 开发中，最典型的平台就是 iOS 平台。

而 Mono 运行时提供的另一个重要的功能便是垃圾回收器（garbage collection，缩写 GC）。由于使用了垃圾回收机制，所以就避免了开发人员手动管理内存所带来的风险，无须开发人员去告诉运行时环境究竟应该何时收回某个对象的空间，取而代之的是运行时会追踪目标对象，并且自行决定是否回收对象的内存。不过与微软.NET 框架不同，在 Mono 2.8 版本发布的前后，它有两套不同的垃圾回收机制——分代收集（generational collector）以及贝姆垃圾收集器（Boehm-Demers-Weiser garbage collector）。而 Mono 早期所采用的贝姆垃圾收集器与.NET 框架的垃圾回收器相比一直有很大的限制，在某些状况的应用软件上会发生内存泄漏的现象，由于 Unity 3D 使用的并非微软的.NET 框架，而是开源的 Mono，更具体地说是 Mono 比较早期的版本，所以 Unity 3D 的垃圾回收性能并不如.NET 的垃圾回收性能。

2.2 Mono 如何扮演脚本的角色

Mono 究竟为何被 Unity 3D 游戏引擎的开发人员选择作为其脚本模块的基础呢？而 Mono 又是如何提供这种脚本的功能的呢？

如果需要利用 Mono 为应用开发提供脚本功能，那么其中一个前提就是需要将 Mono 的运行时嵌入到应用中，因为只有这样才有可能使托管代码和脚本能够在原生应用中使用。所以，可以发现将 Mono 运行时嵌入应用中是多么重要。但在讨论如何将 Mono 运行时嵌入原生应用中之前，首先要清楚 Mono 是如何提供脚本功能的，以及 Mono 提供的到底是怎样的脚本机制。

2.2.1 Mono 和脚本

本节将会讨论如何利用 Mono 来提高开发效率以及拓展性，而无须将已经写好的 C/C++代码重新用 C#写一遍，也就是 Mono 是如何提供脚本功能的。在第 1 章中曾经说过，在过去开发游戏时，常常只使用一种编程语言。游戏开发者往往需要在高效率的低级语言和低效率的高级语言之间抉择。例如，一个用 C/C++开发的应用的结构，如图 2-1 所示。一个脚本语言开发的应用的结构，如图 2-2 所示。

图 2-1 C/C++开发的应用的结构

可以看到低级语言和硬件打交道的方式更加直接，所以其效率更高。

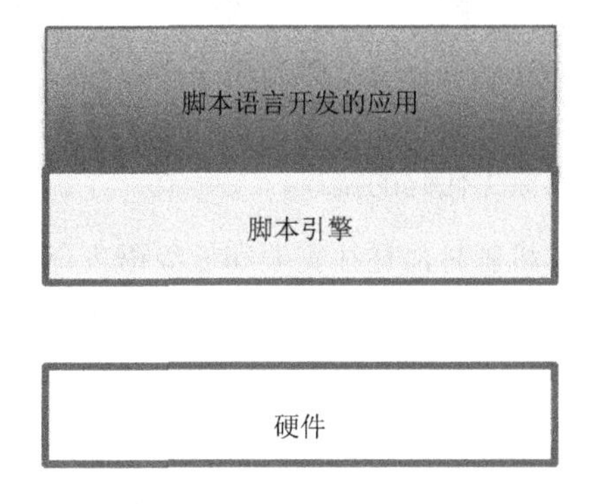

图 2-2 脚本语言开发的应用的结构

可以看到高级语言并没有直接和硬件打交道，所以其效率较低。

如果以速度作为衡量语言级别的标准，那么语言从低级到高级的大概排名如下所示。

- 汇编语言。
- C/C++，编译型静态不安全语言。
- C#、Java，编译型静态安全语言。
- Python、Perl、JavaScript，解释型动态安全语言。

开发者在选择适合自己的开发语言时，的确面临着很多现实的问题。高级语言对开发者而言效率更高，也更加容易掌握。但高级语言也并不具备低级语言的那种运行速度，甚至对硬件的要求更高，这在某种程度上的确也决定了一个项目到底是成功还是失败。

因此，如何平衡两者，或者说如何融合两者的优点，变得十分重要和迫切。脚本机制便在此时应运而生。应用的引擎由富有经验的开发人员使用 C/C++开发，而一些具体项目中功能的实现，例如 UI、交互等，则使用高级语言开发。

通过使用高级脚本语言，开发者便融合了低级语言和高级语言的优点。同时提高了开发效率，如第 1 章中所讲，引入脚本机制后开发效率提升了，可以快速地开发原型，而不必把大量的时间浪费在重编译上。

脚本语言同时提供了安全的开发环境，也就是说开发者无须担心 C/C++开发的引擎中的具体实现细节，也无须关注例如资源管理和内存管理这些细节，这在很大程度上简化了应用的开发流程。

而 Mono 则提供了这种脚本机制实现的可能性，即允许开发者使用 JIT 编译的代码作为脚本语言为他们的应用提供拓展。

目前很多脚本语言的选择趋向于解释型语言，例如 Cocos2d-JS 使用的 JavaScript。因此效率无法与原生代码相比。而 Mono 则提供了一种将脚本语言通过 JIT 编译为原生代码的方式，提高了脚本语言的效率。例如 Mono 提供了一个原生代码生成器，使你的应用的运行效率尽可能快，同时提供了很多方便调用原生代码的接口。

因为当为一个应用提供脚本机制时，往往需要和低级语言交互。而最常见的做法是提供句柄供脚本语言操作。这便不得不提到 Mono 运行时嵌入到应用中的必要性。

2.2.2 Mono 运行时的嵌入

既然明确了 Mono 运行时嵌入应用的重要性，那么如何将它嵌入应用中呢？

本节会为大家分析一下 Mono 运行时究竟如何被嵌入到应用中、如何在原生代码中调用托管方法，以及如何在托管代码中调用原生方法。而众所周知的是，Unity 3D 游戏引擎本身是用 C++写成的，所以本节就以 Unity 3D 游戏引擎为例，假设此时已经有了一个用 C++写好的应用（Unity 3D），如图 2-3 所示。

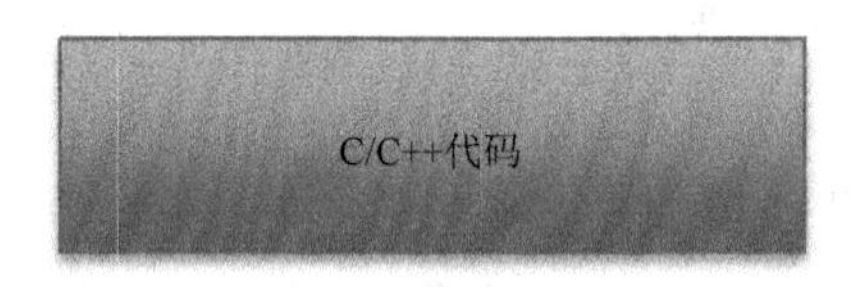

图 2-3 用 C++写好的应用

将你的 Mono 运行时嵌入到这个应用后，应用就获取了一个完整的虚拟机运行环境。而这一步需要将“libmono”和应用链接，一旦链接完成，C++应用的地址空间如图 2-4 所示。

图 2-4 C++应用的地址空间

而 Mono 的嵌入接口会将 Mono 运行时暴露给 C++代码。这样通过这些接口，开发者就可以控制 Mono 运行时，以及依托于 Mono 运行时的托管代码。

一旦 Mono 运行时初始化成功，那么下一步最重要的就是将 CIL/.NET 代码加载进来。加载后的地址空间如图 2-5 所示。

图 2-5 加载后的地址空间

那些 C/C++代码，通常称为非托管代码。而通过 CIL 编译器生成 CIL 代码，通常称为托管代码。

所以，将 Mono 运行时嵌入应用，可以分为 3 个步骤。

（1）编译 C++程序和链接 Mono 运行时。

（2）初始化 Mono 运行时。

（3）C/C++和 C#/CIL 的交互。

首先需要将 C++程序进行编译并链接 Mono 运行时。此时会用到 pkg-config 工具。

在 OS X 系统上使用 homebrew 来进行安装，在终端中输入命令“brew install pkgconfig”，可以看到终端会输出如下内容。

```
==>     Downloading     https://homebrew.bintray.com/bottles/pkg-config-0.28.mavericks.bottle.2.tar.gz
######################################################################100.0%
==> Pouring pkg-config-0.28.mavericks.bottle.2.tar.gz
□ /usr/local/Cellar/pkg-config/0.28: 10 files, 604K
```

终端输出结束之后，证明 pkg-config 安装完成。

接下来新建一个 C++文件，将其命名为 unity.cpp，作为原生代码部分。需要将这个 C++文件进行编译，并和 Mono 运行时链接。

在终端输入如下内容。

```
g++ unity.cpp `pkg-config --cflags --libs mono-2`
```

此时，经过编译和链接后，unity.cpp 和 Mono 运行时被编译成了可执行文件。

此时就需要将 Mono 的运行时初始化。所以再重新回到刚刚新建的 unity.cpp 文件中，要在 C++文件中进行 Mono 运行时的初始化工作，即调用 mono_jit_init 方法，代码如下。

```
#include <mono/jit/jit.h>
#include <mono/metadata/assembly.h>
#include <mono/metadata/class.h>
#include <mono/metadata/debug-helpers.h>
#include <mono/metadata/mono-config.h>
```

```
MonoDomain* domain;

domain = mono_jit_init(managed_binary_path);
```

mono_jit_init 这个方法会返回一个 MonoDomain（Mono 程序域），用来作为盛放托管代码的容器。其中参数 managed_binary_path，即应用运行域的名字。除了会返回 MonoDomain 之外，这个方法还会初始化默认框架版本，即 2.0 或 4.0，这个主要由使用的 Mono 版本来决定。当然，也可以手动指定版本。只需要调用下面的方法即可，代码如下。

```
domain = mono_jit_init_version ("unity", ""v2.0.50727);
```

此时就获取了一个应用域——domain。但是当 Mono 运行时被嵌入一个原生应用时，它显然需要一种方法来确定自己所需要的运行时程序集以及配置文件。在默认情况下，它会使用在系统中定义的位置。例如/usr/lib/mono 目录下的程序集，以及/etc/mono 目录下的配置文件。但是，如果应用需要特定的运行时，显然也需要指定其程序集和配置文件的位置。如图 2-6 所示，在一台电脑上可以存在很多不同版本的 Mono，所以选择指定版本的 Mono 就变得十分必要。

```
FanYoudeMacBook-Pro:Versions fanyou$ ls
2.10.11 3.12.0  3.12.1  Current
```

图 2-6 一台电脑上存在的不同版本的 Mono

为了选择我们所需要的 Mono 版本，可以使用 mono_set_dirs 方法，代码如下。

```
mono_set_dirs("/Library/Frameworks/Mono.framework/Home/lib",
"/Library/Frameworks/Mono.framework/Home/etc");
```

这样就设置了 Mono 运行时的程序集和配置文件路径。

当然，Mono 运行时在执行一些具体功能时，可能还需要依靠额外的配置文件来进行。所以有时也需要为 Mono 运行时加载这些配置文件，通常使用 mono_config_parse 方法来进行加载这些配置文件的工作。

当 mono_config_parse 的参数为 NULL 时，Mono 运行时将加载 Mono 的配置文件（通常是/etc/mono/config）。当然作为开发者，也可以加载自己的配置文件，只需要将自己的配置文件的文件名作为 mono_config_parse 方法的参数即可。

Mono 运行时的初始化工作到此完成。接下来就需要加载程序集并运行它。这时需要用到 MonoAssembly 和 mono_domain_assembly_open 这个方法，代码如下。

```
const char* managed_binary_path = "./ManagedLibrary.dll";
MonoAssembly *assembly;
```

```
assembly = mono_domain_assembly_open (domain, managed_binary_path);
if (!assembly)
   error ();
```

代码会将当前目录下的 ManagedLibrary.dll 文件中的内容加载到已经创建好的 domain 中。此时需要注意的是，Mono 运行时仅仅是加载代码，而没有立刻执行这些代码。

如果要执行这些代码，则需要调用被加载的程序集中的方法。或者当有一个静态的主方法时（也就是一个程序入口），可以很方便地通过 mono_jit_exec 方法来调用这个静态入口，代码如下。

```
mono_jit_exec(domain, assembly, 0, 0);
```

当然，最好总是能够保证提供一个这样的静态入口，并且在启动 Mono 运行时的时候通过调用 mono_jit_exec 方法来执行这个静态入口。因为这样做可以为应用域提供一些额外的信息。

举一个将 Mono 运行时嵌入 C/C++程序的例子，主要流程是加载一个由 C#文件编译成的 DLL 文件，然后调用一个 C#的方法并输出 Hello World。

首先完成 C#部分的代码，代码如下。

```
namespace ManagedLibrary
{
   public static class MainTest
   {
        public static void Main()
        {
          System.Console.WriteLine("Hello World");
}
   }
}
```

在这个文件中，实现了输出 Hello World 的功能，然后将它编译为 DLL 文件。这里也直接使用了 Mono 的编译器——mcs。在终端命令行使用 mcs 编译该 cs 文件。同时为了生成 DLL 文件，还需要加上“-t:library”选项，代码如下。

```
mcs ManagedLibrary.cs -t:library
```

这样便得到了 cs 文件编译后的 DLL 文件，叫 ManagedLibrary.dll。

接下来完成 C++部分的代码。嵌入 Mono 的运行时，同时加载刚刚生成的 ManagedLibrary.dll 文件，并且执行其中的 main 方法用来输出 Hello World，代码如下。

```
#include <mono/jit/jit.h>
#include <mono/metadata/assembly.h>
#include <mono/metadata/class.h>
```

```
#include <mono/metadata/debug-helpers.h>
#include <mono/metadata/mono-config.h>
MonoDomain *domain;
int main()
{
const char* managed_binary_path = "./ManagedLibrary.dll";
//获取应用域
domain = mono_jit_init (managed_binary_path);
//Mono 运行时的配置
    mono_set_dirs("/Library/Frameworks/Mono.framework/Home/lib",
"/Library/Frameworks/Mono.framework/Home/etc");
mono_config_parse(NULL);
//加载程序集 ManagedLibrary.dll
    MonoAssembly* assembly = mono_domain_assembly_open(domain, managed_
binary_path);
MonoImage* image = mono_assembly_get_image(assembly);
//获取 MonoClass
MonoClass* main_class = mono_class_from_name(image, "ManagedLibrary",
"MainTest");
//获取要调用的 MonoMethodDesc
    MonoMethodDesc*entry_point_method_desc = mono_method_desc_new("Mana
gedLibrary.MainTest:Main()", true);
    MonoMethod*entry_point_method = mono_method_desc_search _in_class
(entry_point_method_desc, main_class);
mono_method_desc_free(entry_point_method_desc);
//调用方法
mono_runtime_invoke(entry_point_method, NULL, NULL, NULL);
//释放应用域
    mono_jit_cleanup(domain);
    return 0;
}
```

从代码可以看到，在 C/C++代码中调用 C#的方法需要两个步骤。第一步是要获取目标方法的 MonoMethod 句柄，第二步是调用该方法。

在本例中，首先获取了一个 MonoClass 用来代表 C#中定义的目标类型。获取 MonoClass 可以使用如下代码。

```
MonoImage* image = mono_assembly_get_image(assembly);
//获取 MonoClass，代表了 ManagedLibrary 命名空间下的 MainTest 类
MonoClass* main_class = mono_class_from_name(image, "ManagedLibrary",
"MainTest");
```

接下来使用 mono_method_desc_new 方法来获取一个 MonoMethodDesc，代码如下。

```
    //获取要调用的MonoMethodDesc
    MonoMethodDesc* entry_point_method_desc = mono_method_desc_
new("ManagedLibrary.MainTest:Main()", true);
```

由于第二个参数为 true，即需要包括命名空间。所以，要寻找的目标函数是 ManagedLibrary.MainTest:Main()方法。获取了 C#中的方法的 MonoMethodDesc 后，就可以根据这个 MonoMethodDesc 来获得 MonoMethod，即目标方法的代表。获取 MonoMethod 可以通过接口实现，代码如下。

```
    //获取MonoMethod
    MonoMethod*entry_point_method = mono_method_desc_search _in_class (entry
_point_method_desc, main_class);
```

此时就获取了 C#文件中的目标方法的句柄。下一步便是如何调用该方法了。

可以直接使用 mono_runtime_invoke()方法，通过托管代码中的目标方法的句柄来调用该目标方法，代码如下。

```
    //调用目标方法
    mono_runtime_invoke(entry_point_method, NULL, NULL, NULL);
```

mono_runtime_invoke()方法中第一个参数便是刚刚获取的 MonoMethod，而第二个参数则相当于“this”。所以若调用的是静态方法，则此参数为 NULL。然后编译运行，可以看到屏幕上输出了“Hello World”。

但是既然要提供脚本功能，将 Mono 运行时嵌入 C/C++程序后，只是在 C/C++程序中调用 C#中定义的方法显然还是不够的。脚本机制的最终目的还是希望能够在脚本语言中使用原生的代码，所以下面将站在 Unity 3D 游戏引擎开发者的角度，继续探索如何在 C#文件（脚本文件）中调用 C/C++程序中的代码（游戏引擎）。

首先，假设要实现的是 Unity 3D 的组件系统。为了方便游戏开发者能够在脚本中使用组件，首先要在 C#文件中定义一个 Component 类，代码如下。

```
    //脚本中的组件Component
    public class Component
    {
        public int ID { get; }
        private IntPtr native_handle;
    }
```

与此同时，在 Unity 3D 游戏引擎（C/C++）中，则必然有和脚本中的 Component 相对应的结构，代码如下。

```
//游戏引擎中的组件 Component
struct Component
{
    int id;
}
```

可以看到此时组件类 Component 只有一个属性，即 ID。再为组件类增加 Tag 属性。

为了使托管代码能够和非托管代码交互，需要在 C#文件中引入命名空间 System.Runtime.CompilerServices，同时需要提供一个 IntPtr 类型的句柄，以便托管代码和非托管代码之间引用数据（IntPtr 类型被设计成整数，其大小适用于特定平台，即此类型的实例在 32 位硬件和操作系统中将是 32 位，在 64 位硬件和操作系统中将是 64 位。IntPtr 对象常可用于保持句柄。例如，IntPtr 的实例广泛地用在 System.IO.FileStream 类中来保持文件句柄）。最后，将 Component 对象的构建工作由托管代码 C#移交给非托管代码 C/C++，这样游戏开发者只需要专注于游戏脚本即可，无须关注 C/C++层面，即游戏引擎层面的具体实现逻辑。所以在此提供两个方法，即用来创建 Component 实例的方法 GetComponents 和获取 ID 的 get_id_Internal 方法。

这样在 C#端，定义了一个 Component 类，主要目的是为游戏脚本提供相应的接口，而非具体逻辑的实现。在 C#代码中定义的 Component 类，代码如下。

```
using System;
using System.Runtime.CompilerServices;
namespace ManagedLibrary
{
    public class Component
    {
        //字段
        private IntPtr native_handle = (IntPtr)0;
        //方法
        [MethodImpl(MethodImplOptions.InternalCall)]
        public extern static Component[] GetComponents();
        [MethodImpl(MethodImplOptions.InternalCall)]
        public extern static int get_id_Internal(IntPtr native_handle);
        //属性
        public int ID
        {
            get
            {
                return get_id_Internal(this.native_handle);
```

```
            }
        }
        public int Tag {
            [MethodImpl(MethodImplOptions.InternalCall)]
            get;
        }
    }
}
```

还需要创建这个类的实例，并且访问它的两个属性，所以再定义另一个类 Main，来完成这项工作。Main 的实现，代码如下。

```
// Main.cs
namespace ManagedLibrary
{
    public static class Main
    {
        public static void TestComponent ()
        {
            Component[] components = Component.GetComponents();
            foreach(Component com in components)
            {
                Console.WriteLine("component id is " + com.ID);
                Console.WriteLine("component tag is " + com.Tag);
            }
        }
    }
}
```

完成了 C#部分的代码后，需要将具体的逻辑在非托管代码端实现。而上文之所以要在 Component 类中定义 ID 属性和 Tag 属性，是为了使用两种不同的方式访问这两个属性，其中之一就是直接将句柄作为参数传入到 C/C++中。例如上文所讲的 get_id_Internal 这个方法，它的参数便是句柄。第二种方法则是在 C/C++代码中通过 Mono 提供的 mono_field_get_value 方法直接获取对应的组件类型的实例。

所以组件 Component 类中的属性获取有两种不同的方法，代码如下。

```
//获取属性
int ManagedLibrary_Component_get_id_Internal(const Component* component)
{
    return component->id;
}

int ManagedLibrary_Component_get_tag(MonoObject* this_ptr)
{
```

```
        Component* component;
        Mono_field_get_value(this_ptr,native_handle_field,reinterpret_cast
<void*>(&Component));
        return component->tag;
    }
```

由于在 C#代码中基本只提供接口，而不提供具体逻辑实现，所以还需要在 C/C++代码中实现获取 Component 组件的具体逻辑，然后再以在 C/C++代码中创建的实例为样本，调用 Mono 提供的方法在托管环境中创建相同的类型实例，并且初始化。

由于 C#中的 GetComponents 方法返回的是一个数组，所以需要使用 MonoArray 从 C/C++中返回一个数组。所以 C#代码中 GetComponents 方法在 C/C++中对应的具体逻辑的代码如下。

```
    MonoArray* ManagedLibrary_Component_GetComponents()
    {
        MonoArray*  array  =  mono_array_new(domain,  Component_class,  num_
Components);

        for(uint32_t i = 0; i < num_Components; ++i)
        {
            MonoObject* obj = mono_object_new(domain, Component_class);
            mono_runtime_object_init(obj);
            void* native_handle_value = &Components[i];
            mono_field_set_value(obj,  native_handle_field,  &native_handle_
value);
            mono_array_set(array, MonoObject*, i, obj);
        }

        return array;
    }
```

其中 num_Components 是 uint32_t 类型的字段，用来表示数组中组件的数量，为它赋值为 5。然后通过 Mono 提供的 mono_object_new 方法来创建 MonoObject 的实例。而需要注意的是代码中的 Components[i]，Components 便是在 C/C++代码中创建的 Component 实例，这里用来给 MonoObject 的实例初始化赋值。

创建 Component 实例的过程代码如下。

```
        num_Components = 5;
        Components = new Component[5];
        for(uint32_t i = 0; i < num_Components; ++i)
        {
            Components[i].id = i;
            Components[i].tag = i * 4;
        }
```

C/C++代码中创建的 Component 的实例的 ID 为 i，tag 为 i*4。

最后还需要将 C#中的接口和 C/C++中的具体实现关联起来，即通过 Mono 的 mono_add_internal_call 方法来实现，也即在 Mono 的运行时中注册刚刚用 C/C++实现的具体逻辑，以便将托管代码（C#）和非托管代码（C/C++）绑定，代码如下。

```
    // get_id_Internal
    mono_add_internal_call("ManagedLibrary.Component::get_id_Internal",
reinterpret_cast<void*>(ManagedLibrary_Component_get_id_Internal));
    //Tag get
    mono_add_internal_call("ManagedLibrary.Component::get_Tag",
reinterpret_cast<void*>(ManagedLibrary_Component_get_tag));
    //GetComponents
    mono_add_internal_call("ManagedLibrary.Component::GetComponents",
reinterpret_cast<void*>(ManagedLibrary_Component_GetComponents));
```

这样便使用非托管代码（C/C++）实现了获取组件、创建和初始化组件的具体功能，完整的代码如下。

```
    #include <mono/jit/jit.h>
    #include <mono/metadata/assembly.h>
    #include <mono/metadata/class.h>
    #include <mono/metadata/debug-helpers.h>
    #include <mono/metadata/mono-config.h>

    struct Component
    {
        int id;
        int tag;
    };

    Component* Components;
    uint32_t num_Components;
    MonoClassField* native_handle_field;
    MonoDomain* domain;
    MonoClass* Component_class;
     //获取属性
    int ManagedLibrary_Component_get_id_Internal(const Component* component)
    {
        return component->id;
    }

    int ManagedLibrary_Component_get_tag(MonoObject* this_ptr)
    {
        Component* component;
```

```
        mono_field_get_value(this_ptr, native_handle_field, reinterpret_cast
<void*>(&component));
        return component->tag;
    }
    //获取组件
    MonoArray* ManagedLibrary_Component_GetComponents()
    {
        Mono Array* array = mono_array_new(domain,Com ponent_class,num_
Components);

        for(uint32_t i = 0; i < num_Components; ++i)
        {
            MonoObject* obj = mono_object_new(domain, Component_class);
            mono_runtime_object_init(obj);
            void* native_handle_value = &Components[i];
            mono_field_set_value(obj,native_handle_field, &na tive _handle_
value);
            mono_array_set(array, MonoObject*, i, obj);
        }

        return array;
    }

    int main(int argc, const char * argv[])
    {
        // mono_set_dirs("/Library/Frameworks/Mono.framework/Versions/
3.12.0/lib/", "/Library/Frameworks/Mono.framework/Home/etc");

        // mono_config_parse(NULL);

        const char* managed_binary_path = "./ManagedLibrary.dll";

        domain = mono_jit_init(managed_binary_path);
        Mono Assembly* assembly = mono_domain_assembly_open(domain,managed_
binary_path);
        MonoImage* image = mono_assembly_get_image(assembly);

        mono_add_internal_call("ManagedLibrary.Component::get_id_Internal",
reinterpret_cast<void*>(ManagedLibrary_Component_get_id_Internal));
        mono_add_internal_call("ManagedLibrary.Component::get_Tag",
reinterpret_cast<void*>(ManagedLibrary_Component_get_tag));
        mono_add_internal_call("ManagedLibrary.Component::GetComponents",
reinterpret_cast<void*>(ManagedLibrary_Component_GetComponents));
        Component_class = mono_class_from_name(image, "ManagedLibrary",
```

```
"Component");
        native_handle_field = mono_class_get_field_from_name(Component_class,
"native_handle");

        num_Components = 5;
        Components = new Component[5];
        for(uint32_t i = 0; i < num_Components; ++i)
        {
            Components[i].id = i;
            Components[i].tag = i * 4;
        }

        MonoClass* main_class = mono_class_from_name(image, "ManagedLibrary",
"Main");

        const bool include_namespace = true;
        MonoMethodDesc*managed_method_desc = mono_method_desc_new
("ManagedLibrary.Main:TestComponent()", include_namespace);
        Mono Method*managed_method = mono_method_desc_search_in_class
(managed_method_desc, main_class);
        mono_method_desc_free(managed_method_desc);

        mono_runtime_invoke(managed_method, NULL, NULL, NULL);

        mono_jit_cleanup(domain);

        delete[] Components;

        return 0;
    }
```

为了验证是否成功地模拟了将 Mono 运行时嵌入“Unity 3D 游戏引擎”中，需要将代码编译，并且查看输出是否正确。

首先将 C#代码编译为 DLL 文件，在终端直接使用 Mono 的 mcs 编译器来完成这项工作，代码如下。

```
mcs ManagedLibrary.cs -t:library
```

运行后生成了 ManagedLibrary.dll 文件。然后将 unity.cpp 和 Mono 运行时链接，代码如下。

```
g++ unity.cpp  -framework CoreFoundation -lobjc -liconv `pkg-config --
cflags --libs mono-2`
```

运行后会生成一个 a.out 文件（OS X 系统）。执行 a.out，可以在终端上看到创建出的组件的 ID 和 Tag 的信息，如图 2-7 所示。

```
FanYoudeMacBook-Pro:ws-chen fanyou$ ./a.out
component id is 0
component tag is 0
component id is 1
component tag is 4
component id is 2
component tag is 8
component id is 3
component tag is 12
component id is 4
component tag is 16
```

图 2-7 Mono 运行时嵌入 C/C++的运行结果

通过本节内容可以看到游戏脚本语言出现的必然性。同时也应该更加明确 Unity 3D 的底层是 C/C++实现的，但是它通过 Mono 提供了一套脚本机制，以方便游戏开发者快速地开发游戏，同时也降低了游戏开发的门槛。

但是 Unity 3D 游戏引擎作为一款开发跨平台作品的工具，它还采用了 Mono 来提供自己的脚本模块基础，那么 Unity 3D 的跨平台能力就和 Mono 息息相关。

2.3 Unity 3D 为何能跨平台？聊聊 CIL

在日常的工作中，笔者发现很多从事 Unity 3D 开发的朋友，一直对 Unity 3D 的跨平台能力很好奇。那么到底是什么原理使 Unity 3D 可以跨平台呢？带着这个问题，让我们来看看 Mono 的贡献，然后再进一步了解 CIL（Common Intermediate Language，通用中间语言，也叫 MSIL 微软中间语言）的作用。

2.3.1 Unity 3D 为何能跨平台

如果笔者或者读者来做，应该怎么实现一套代码对应多种平台呢？其实原理想想也简单，生活中也有很多可以参考的例子。现实生活中“跨平台”的例子，如图 2-8 所示。

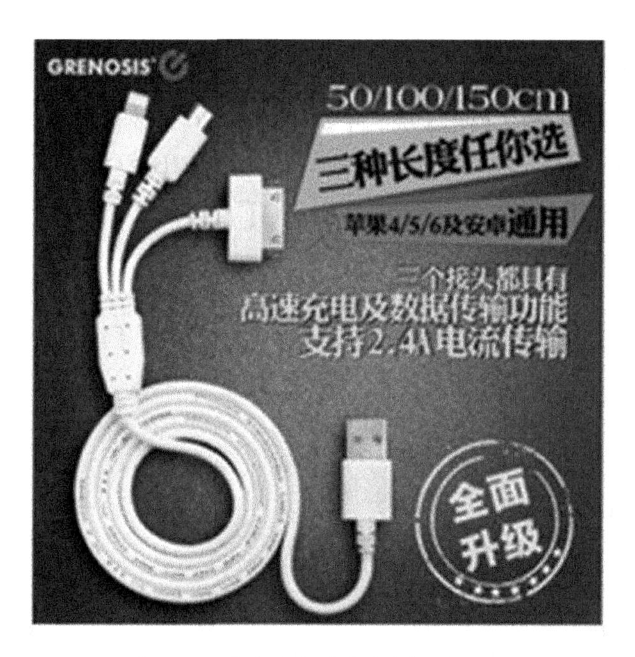

图 2-8 现实生活中“跨平台”的例子

像这样一根连接（传输）线，无论目标设备是安卓手机还是苹果手机，都能为手机充电。所以从这个意义上来说，这根连接（传输）线也实现了跨平台。那么我们能从它身上获得什么灵感呢？那就是从一样的能（电）源到不同的平台（iOS、安卓）之间需要一个中间层过渡转换一下。

那么再回到 Unity 3D 为何能跨平台的问题上，简而言之，其实原理在于使用了叫 CIL（Common Intermediate Language，通用中间语言，也叫 MSIL 微软中间语言）的一种代码指令集。CIL 可以在任何支持 CLI（Common Language Infrastructure，通用语言基础结构）的环境中运行，就像.NET 是微软对这一标准的实现，Mono 则是对 CIL 的又一实现。由于 CIL 能运行在所有支持 CIL 的环境中，例如刚刚提到的.NET 运行时以及 Mono 运行时，也就是说和具体的平台或者 CPU 无关。这样就无须根据平台的不同而部署不同的内容了。所以，原来在使用 Unity 3D 开发游戏的过程中，代码的编译只需要分为两部分就可以了：第一部分是从代码本身到 CIL 的编译（其实之后 CIL 还会被编译成一种位元码，生成一个 CLI assembly）；第二部分是运行时从 CIL（其实是 CLI assembly，不过为了直观理解，此处不必纠结这种细节）到本地指令的即时编译（这就引出了为何 Unity 3D 官方没有提供热更新的原因：在 iOS 平台中 Mono 无法使用 JIT 引擎，而是以 Full AOT 模式运行的，所以此处说的即时编译不包括 iOS 平台）。

2.3.2 CIL 是什么

CIL 是指令集，但是不是太模糊了呢？不妨先通过工具来看看 CIL。而这个工具就是——ildasm。下面就通过编译一个简单的 C#文件来看看生成的 CIL 代码。

C#部分的代码如下。

```
class Class1
{
    public static void Main(string[] args)
    {
        System.Console.WriteLine("hi");
    }
}
```

与其对应的 CIL 代码如下。

```
.class private auto ansi beforefieldinit Class1
       extends [mscorlib]System.Object
{
  .method public hidebysig static void  Main(string[] args) cil managed
  {
    .entrypoint
    // 代码大小       13 (0xd)
    .maxstack  8
    IL_0000:  nop
    IL_0001:  ldstr      "hi"
    IL_0006:  call       void [mscorlib]System.Console::WriteLine(string)
    IL_000b:  nop
    IL_000c:  ret
  } // end of method Class1::Main

  .method public hidebysig specialname rtspecialname
          instance void  .ctor() cil managed
  {
    // 代码大小       7 (0x7)
    .maxstack  8
    IL_0000:  ldarg.0
    IL_0001:  call       instance void [mscorlib]System.Object::.ctor()
    IL_0006:  ret
  } // end of method Class1::.ctor

} // end of class Class1
```

代码虽然简单，但是也能说明足够多的问题。那么和 CIL 的第一次接触，能给我们留下什么直观的印象呢？

- 以“.”（一个点号）开头的，例如.class、.method ，称为 CIL 指令（directive），用于描述.NET 程序集总体结构的标记。为什么需要它呢？因为你总得告诉编译器你处理的是什么。
- 在 CIL 代码中还看到了 private、public，暂时称为 CIL 特性（attribute）。它的作用也很好理解，通过 CIL 指令并不能完全说明.NET 成员和类，针对 CIL 指令进行补充说明成员或者类的特性的，常见的还有 extends、implements 等。
- 每一行 CIL 代码基本都有的就是 CIL 操作码。

对 CIL 有了直观的印象，但是要弄明白 Unity 3D 为何能跨平台，还需要进一步的学习。

参照 CIL 的操作码表，可以总结出一份更易读的表格，如图 2-9 所示。希望读者朋友们可以认真读表。

主要操作				操作数范围/条件			操作数类型			操作数		
缩写	全称	含义		缩写	全称	含义	缩写	全称	含义	缩写	全称	含义
ld	load	将操作数压到堆栈当中，相当于：push ax		arg	argument	参数	?	?	操作数中的数值	.0	?	第零个参数
										.1	?	第一个参数
										.2	?	第二个参数
										.3	?	第三个参数
										.s xx	(short)	参数xx
							a	address	操作数的地址	只有 .s xx，参见ldarg.s		
				loc	local	局部变量	参见ldarg					
				fld	field	字段（类的全局变量）	参见ldarg			xx	?	xx字段，eg: ldfld xx
				c	const	常量	.i4	int 4 bytes	C#里面的int，其他的类型例如short需要通过conv转换	.m1	minus 1	-1
										.0	?	0
										.1	?	1
										……		
										.8		8
										.s	(short)	后面跟一个字节以内的整型数值（有符号的）
										?	?	后面跟四个字节的整型数值
							.i8	int 8 bytes	C#里面的long	?	?	后面跟八个字节的整型数值
							.r4	real 4 bytes	C#里面的float	?	?	后面跟四个字节的浮点数值
							.r8	real 8 bytes	C#里面的double	?	?	后面跟八个字节的浮点数值
				null	null	空值（也就是0）	?	?	?	?	?	?
st	store	计算堆栈的顶部弹出当前值，相当于：pop ax		参见ld								
conv	convert	数值类型转换，仅仅用纯粹的数值类型间的转换，例如int/float等		?	?	?	.i1	int 1 bytes	C#里面的sbyte	?	?	?
							.i2	int 2 bytes	C#里面的short			
							.i4	int 4 bytes	C#里面的int			
							.i8	int 8 bytes	C#里面的long			
							.r4	real 4 bytes	C#里面的float			
							.r8	real 8 bytes	C#里面的double			
							.u4	uint 4 bytes	C#里面的uint			
							.u8	uint 8 bytes	C#里面的ulong			
b/br	branch	条件和无条件跳转，相当于：jmp/jxx label_jump	br	?	?	无条件跳转	?	?	?	?	?	后面跟四个字节的偏移量（有符号）
										.s	(short)	后面跟一个字节的偏移量（有符号）
				false	false	值为零的时候跳转	?	?	?	参见br		
				true	true	值不为零的时候跳转	?	?	?			
			b	eq	equal to	相等	?	?	?			
				ne	not equal to	不相等	un	unsigned or unordered	无符号的（对于整数）或者无序的（对于浮点）			
				gt	greater than	大于						
				lt	less than	小于						
				ge	greater than or equal to	大于等于						
				le	less than or equal to	小于等于						
call	call	调用		?	?	?	?	?	（非虚函数）	?		
				?	?	?	virt	virtual	虚函数			

图 2-9 CIL 操作码表

基于堆栈

笔者的第一感觉就是基本每一条描述中都包含一个“栈”。CIL 是基于堆栈的，也就是说 CIL 的 VM（Mono 运行时）是一个栈式机。这就意味着数据是推入堆栈，通过堆栈来操作的，而非通过 CPU 的寄存器来操作的，这更加验证了其和具体的 CPU 架构没有关系。为了说明这一点，举个例子。

上大学学单片机时，使用汇编语言做加法的代码如下。

```
add eax,-2
```

其中的 eax 是什么——寄存器。所以，如果 CIL 处理数据要通过 CPU 的寄存器，那也就不可能和 CPU 的架构无关了。

当然，CIL 之所以是基于堆栈而非 CPU 的另一个原因，是相较于 CPU 的寄存器，操作堆栈实在太简单了。大学时学单片机，在学的时候需要记得各种寄存器、各种标志位、各种操作，而堆栈只需要简单地压栈和弹出，因此对于虚拟机的实现来说是再合适不过了。所以想要更具体地了解 CIL 基于堆栈这一点，读者可以自学一下堆栈方面的内容，这里就不再赘述。

- 面向对象。

表中有 new 对象的语句，CIL 同样是面向对象的。

这意味着什么呢？那就是在 CIL 中你可以创建对象、调用对象的方法、访问对象的成员。而这里需要注意的就是对方法的调用。

图 2-9 的右上角就是对参数的操作部分。静态方法和实例方法是不同的。

- **静态方法**：ldarg.0 没有被占用，所以参数从 ldarg.0 开始。
- **实例方法**：ldarg.0 是被 this 占用的，也就是说实际上的参数是从 ldarg.1 开始的。

举个例子，假设有一个叫 Murong 的类中有一个静态方法 Add(int32 a, int32 b)，实现的内容是使两个数相加，所以需要两个参数。另一个实例方法 TellName(string name)，这个方法会告诉你传入的名字。

Murong 的代码如下。

```
class  Murong
{
    public void TellName(string name)
    {
        System.Console.WriteLine(name);
    }
    public static int Add(int a, int b)
```

```
        {
            return a + b;
        }
    }
```

分别来看看 CIL 语言对静态方法和实例方法的不同处理。

- 静态方法的处理。

静态方法 Add 的 CIL 代码如下。

```
    //注释
    .method public hidebysig static int32  Add(int32 a,
                                               int32 b) cil managed
    {
      // 代码大小       9 (0x9)
      .maxstack  2
      .locals init ([0] int32 CS$1$0000)    //初始化局部变量列表。因为我们只返回了一
//个 int 型。所以这里声明了一个 int32 类型。索引为 0
      IL_0000:  nop
      IL_0001:  ldarg.0       //将索引为 0 的参数加载到计算堆栈上
      IL_0002:  ldarg.1       //将索引为 1 的参数加载到计算堆栈上
      IL_0003:  add           //计算
      IL_0004:  stloc.0       //从计算堆栈的顶部弹出当前值，并将其存储到索引 0 处的局部
//变量列表中
      IL_0005:  br.s        IL_0007
      IL_0007:  ldloc.0       //将索引 0 处的局部变量加载到计算堆栈上
      IL_0008:  ret           //返回该值
    } // end of method Murong::Add
```

调用这个静态函数的代码如下。

```
    Murong.Add(1, 2);
```

对应的CIL 代码如下。

```
      IL_0001:  ldc.i4.1 //将整数 1 压入栈中
      IL_0002:  ldc.i4.2 //将整数 2 压入栈中
      IL_0003:  call        int32 Murong::Add(int32,
                                                int32)  //调用静态方法
```

可见 CIL 直接调用了 Murong 的 Add 方法，而不需要一个 Murong 的实例。

- 实例方法的处理。

Murong 类中的实例方法 TellName()的 CIL 代码如下。

```
    .method  public  hidebysig  instance  void   TellName(string  name)  cil
managed
```

```
{
  // 代码大小       9 (0x9)
  .maxstack  8
  IL_0000:  nop
  IL_0001:  ldarg.1      //看到和静态方法的区别了吗?
  IL_0002:  call       void [mscorlib]System.Console::WriteLine(string)
  IL_0007:  nop
  IL_0008:  ret
} // end of method Murong::TellName
```

第一个参数对应的是 ldarg.1 中的参数 1，而不是静态方法中的参数 0。因为此时参数 0 相当于 this，this 是不用参与参数传递的。

再看看调用实例方法的 C#代码和对应的 CIL 代码，对应的 C#代码如下。

```
//C#
Murong murong = new Murong();
murong.TellName("chenjiadong");
```

对应的 CIL 代码如下。

```
  .locals init ([0] class Murong murong)    //因为 C#代码中定义了一个 Murong 类型
//的变量，所以局部变量列表的索引 0 为该类型的引用
  //....
  IL_0009:  newobj     instance void Murong::.ctor() //相比上面的静态方法的调
//用，此处 new 一个新对象，出现了 instance 方法
  IL_000e:  stloc.0
  IL_000f:  ldloc.0
  IL_0010:  ldstr      "chenjiadong" //小匹夫的名字入栈
  IL_0015:  callvirt   instance void Murong::TellName(string) //实例方法的调
//用也有 instance
```

由于篇幅限制，CIL 是什么的问题大概介绍到这里。下面将会介绍 Unity 3D 是如何通过 CIL 来实现跨平台的。

2.3.3 Unity 3D 如何使用 CIL 跨平台

Q：知道了 Unity 3D 能跨平台是因为存在着一个中间语言 CIL，这也是所谓跨平台的前提，但是为什么 CIL 能“通吃”各大平台呢？当然可以说 CIL 基于堆栈，与 CPU 怎么架构没关系，但是感觉过于理论化、学术化，那还有没有通俗化、工程化的说法呢？

A：原因就是前面提到过的.NET 运行时和 Mono 运行时。也就是说 CIL 语言其实是运行在虚拟机中的，具体到 Unity 3D 游戏引擎也就是 Mono 的运行时了，换言之 Mono 运行的其实是 CIL 语言，CIL 也并非真正在本地运行，而是在 Mono 运行时中运行，运行在本地的是被编译

后生成的原生代码。

因此这里为了“实现跨平台式的演示”，使用 OS X 系统做个测试，代码如下。

```
class Test
{
 public static void Main(string[] args)
 {
     System.Console.WriteLine("Hi");
 }
}
```

在 OS X 系统上通过最简单的文本编辑器，输入上述代码并保存为.cs 文件。这里使用 Test.cs 作为这个示例的名字。这样就有一个最基本的 C#文件，如果在 OS X 系统上直接使用 Mono 来运行这个文件会发生什么结果呢？使用 Mono 直接运行.cs 文件，如图 2-10 所示。

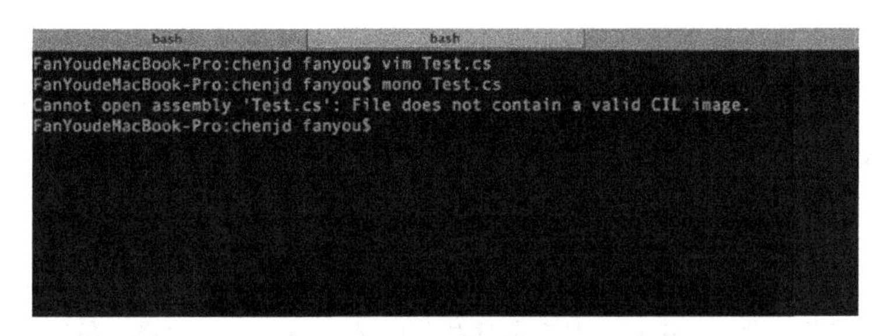

图 2-10　使用 Mono 直接运行.cs 文件

文件没有包含一个 CIL 映像。可见 Mono 是不能直接运行.cs 文件的。假如把它编译成 CIL 呢？那么用 Mono 带的 mcs 来编译 Test.cs 文件，代码如下。

```
mcs Test.cs
```

生成的内容如图 2-11 所示。

```
FanYoudeMacBook-Pro:chenjd fanyou$ vim Test.cs
FanYoudeMacBook-Pro:chenjd fanyou$ mono Test.cs
Cannot open assembly 'Test.cs': File does not contain a valid CIL image.
FanYoudeMacBook-Pro:chenjd fanyou$ mcs Test.cs
FanYoudeMacBook-Pro:chenjd fanyou$ ls
Test.cs          Test.exe
FanYoudeMacBook-Pro:chenjd fanyou$
```

图 2-11　使用 Mono 的 mcs 编译器在 Mac 上生成的.exe 文件

没有.IL 文件生成，反而多了一个.exe 文件。可是 OS X 系统不能运行.exe 文件，但是为什么生成了.exe 文件呢？真相其实就是这个.exe 文件并不是直接让 OS X 系统来运行的，而是留给 Mono 运行时来运行的。换言之，这个文件的可执行代码形式是 CIL 的位元码形态。这样就完成了从 C#到 CIL 的过程。接下来就运行下刚刚的成果，代码如下。

```
mono Test.exe
```

再次使用 Mono，只不过这次的目标换成了 Test.exe 文件，如图 2-12 所示。结果是输出了一个“Hi”。

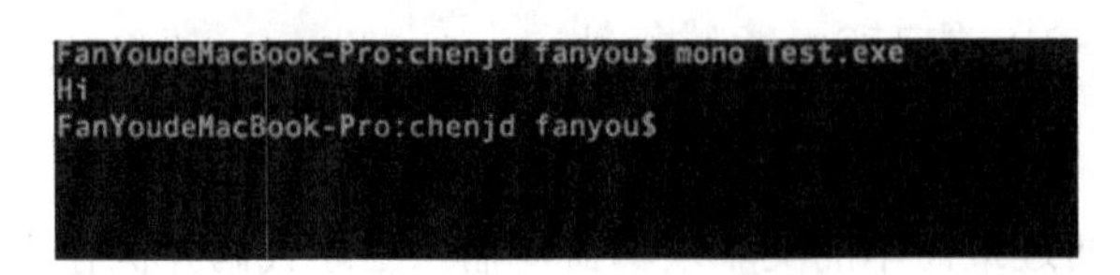

图 2-12 在 OS X 系统上运行.exe 文件

- 从 CIL 到 Native Code

为什么 C#写的代码能在 Mac 上运行呢？这就不得不提从 CIL 如何到本机原生代码的过程了。Mono 提供了两种编译方式，就是经常能看到的 JIT（Just-in-time compilation，即时编译）和 AOT（Ahead-of-time，提前编译或静态编译）。这两种编译方式都是将 CIL 进一步编译成平台的原生代码。这也是实现跨平台的最后一步。

- JIT 即时编译

即时编译，或者称为动态编译，是在程序执行时才编译代码，解释一条语句执行一条语句，即将一条中间的托管语句翻译成一条机器语句，然后执行这条机器语句。但同时也会将编译过的代码进行缓存，而不是每一次都进行编译。所以可以说它是静态编译和解释器的结合体。不过机器既要处理代码的逻辑，同时还要进行编译的工作，所以其运行时的效率肯定是受到影响的。因此，Mono 会有一部分代码通过 AOT 静态编译，以解决在程序运行时 JIT 动态编译在效率上的问题。

不过一向严苛的 iOS 平台是不允许这种动态的编译方式的，这也是 Unity 官方无法给出热更新方案的一个原因。而 Android 平台恰恰相反，Dalvik 虚拟机使用的就是 JIT 方案。

- AOT 静态编译

其实 Mono 的 AOT 静态编译和 JIT 并非对立的。AOT 同样使用了 JIT 编译器来进行编译，只不过被 AOT 编译的代码在程序运行之前就已经编译好了。当然，还有一部分代码会通过 JIT 来进行动态编译。下面就手动操作一下 Mono，让它进行一次 AOT 静态编译，代码如下。

```
//在命令行输入
mono --aot Test.exe
```

这条命令运行的结果，如图 2-13 所示。

```
FanYoudeMacBook-Pro:chenjd fanyou$ mono --aot Test.exe
Mono Ahead of Time compiler - compiling assembly /Users/fanyou/chenjd/Test.exe
Code: 68 Info: 5 Ex Info: 10 Unwind Info: 17 Class Info: 30 PLT: 2 GOT Info: 13 GOT: 28 Offsets: 49
Compiled: 2/2 (100%), No GOT slots: 1 (50%), Direct calls: 0 (100%)
Executing the native assembler: as -arch i386 -W  -o /var/folders/gb/34wt6wxs5r96l1r4mcrkrxdr0000gn/T/mono_aot_OGf30E.o /var/folders/gb/34w
t6wxs5r96l1r4mcrkrxdr0000gn/T/mono_aot_OGf30E
Executing the native linker: gcc -m32 -dynamiclib -o /Users/fanyou/chenjd/Test.exe.dylib.tmp /var/folders/gb/34wt6wxs5r96l1r4mcrkrxdr0000gn
/T/mono_aot_OGf30E.o
Generating debug symbols: dsymutil /Users/fanyou/chenjd/Test.exe.dylib
JIT time: 39 ms, Generation time: 36 ms, Assembly+Link time: 2297 ms.
FanYoudeMacBook-Pro:chenjd fanyou$
```

图 2-13 Mono 的 AOT 静态编译运行结果

从图 2-13 可以看到 JIT time：39 ms，也就是说 Mono 的 AOT 模式其实会使用到 JIT 编译器，同时可以看到生成了一个适应 Mac 的动态库 Test.exe.dylib，而在 Linux 中生成则是.so（共享库）。

AOT 静态编译出来的库，除了包括代码之外，还有被缓存的元数据（Metodata，是一种二进制信息，用以对存储在公共语言运行库可移值可执行文件（PE 文件）或存储在内存中的程序进行描述）信息，所以甚至可以只编译元数据信息而不编译代码。例如如下所示代码。

```
//只包含元数据的信息
mono --aot=metadata-only Test.exe
```

再次运行的结果，如图 2-14 所示。可见代码没有被包括进来。

```
FanYoudeMacBook-Pro:chenjd fanyou$ mono --aot=metadata-only Test.exe
Mono Ahead of Time compiler - compiling assembly /Users/fanyou/chenjd/Test.exe
Code: 0 Info: 0 Ex Info: 0 Unwind Info: 0 Class Info: 30 PLT: 1 GOT Info: 5 GOT: 20 Offsets: 40
Compiled: 0/0 (100%), No GOT slots: 0 (100%), Direct calls: 0 (100%)
Executing the native assembler: as -arch i386 -W  -o /var/folders/gb/34wt6wxs5r96l1r4mcrkrxdr0000gn/T/mono_aot_Y7DQOD.o /var/folders/gb/34w
t6wxs5r96l1r4mcrkrxdr0000gn/T/mono_aot_Y7DQOD
Executing the native linker: gcc -m32 -dynamiclib -o /Users/fanyou/chenjd/Test.exe.dylib.tmp /var/folders/gb/34wt6wxs5r96l1r4mcrkrxdr0000gn
/T/mono_aot_Y7DQOD.o
Generating debug symbols: dsymutil /Users/fanyou/chenjd/Test.exe.dylib
warning: no debug symbols in executable (-arch i386)
JIT time: 0 ms, Generation time: 0 ms, Assembly+Link time: 185 ms.
FanYoudeMacBook-Pro:chenjd fanyou$ ls
Test.cs                 Test.exe                Test.exe.dylib          Test.exe.dylib.dSYM
```

图 2-14 只编译元数据的运行结果

简单总结一下 AOT 的过程。

（1）收集要被编译的方法。

（2）使用 JIT 编译器进行编译。

（3）发射（Emitting）经 JIT 编译过的代码和其他信息。

（4）直接生成文件，或者调用本地汇编器或连接器进行处理后生成文件（例如图 2-14 中使用了本地的 gcc）。

- Full AOT

iOS 平台是禁止使用 JIT 的，但是 Mono 的 AOT 模式仍然会保留一部分代码在程序运行时动态编译。所以为了解决这个问题，Mono 提供了一个被称为 Full AOT 的模式。即预先对程序集中的所有 CIL 代码进行 AOT 编译生成一个本地代码映像，然后在运行时直接加载这个映像，而不再使用 JIT 引擎。目前由于技术或实现上的原因，在使用 Full AOT 时有一些限制，所以这里不再赘述。

- 总结

本节的主要内容总结有以下几点。

（1）CIL（Common Intermediate Language，通用中间语言）是 CLI（Common Language Infrastructure，通用语言基础结构）标准定义的一种可读性较低的语言。

（2）以.NET 或 Mono 等实现 CLI 标准的运行环境为目标的语言要先编译成 CIL，然后 CIL 会被编译，并且以位元码的形式存在（源代码→中间语言的过程）。

（3）这种位元码运行在虚拟机中（.NET Mono 的运行时）。

（4）这种位元码可以被进一步编译成不同平台的原生代码（中间语言→原生代码的过程）。

（5）面向对象。

（6）基于堆栈。

2.4 脚本的选择，C# 或 JavaScript

想从事 Unity 3D 开发工作的读者，或者即将要从事这个领域的读者，面对 Unity 3D 提供的几种脚本语言时，难免会遇到那个 Unity 3D 开发中老生长谈的问题，“我的开发语言究竟是选择 JavaScript 呢？还是 C#呢？”

首先要知道 Unity 3D 中的 JavaScript 脚本究竟是什么。最准确的学名应该叫 UnityScript。那为何 UnityScript 不是 JavaScript 呢？分析一下 UnityScript 和 JavaScript 之间的异同。既然说 UnityScript 不是 JavaScript，但 Unity 3D 的确有好几种脚本语言（C#、UnityScript、Boo），那和 C#相比，应该如何抉择呢？

2.4.1 最熟悉的陌生人——UnityScript

2.3 节介绍了 Unity 3D 跨平台的基础，那就是借助了 CIL。首先将源代码（例如 C#）编译成 CIL（其实是 CIL assembly），然后再通过 JIT 或者 Full AOT 将 CIL 编译成目标平台的原生代码，进而实现了一套代码，多个平台使用的跨平台功能。所以作为 Unity 3D 中的“JavaScript”（将使用 UnityScript 来称呼），同样也会先被编译成 CIL 代码，然后再编译成对应平台的原生代码。换言之，Unity 3D 实现了一套在.NET 平台上和 C#处于“相同层面”的语言——UnityScript。开发了一套自己的语言，源代码都要先编译成 CIL，所以只要能有一套编译器能够把 UnityScript 的语法分析识别并编译成 CIL，那问题就解决了。当然，如果有现成的，能符合以下 3 条的语言就更好了。

- 是.NET 层面的语言。
- 像脚本语言。
- 有编译器能把它编译成 CIL。

你一定想到了 Unity 3D 脚本“三巨头”之一的 Boo 了。都说 Boo 是 Unity 3D 的脚本语言之一，可是为什么没有什么人用过呢？甚至连讨论在 Unity 3D 中使用 Boo 的都很少？原因之一可能就是 Unity 3D 最初之所以要引入 Boo，纯粹是为 UnityScript 服务的。Boo 是 CLI 平台（即符合通用语言基础结构描述的平台）上的一种静态类型的语言，其很多特性都受到了 Python 的影响，但却又不是 Python 的简单移植。实际上，Boo 并不在意代码的缩进，也不强迫使用 self 关键字。另外，Boo 从根本上来讲还是一种静态类型的语言，这也与 Python 的动态特性不尽相同。因此 Boo 作为一个.NET 平台的第三方语言，具备了写起来也很像脚本语言，并且有对应的编译器能够实现从 Boo 到 CIL 过程的这个基础。

Boo 的代码如下。

```
import System
import System.Net
import System.Threading
url, local = argv
client = WebClient()
call = client.DownloadFile.BeginInvoke(url, local)
while not call.IsCompleted:
        Console.Write(".")
        Thread.Sleep(50ms)
Console.WriteLine()
```

简而言之，UnityScript 是“脱胎”于 Boo 的。虽然看上去 UnityScript 和 Boo 长得不像，但要明白语法不是问题，语义才是问题。只要能把 UnityScript 的语法解析成 Boo 的编译器能认识的，那么 UnityScript 的编译器的大部分工作就可以交给 Boo 的编译器来实现了。所以，基于现成的 Boo 语言，开发 UnityScript 编译器的工作就只剩下语法解析而已，事实上也的确是这样做的。

而当来到 UnityScript 在 GitHub 的托管页面，发现竟然是 Boo 的开发者在维护，而

UnityScript 的编译处理逻辑所在的文件是一个.boo 文件——UnityScriptCompiler.boo。

不必了解 Boo 语言，但是还是可以看到会引入 Boo 的编译器，代码如下。

```
import Boo.Lang.Compiler
```

也会有针对 UnityScript 的语法进行解析以供 Boo 的编译器识别的过程，代码如下。

```
pipeline.Insert(0,
UnityScript.Steps.PreProcess())
pipeline.Replace(Boo.Lang.Compiler.Steps.Parsing,
UnityScript.Steps.Parse())
pipeline.Replace(Boo.Lang.Compiler.Steps.IntroduceGlobalNamespaces,
UnityScript.Steps.IntroduceUnityGlobalNamespaces())
pipeline.InsertAfter(Boo.Lang.Compiler.Steps.PreErrorChecking,
UnityScript.Steps.ApplySemantics())
pipeline.InsertAfter(UnityScript.Steps.ApplySemantics,
UnityScript.Steps.ApplyDefaultVisibility())
pipeline.InsertBefore(Boo.Lang.Compiler.Steps.ExpandDuckTypedExpressions,
UnityScript.Steps.ProcessAssignmentToDuckMembers())
pipeline.Replace(Boo.Lang.Compiler.Steps.ProcessMethodBodiesWithDuckTypi
ng,
UnityScript.Steps.ProcessUnityScriptMethods())
```

那么 UnityScript 的编译器到底放在哪里呢？（从 UnityScript 到 CIL）如图 2-15 所示。

```
FanYoudeMacBook-Pro:unity fanyou$ pwd
/Applications/Unity/Unity.app/Contents/Frameworks/Mono/lib/mono/unity
FanYoudeMacBook-Pro:unity fanyou$ ls
Boo.Lang.Compiler.dll                               System.Data.dll.mdb
Boo.Lang.Extensions.dll                             System.Json.dll
Boo.Lang.Parser.dll                                 System.Json.dll.mdb
Boo.Lang.PatternMatching.dll                        System.Runtime.Serialization.dll
Boo.Lang.Useful.dll                                 System.Runtime.Serialization.dll.mdb
Boo.Lang.dll                                        System.ServiceModel.Web.dll
I18N.CJK.dll                                        System.ServiceModel.Web.dll.mdb
I18N.CJK.dll.mdb                                    System.ServiceModel.dll
I18N.MidEast.dll                                    System.ServiceModel.dll.mdb
I18N.MidEast.dll.mdb                                System.Transactions.dll
I18N.Other.dll                                      System.Transactions.dll.mdb
I18N.Other.dll.mdb                                  System.Web.Services.dll
I18N.Rare.dll                                       System.Web.Services.dll.mdb
I18N.Rare.dll.mdb                                   System.Xml.Linq.dll
I18N.West.dll                                       System.Xml.Linq.dll.mdb
I18N.West.dll.mdb                                   System.Xml.dll
I18N.dll                                            System.Xml.dll.mdb
I18N.dll.mdb                                        System.dll
Mono.Cairo.dll                                      System.dll.mdb
Mono.Cairo.dll.mdb                                  UnityScript.Lang.dll
Mono.Cecil.dll                                      UnityScript.dll
Mono.CompilerServices.SymbolWriter.dll              booc
Mono.CompilerServices.SymbolWriter.dll.mdb          booc.exe
Mono.Data.Sqlite.dll                                mono-env
Mono.Data.Sqlite.dll.mdb                            mscorlib.dll
Mono.Data.Tds.dll                                   mscorlib.dll.mdb
Mono.Data.Tds.dll.mdb                               smcs
Mono.Security.dll                                   smcs.exe
Mono.Security.dll.mdb                               smcs.exe.mdb
System.Core.dll                                     us
System.Core.dll.mdb                                 us.exe
System.Data.dll
```

图 2-15 Unity 3D 中 UnityScript 编译器的位置

Mac 版的路径：/Applications/Unity/Unity.app/Contents/Frameworks/Mono/lib/mono/unity/ us.exe。

Windows 版的路径：U3D 路径/Editor/Data/Mono/lib/mono/unity/us.exe。

总结一下 UnityScript 具有以下几点特征。

- 静态语言且需要编译。
- “脱胎”于 Boo 语言。
- 和 JavaScript 除了后缀以外没有关系。

所以与其纠结 Unity 3D 的“JavaScript”到底和 JavaScript 有多相似，倒不如考虑下 UnityScript 和 Boo 有多么相似。

2.4.2 UnityScript 与 JavaScript

有的读者往往认为 UnityScript 和平时所说的 JavaScript 是一样的，即使有人意识到有所区别，但是认为本质上也还是和 JavaScript 属于同一范畴。起初笔者也是这样认为的，因为曾经使用过 Cocos2d-JS 开发游戏的缘故，所以当听说 Unity 3D 支持 JavaScript 脚本十分高兴，可是到最后还是有些失望，因为笔者意识到 UnityScript 和 JavaScript 是两种差别很大的语言。

其实所谓的 JavaScript 是一个很泛泛的名字，可以用来指任何实现了 ECMAScript 标准的语言，而 UnityScript 主观上根本就没有试图去实现，甚至是接近该标准。所以很多 JavaScript 的库如果只是单纯地复制，在 Unity 3D 中并不会运行得特别“顺利”。那么两者究竟有多大的差别呢？

- JavaScript 没有类的概念

JavaScript 没有类的概念。因为它是一种基于原型的语言，继承发生在对象和对象之间（更灵活、更动态），而非类和类之间。

举个例子，代码如下。

```
//JavaScript 代码
function Person() {
   this.name = ["chenjiadong"];
}

var c = new Person();
console.log(typeof c.introduce);

Person.prototype.introduce = function() {
   console.log("I am  "+this.name+".");
};
```

```
console.log(typeof c.introduce);
c.introduce();
```

在笔者有限的 JavaScript 知识中，同样存在着对象和原型的概念。通过关键字 new，可以用方法 Person 创建出一个对象 c，此时该对象还不会介绍自己（introduce）。但是如果 Person 经过“进化”，学会了介绍自己（introduce），那么之前创建的对象 c 也同样可以介绍自己（introduce）。

但是在 UnityScript 中不能这样，因为它有类的概念。一旦定义了你的类，那么在程序运行时这个类也就不能改变了。

- 文件名的讲究

不知道读者有没有发现，一个新建的 UnityScript 文件中好像并没有声明一个类。相反，看上去很像一般的 JavaScript 的写法。比如 Test.js，代码如下。

```
//UnityScript 代码
#pragma strict

function Start () {

}

function Update () {

}
```

其实原因就在于文件名。Unity 3D 中大多数的.js 文件都代表一个类，所以自然而然文件的名字就被用来称呼这个类了（当然说大多数文件都是这样的含义，就是你也可以在一个文件中定义多个类，比如不继承自 MonoBehavior 的类）。

所以上面所示的代码，就等效于如下所示的 C#代码。

```
//C#代码
using UnityEngine;

public class Test : MonoBehaviour {
    void Start () {

    }
    // Update is called once per frame
    void Update () {

    }
```

```
}
```

反观 JavaScript，则仅仅是执行文件中的代码，而和文件名无关。除了这两条比较“宏观”的差别之外，JavaScript 和 UnityScript 语法上是否还有什么不同呢？

- 语法差异——一次能声明几个变量

在 JavaScript 中，经常可以写如下所示代码。

```
var x = 1, y = 2;
```

但在 UnityScript 中输入同样的代码，Unity 3D 则会报错，如图 2-16 所示。

图 2-16 UnityScript 报错（1）

- 语法差异——分号的必要性

在微博上看过一个大学教授“吐槽”过一个 JavaScript 的“Bug”，如图 2-17 所示。

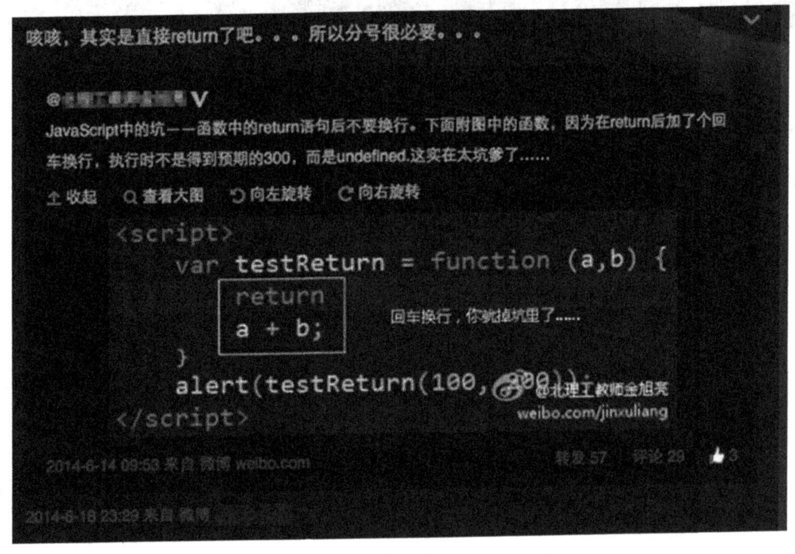

图 2-17 对 JavaScript“Bug”的“吐槽”

JavaScript 的特性之一就是程序在执行时会默认在行尾加“;”，换句话说，我们可以不在行尾写分号。

而 UnityScript 为了避免这种可能造成 Bug 的写法，而对分号做出了要求。

如果不写分号，Unity 3D 会报错，如图 2-18 所示。

Clear Collapse Clear on Play Error Pause

Assets/xml-to-egg/xml-to-egg-test/TestJs-exe.js(5,18): UCE0001: ';' expected. Insert a semicolon at the end.

图 2-18 UnityScript 报错（2）

- 语法差异——“赋值表达式”能否作为表达式赋值

在 JavaScript 中可以写如下所示的代码。

```
var x = 3; // x is 3
var y = (x=x+2); // x is 5, y is 5
```

这里“x=x+2”这个赋值表达式作为一个表达式给 y 赋值。但是在 UnityScript 中同样是不支持这种写法的。如果输入同样的代码，Unity 3D 会报错，如图 2-19 所示。

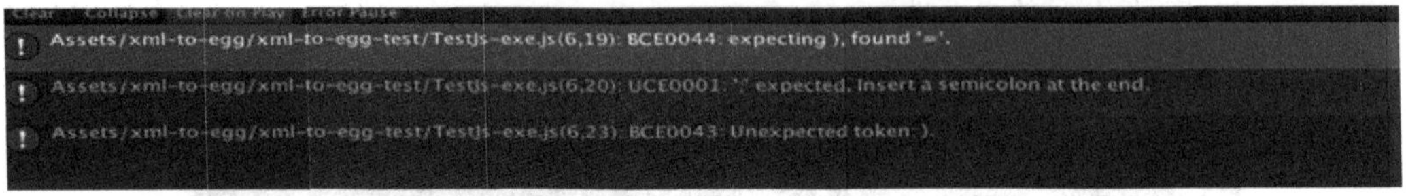

Clear Collapse Clear on Play Error Pause

Assets/xml-to-egg/xml-to-egg-test/TestJs-exe.js(6,19): BCE0044: expecting), found '='.

Assets/xml-to-egg/xml-to-egg-test/TestJs-exe.js(6,20): UCE0001: ';' expected. Insert a semicolon at the end.

Assets/xml-to-egg/xml-to-egg-test/TestJs-exe.js(6,23): BCE0043: Unexpected token:).

图 2-19 UnityScript 报错（3）

- 语法差异——var 和类型

假设声明变量时不带 var，则该变量会默认为全局变量。但是在 UnityScript 中，声明变量不能不带 var。

如下所示的代码，在 JavaScript 和 UnityScript 上都能运行。

```
//UnityScript 和 JavaScript 都能运行
var x;
x = 3;
x = new Array();
```

这样看起来好像 UnityScript 是动态语言，好多读者可能就会不太明白。其实作为静态语言，在编译器进行编译时，变量到底是什么类型它必须知道。所以在 UnityScript 中，代码里的“x”到底是什么类型是确定好的。等效的代码如下。

```
//在 UnityScript 中等效于下面
```

```
Object x;
x = 3;
x = new Array();
```

原来“x”是 Object 类型，要知道所有的类型都派生自 Object 类型。换言之，所有的类型都能转化成 Object 类型。所以 3 能转化为 Object 并赋值给 X，Array 也能转化为 Object 并赋值给 X。这也就是 UnityScript 看起来是动态类型的原因（频繁装箱，肯定会影响效率）。

所以，如果调用一个 Object 没有的方法，可能会出现相关提示，如图 2-20 所示。

Assets/xml-to-egg/xml-to-egg-test/NewBehaviourScript.js(7,3): BCE0019: 'Add' is not a member of 'Object'.

图 2-20 UnityScript 报错（4）

关于 var 的内容还有很多，比如 C#也有，但是和这里并非完全相同。关于 JavaScript 和 UnityScript 的内容也有很多，但由于篇幅限制，这里不再赘述。

2.4.3 C#与 UnityScript

到底 C#和 Unity 3D 里的 JavaScript 哪个更好呢？

Q：用 JavaScript 写的 Unity 3D 游戏和用 C#写的 Unity 3D 游戏，哪个运行效率更高呢？

A：肯定是 C#，因为 JavaScript 是动态的，肯定不如编译的语言好。

Q：用 JavaScript 开发和用 C#开发，哪个更快、更适合我呢？

A：JavaScript 适合个人开发，它敏捷快速；C#适合公司开发，它规范严谨。

- 本质求同存异

UnityScript 是和 C#同一个层面的语言，也需要经历从源代码到 CIL 中间语言的过渡，最终到编译成原生语言的过程。所以从本质上说，最终运行的都是从 CIL 编译而来的原生机器语言。但的确会有 C#比较快的现象，那么问题出在哪呢？

一个可能但不是唯一的答案就是，UnityScript 和 C#生成的 CIL 中间语言不同。就像提到的 var 的问题，如果使用 Object 来处理 var 的问题，则不可避免的是频繁地装箱、拆箱操作，这对效率影响很大。

所以的确 C#的速度更快，但原因是 UnityScript 会涉及频繁地装箱、拆箱操作，进而生成的 CIL 代码与 C#有差异，而并非 UnityScript 是动态语言且没有经过编译。

- 现实很单纯

开发到底是使用 C#还是 UnityScript 呢？如果不考虑运行的效率，仅仅考虑开发时的感受，笔者建议使用 C#。

我们需要知道以下 3 点。

（1）UnityScript 是“脱胎”于.NET 平台的第三方语言 Boo 的。所谓的第三方语言和 C#的区别，差距可能是全方位、立体式的。社区支持、代码维护，甚至是编译出来的 CIL 代码质量都可能有很大的差距。

（2）UnityScript 和 JavaScript 没有什么关系。可能你在使用 JavaScript 时如鱼得水，但在 UnityScript 中如果不小心就可能埋下隐患，而一些隐患可能藏得很深。而且 UnityScript 也是静态语言，也需要编译。

（3）插件的支持。大多数的插件都是用 C#写的。

Unity 官方对脚本语言使用率的统计图（饼图），如图 2-21 所示。

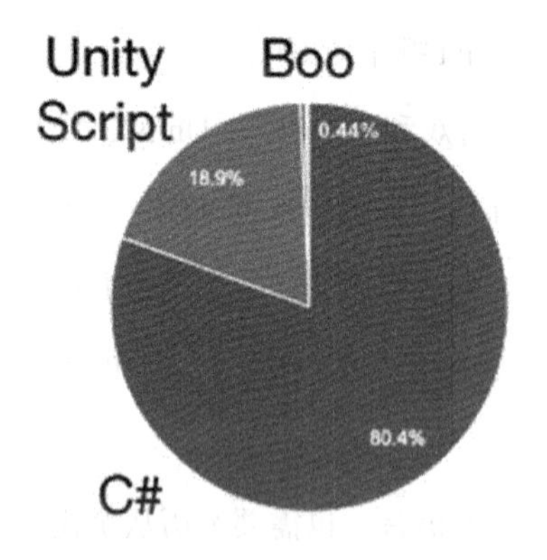

图 2-21 Unity 官方对脚本语言使用率的统计图（饼图）

由于 Boo 语言的使用量基本可以忽略，所以从 Unity 5.0 版本开始就会停止对 Boo 语言的文档支持。同时“消失”的还有从菜单创建 Boo 脚本的选项“Create Boo Script”。从 Unity 3D 团队对 Boo 语言的态度，也可以窥见和 Boo 联系密切的 UnityScript 未来的走势。

与此同时，Unity 3D 团队也会把支持的重心转移到 C#上，也就是说文档和示例，以及社区支持的重心都在 C#上。C#的文档会是最完善的，C#的代码实例会是最详细的，社区内用 C#并一起讨论的人数会是最多的。而本书也将以 C#作为 Unity 3D 的主要脚本语言来介绍、讲解。

2.5 本章总结

本章主要介绍了为 Unity 3D 脚本模块提供基础的 Mono 的知识。通过学习本章内容，读者应该能够了解 Mono 提供了微软的.NET 框架的另一种实现。而与微软的.NET 框架不同的是，Mono 具备了跨平台的能力，也就是说它不仅能运行在 Windows 操作系统上，而且还可以运行在 Mac OS X、Linux 操作系统上，甚至是一些游戏平台上。

通过一个简单的例子模拟了如何将 Mono 运行时和 Unity 3D 游戏引擎联系到一起，各位读者应该明白了 Unity 3D 游戏引擎底层逻辑是由 C/C++实现的，只不过是通过 Mono 为游戏开发者提供了一套 C#的接口作为其脚本语言。

本章将关注的焦点放在了 Unity 3D 如何借助 Mono 以及 CIL 中间通用语言来实现跨平台功能。

最后，通过分析对比 Unity 3D 所提供的几种脚本语言（主要是对比 C#和 UnityScript），总结出了 C#语言作为 Unity 3D 的“主力”脚本语言的地位。

第 3 章 Unity 3D 脚本语言的类型系统

既然 Unity 3D 游戏引擎选择 Mono，选择 C#。那么 C#语言又有什么特点，从而被 Unity 3D 选择作为其提供给游戏开发者的主要脚本语言呢？常见的动态语言有 Python、JavaScript、Ruby 等，它们之所以让人感觉轻巧灵活，并非它们是动态解释的，而是开发者在开发过程中使用它们并不会遇到太多烦琐的形式，反而它们为开发者提供了一些特性，例如生成器、列表推导式等简化了开发过程。所以，既然动态语言给人们留下使用灵巧的印象与它们本身是否是动态解释并没有太多关系，那么静态编译型的语言是否也能让开发者有这种使用灵巧的感觉呢？

让我们把目光投向这种使用起来让人感觉灵活的静态类型语言——C#。C#和 Java 在某些方面有着相似之处，甚至有人说 C#可以看作是 Java 语言的升级版本。而 C#也的确有着自己的一些特性，例如委托和事件、foreach 循环、using 语句、显示方法重载、自定义值类型等。而从 C#1 开始，C#的每个新版本都会增加新的特性（由于 Unity 3D 使用的是 Mono 2.0 版本，仅仅实现了 C#3 之前的功能，所以本书主要介绍 C#1~C#3 的内容），例如 C#1 奠定了 C#类型系统的基础，规定了引用类型和值类型的概念，同时让人印象深刻的还有委托；C#2 让人印象深刻的改变是提供了泛型；而 C#3 中则提供了自动属性和初始化简化的语法糖（Syntactic sugar，也译为糖衣语法，指计算机语言中添加的某种语法，这种语法对语言的功能并没有影响，但是更方便程序员使用）。

3.1 C#的类型系统

几乎所有的编程语言都有自己的类型系统。而编程语言更是常常按照其类型系统而被分为强类型语言/弱类型语言、安全类型语言/不安全类型语言、静态类型语言/动态类型语言等。例如有静态不安全类型语言 C/C++、静态安全类型语言 C#和 Java、动态安全类型语言 JavaScript

等。所以既然要讲 C#的类型系统，那么必须明确一点，那就是 C#的类型系统是静态、安全，并且在大多数时候是显示的。

同时，C#要求其所有类型全部从 System.Object 类派生。无论是开发者自己定义的类型，还是 C#所提供的类型。因此，下面的两种定义类型的方式，其含义是完全相同的，代码如下。

```
//隐式派生自 System.Object
class Person{
…
}
//显式派生自 System.Object
class Person : System.Object{
…
}
```

在 Unity 3D 的使用过程中，其提供的 C#语言脚本接口是以 MonoBehaviour 这个类作为基础的。而 MonoBehaviour 显然也是派生自 System.Object。

也正是由于所有的类型都派生自 System.Object，因此所有的类型都保证了拥有一套最基本的方法，即 System.Object 所声明的方法。

这几个最基本的方法包括以下 4 个公共和 2 个受保护方法。

（1）Equals：若两个对象具有相同的值，则返回 true，否则返回 false。

（2）GetHashCode：返回对象的值的哈希码。

（3）ToString：默认返回类型的完整名称，即 this.GetType().FullName。但是此方法经常被重写，最典型的例子就是 int 型等重写该方法以返回其值的字符串形式。

（4）GetType：返回一个从 Type 类派生的类型实例，以指出调用 GetType 方法的对象是什么类型。常用于为反射提供与对象类型有关的元数据信息。

（5）MemberwiseClone。

（6）Finalize：虚方法，在对象被标志为应该被作为垃圾回收之后，但在内存真正被回收之前，会调用该方法。因此，如果需要在回收内存前执行清理工作的类型应该重写该方法。

- C#语言是静态类型的

C#语言是静态类型的，这就意味着在 C#语言中，每一个变量都有一个特定的类型，而更重要的是该类型在编译时是确定的。而静态这个词也是来源于对表达式在编译时的描述，因为编译器需要检查和使用这些“静态”的、不变的数据来确定哪些操作是被允许的。

而常常在对一个变量的声明时所确定的类型，便是其编译时的类型，也就是其静态类型。

但是静态类型系统中并非没有一些动态行为，为了说明这一点，举一个简单的例子。

首先声明一个基类叫 Singer（歌手），然后再声明一个继承自 Singer 这个基类的类，叫 Alin。

完整的代码如下。

```
public abstract class Singer { } //基类
public class Alin : Singer { } //派生类
class Class1
{
    public static void Main(string[] args)
    {
          Singer a = new Alin();
    }
}
```

对编译器来说，变量的类型就是你声明它时的类型。在此，变量 a 的类型被定义为 Singer。也就是说 a 编译时的类型是 Singer。

但是之后又实例化了一个 Alin 类型的实例，并且将这个实例的引用赋值给了变量 a。这就是说在这段程序运行的时候，编译阶段被定义为 Singer 类型的变量 a 所指向的是一块存储了类型 Alin 的实例的内存。换言之，此时 a 的运行时类型是 Alin。因此，接下来编译器会查找 Alin 这个类中定义的属性和方法，并以此来生成适当的 CIL 代码，并推算出 a 这个变量的类型是 Alin。不过，变量 a 编译时类型仍然是静态类型，也就是说 a 的静态类型是 Singer。

当然，静态类型系统中的动态行为的另一种常见的表现，便是调用虚方法时，其实际实现的是依赖于所调用对象的类型。

而与静态类型相对应的则是动态类型，与静态类型相比，动态类型的实质便是变量并不局限于特定的类型。换言之，编译器无法对动态类型执行与对待静态类型时一样的检查。相反，运行环境对待动态类型时是采取了一种恰当的方式来解读变量。

例如在 JavaScript 语言中，代码如下。

```
var pi=3.14;
var name="ChenJD";
var hello='你好!';
```

这段 JavaScript 代码在执行时，会动态地检查和确定其类型，从而使用完全不同的操作方式处理这些变量。

在 C#4 中引入了动态类型，不过需要注意的是，在 C#3 以及之前的版本中，C#是一门完全静态的语言，而在使用 Unity 3D 进行项目开发时，绝大部分代码仍然是静态类型的。

- C#语言在大多数的时候是显式类型的

由于动态类型并不限制变量使用特定的类型，因而区分显式类型与隐式类型的不同，仅仅对使用静态类型系统的编程语言有意义。

所谓的显式类型，便是在声明变量时必须显式指定其类型。

举个例子，代码如下。

```
float pi=3.14f;
string name="ChenJD";
string hello='你好!';
```

可以看出每个变量的声明都显式确定了其类型。变量 pi 是 float 型的变量，变量 name 和 hello 是 string 型的变量。

而隐式类型则是指在变量声明的时候不指明其类型，而是允许编译器根据变量的用途来推断变量的类型，但在编译时变量的类型仍然是确定的，也就是说该变量仍然是静态类型的。

在 C#3 中引入了关键字“var”来表示隐式类型，声明局部变量时使用 var，表示编译器在编译时需要对该变量进行类型推断。

因此利用 var 关键字来声明隐式类型变量的例子，代码如下。

```
var pi=3.14;
var name="ChenJD";
var hello='你好!';
```

这段代码看上去和之前动态语言 JavaScript 的例子中变量的声明很像，难道 C#3 提供的使用 var 来声明隐式类型变量这个特性，真的没有使 C#变成动态语言吗？

是的，C#3 仍然是静态语言。虽然作为开发者可以使用 var 来简化自己的开发流程，但是在编译器编译的阶段使用 var 声明的变量的类型，其实是已经被确定好的，只不过这个类型是由编译器推断出的。

所以如果要编译如下所示的 C#代码，在编译阶段就会报错。

```
var name="ChenJD";
name = 1989;
```

因为 name 在编译时的类型是确定的，它是 System.String 型，而不是 System.Int32 型。但是动态类型语言显然没有这种问题。

所以，隐式类型的前提仍然是静态类型。而区分显式类型与隐式类型的不同，仅仅对使用静态类型系统的编程语言有意义。

- C#语言是类型安全的

C#语言是类型安全的，其本质是有关类型操作的一种规范，即不能将一种类型当作另一种类型，除非它们真的存在转换关系。

与类型安全相对应的则是类型不安全，其代表是 C/C++语言。正是由于 C/C++语言允许做一些非常规的事情，所以与 C#相比其功能更加强大，不过同时在使用不恰当时也带来了很多隐患。例如，C/C++有可能会通过一些不合理的途径，将一种类型的值当作另一种完全不同类型的值。这种不合理的途径是由于 C/C++中有的代码会以错误的方式检查值中的原始字节并解释它们。

举一个不安全类型的例子，代码如下。

```
#include <stdio.h>
int main(int argc, char** argv)
{
 char *word = argv[1];
 int *word_int = (int *)word;
   printf (“%d”, *word_int);
}
```

通过终端编译并运行上述代码，如图 3-1 所示。并将 hello 作为参数传入，代码如下。

```
vim hello.c
gcc hello.c
./a.out hello
```

```
FanYoudeMacBook-Pro:ws-chen fanyou$ vim hello.c
FanYoudeMacBook-Pro:ws-chen fanyou$ gcc hello.c
FanYoudeMacBook-Pro:ws-chen fanyou$ ./a.out hello
1819043176FanYoudeMacBook-Pro:ws-chen fanyou$ |
```

图 3-1 非安全代码示例

可以看到输出的结果是 1819043176。这是由于编译器将 int 当作 32 位的值，而 char 则是 8 位的值，同时文本使用 UTF-8 或者 ASCII 来表示。在本例中，C 代码将 char 指针当作了一个 int 指针，因此只取其前 4 个字节（32 位），并且将它作为一个数字处理。

同时还有另外一种更加严重的随意转化类型的情况，也就是完全无关的结构之间进行类型强制转换。这在非安全类型语言中可能会造成很严重的后果，可能会使应用程序崩溃，或者是由于一种类型可以轻松地伪装成另一种类型而导致出现安全漏洞。可以说类型伪装是很多安全漏洞的根源，是破坏应用稳定性和健壮性的重要因素之一。

而 C#作为一种安全类型语言，并不存在 C/C++中存在类型转换时的那种隐患。也就是说，C#允许合理的类型转换，但是不能将两个完全不相同的类型互相转换。

作为游戏开发者，工作中需要将某个对象从一种类型转换成另一种类型的情况并不少见。而 C#允许开发者将对象转换为它的实际类型或它的任何基类。由于向基类转换可以认为是一种安全的隐式转换，因此在 C#中无须任何特殊的语法，即可将对象转换为它的任何基类。但是，如果需要将对象转换成它的某个派生类的话，则要使用显式转换以提供足够的信息给编译器。

用来演示向基类和向派生类的转换，代码如下。

```
public abstract class Singer { } //基类
public class Alin : Singer { }   //派生类
class Class1
{
    public static void Main(string[] args)
    {
          //不需要显式类型转换，因为 new 返回一个 Alin 类型的对象，
          //而 Singer 是 Alin 类型的基类
          Singer a = new Alin();
          //需要显式类型转换，因为 Alin 派生自 Singer
          Alin lin = (Alin) a;
    }
}
```

以上是 C#中合理的类型转换，但是，如果在 C#中试图将某个类型转换成完全不同的另一个类型，C#的编译器在编译时如果发现这种转化不可能发生，便会触发一个编译错误。

当然，Mono 运行时也总是知道在运行时对象的类型是什么。例如，调用 GetType 方法便可获得对象的具体类型。而且由于 GetType 是一个实例方法，因而一个类型不可能伪装成另一个类型。具体来说，在之前举的例子中，Alin 类不能通过重写 GetType 方法来返回一个 Singer 类。

而 Mono 运行时知道程序在运行时的对象的类型是什么的另一个体现就是，Mono 运行时会在程序运行的时候检查转型操作，必须确认转换是转换为对象的实际类型或者其任意基类。因此，虽然有的转型代码可以通过编译，但是在运行时有可能没有通过转型检查而抛出 InvalidCastException 异常。

这种情况可以通过代码了解一下，代码如下。

```
public abstract class Singer { } //基类
public class Alin : Singer { } //派生类
public class FakeSinger{ } //和 Singer 完全无关的类
class Class1
{
    public static void Main(string[] args)
    {
        //创建一个 Alin 类型的实例 a，并将其作为参数传递给 Test 方法
        //由于 Singer 类是 Alin 类的基类，所以 Test 可以执行
        Alin a = new Alin();
        Test(a);
        //创建一个和 Singer 类完全没有关系的 FakeSinger 类的实例 f，
        //并将其作为参数传递给 Test 方法。不过由于 Fa ke Singer 无法转换成
        //Singer，所以 Test 方法会抛出 System.InvalidCastException 异常
        FakeSinger f = new FakeSinger();
        Test(f);

    }
    public static void Test(Object o)
    {
        //这段代码在编译时，编译器并不能准确知道 o 的实际类型（因为
        //所有的类型都派生自 Object），因而不会报编译错误。但在运行时，
        //Mono 运行时通过转型检测能够获知 o 的具体实际类型，因此会核
        //实 o 是否是 Singer 类型或者派生自 Singer 的类型。如果不是则抛出异常
        Singer s = (Singer) o;
    }
}
```

在这段代码中首先定义了 3 个类型，分别是 Singer、从 Singer 类派生而来的 Alin 类以及和 Singer 类完全没有关系的 FakeSinger 类。并且提供了一个参数为 Object 的静态函数 Test(Object o)，用来展示 Mono 运行时是如何执行转型操作的。

接下来在 Main 函数中创建了一个 Alin 类型的实例 a，并且作为 Test 的参数传递给 Test 方法。Test 返回之后，又创建了 FakeSinger 类型的实例 f，同样作为 Test 的参数传递给 Test 方法。由于在 C#中，包括之前定义的那 3 个类型在内的所有的类型都派生自 System.Object 类型，而 Test 方法所期待的参数正是一个 Object 类型，所以这段代码在编译时可以通过编译而不会报错。

但是在运行时，Mono 运行时会在 Test 方法内部核实传入的参数 o 的类型是否是 Singer 类型或者是派生自 Singer 类型的类型，由于第一次传入的参数 a 的类型是派生自 Singer 类的 Alin 类，所以在 Test 方法内部可以通过 Mono 运行时的转型检测，进而执行类型转换，Test 方法会顺利执行。而第二次传入的参数 f，由于其类型 FakeSinger 既不是 Singer 类，也不是从 Singer 类派生的类型，所以在 Test 内部无法通过 Mono 运行时的转型检测。此时 Mono 运行时会禁止

类型转换，同时抛出 System.InvalidCastException 异常。而这也正是 C#语言是安全类型语言的体现。

通过学习本节内容，相信各位读者应该对编程语言的类型系统的区分，C#的类型系统是静态、安全且大部分的时候是显式的等知识点有了一些更深入的了解。

3.2 值类型和引用类型

在分析 C#中的值类型和引用类型之前，先通过两个例子来使抽象的概念变得更加具体而生动。

假设你正在看一本书，而此时你的朋友也很想看你手上的那本书。为了能让朋友能看到，要么你将自己的书借给对方，要么再复制一份副本给他。无论怎么做，你都是在对书本身进行操作，而复制后的两本书完全是独立的、没有关系的。那么这种行为，可以类比为 C#中的值类型的行为。

换一种假设，假设你正在看电视，换台、调节音量等对电视的操作都通过使用电视遥控器，而不是直接操作电视。如果你的朋友想要看别的台或者调节音量，你无须把电视机给他，而只需要把遥控器给他即可。这便是引用类型的行为。

C#中大部分类型都是引用类型，但是在实际开发中，可以发现程序员使用最多的还是值类型。引用类型总是从托管堆分配，C#要求所有的对象都使用 new 操作符创建。举一个 Unity 3D 中 GUI 的例子，在这个例子中使用代码创建了一个 GUIContent 类型的对象和一个 Rect 类型的对象，代码如下。

```
GUIContent guic = new GUIContent("按钮", texture);
GUI.Button(new Rect(10, 70, 150, 30), guic);
```

简单介绍一下操作符 new 所做的事情。

（1）计算所需内存空间，new 操作符会计算目标类型和包括 System.Object 类在内的，其所有基类中定义的所有实例字段所需要的字节数。除此之外，为了方便 Mono 运行时管理对象，还有一些额外的信息需要托管堆为其分配空间，如类型对象指针和同步索引块。

（2）完成计算对象所需的空间后，就要为对象在托管堆上分配所需要的内存空间了。分配的所有字节都设为 0。

（3）内存空间分配完，接下来需要初始化（在（1）中所提过的）对象的“类型对象指针”以及“同步块索引”。

（4）当前 3 个准备步骤全部完成后，最后就要调用类型的实例构造器了。传递在使用 new 关键字时所指定的实际参数，例如上例中的“‘按钮’,texture”以及“10, 70, 150, 30”。此时编译器会在构造器中自动调用当前类型的基类构造器。每个类型的构造器都负责初始化该类型定义的实例字段。最终一定会调用 System.Object 的构造器，而该构造器仅仅是返回，而没有什么逻辑操作。

（5）最后会返回指向新建对象的一个引用。也就是说新建的变量是一个指向某类型对象的引用，而非对象本身。在上例中的变量 guic 便是这样的角色。

通过上述的 new 操作符执行的 5 个步骤，可以发现在 C#中，引用类型总是从托管堆分配，而 new 操作符返回指向对象数据的内存地址。因此，关于引用类型还可以总结为以下 4 点。

（1）存储引用类型对象的内存空间须从托管堆上分配。

（2）每一个对象都有一些额外的成员为 Mono 运行时提供操作该对象的信息，因而堆上分配空间时也要考虑到这些成员的空间，同时这些成员必须被初始化。

（3）对象中的其他字段的字节总是 0。

（4）由于并没有一个和 new 操作符相对应的 delete 操作符存在，因而对象的回收工作主要由垃圾回收机制，也就是 GC 来处理。那么显而易见的是当为新的对象分配空间时，有可能会面临没有空间可用的情况，那么就会触发垃圾回收。

值类型与引用类型最大的区别，便是基于值类型的变量直接包含值。也就是说将一个值类型变量赋给另一个值类型变量时，将复制其包含的值。这与引用类型变量的赋值不同，引用类型变量的赋值只复制对对象的引用，不复制对象本身。而值类型的优势，也主要体现在了提升日常开发中常用的、简单的类型的性能。

如果所有的类型都是引用类型，哪怕是一个数字都是引用类型，那么使用一个 1 都可能需要进行一次消耗巨大的内存分配，这是得不偿失的。因此，值类型的实例一般分配在线程栈上，并且不受垃圾回收机制 GC 作用的影响。关于值类型和引用类型更直观的区别，可以看下面的代码和图 3-2。假设 Test 这个类（引用类型）或结构（值类型）中包括两个值类型字段 a 和 b，并且通过它的构造函数来获取 a 和 b 的值，代码如下。

```
Test t1 = new Test(1, 2);
Test t2 = t1;
```

如图 3-2 所示，当 Test 是一个类时（引用类型），t1 和 t2 通过实例化和赋值，这两个变量有相同的值，然而此时 t1 和 t2 中的值并非对象本身，而都是指向同一个对象的引用。而当 Test 是一个结构时（值类型），t1 中的值便是这个结构 Test 的实例本身，而将 t1 赋值给 t2 的过程则是将 t1 中的数据复制给 t2 的过程。

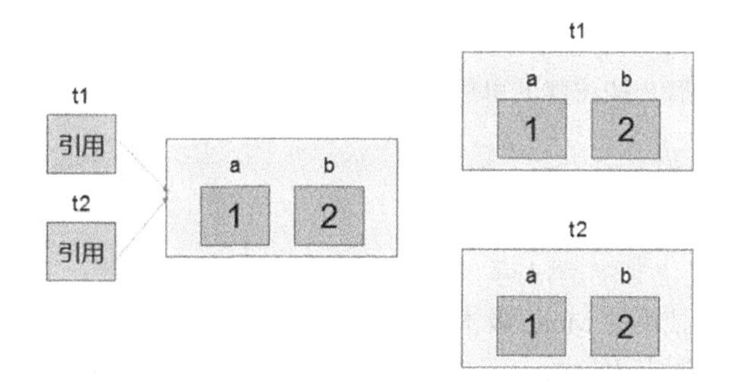

图 3-2 值类型与引用类型的区别

而两种类型的另一个显著的差别就在于值类型不能派生出其他的类型，所有值类型都是隐式密封的，这么做的主要目的是为了防止将值类型用作其他类型的基类型。这导致的最直接的结果就是值类型无须提供额外的信息来表明它的实际类型，因此它没有引用类型中有的额外的信息。简而言之，相对于引用类型，值类型的使用缓解了托管堆的压力，并且减少了消耗巨大的垃圾回收的次数。

变量的值的内存空间究竟应该如何分配呢？通常来说，变量的值分配的位置与声明该变量的位置有关。局部变量的值总是存储在线程栈上，实例变量的值则和实例本身一起存储在实例存储的地方。引用类型实例和静态变量总是存储在堆上。

之所以说值类型的实例一般分配在线程栈而非全部都分配在线程栈，是由于在几种情况下，值类型也有可能分配在托管堆上。

这些特殊的情况包括数组中的元素、引用类型中的值类型字段、迭代器块中的局部变量、闭包情况下匿名函数（lamda）中的局部变量。这是由于在这几种情况下的值类型实例如果分配在线程栈上，有可能会出现线程栈中的方法已经调用结束，但是还会访问这些值的情况。也就是说如果分配在线程栈上，有可能会随着被调用方法的返回而被清除掉。因此它们也被分配在了托管堆上，以满足在方法返回之后还能够被访问的要求。

所以单纯地说“引用类型保存在托管堆上，值类型保存在线程栈上”是不准确的。将这句话一分为二看待，引用类型的确总是分配在托管堆上，但是值类型并非总是分配在线程栈上。

那么在 C#语言中，到底哪些类型可以归为是引用类型，又有哪些类型应该被归为值类型呢？根据 ECMA 的 C#语言规范（ECMA-334 规范）或者微软官方的 C#语言规范，任何被称为“类”的类型都是引用类型。并且通常使用以下 3 个关键字来声明一个自己定义的引用类型。

- Class。
- Interface。

- Delegate。

当然，在 C#中也有一些内建的引用类型。

- Dynamic。
- Object。
- string。

由于 Unity 3D 所使用的 Mono 版本所限，其中 dynamic 类型并不在我们的讨论范围之内。而 object 即是我们常常提到的 System.Object 类。string 则是 System.String 类，即字符串。在这里常常会有这样的一个误区，即认为字符串 string 是值类型而非引用类型，其实这个认知是错误的。string 类型的值并非一个实际的字符串，而是对字符串的一个引用，要特别注意。

C#中一些常见的引用类型，例如 System.Collections.Generic.List 类、System.Text.Decoder 类等。

与引用类型相对的，则是值类型。而值类型大体上可以分为结构和枚举两类。

其中结构又可以大体上分为以下 3 种。

- 数字型结构：常见的有 System.Int32 结构、System.Float 结构、System.Decimal 结构等。
- 布尔型结构：常见的无非是 System.Boolean 结构。
- 用户自定义的结构。

在这里需要注意一个误区，即不要认为“结构是轻量级的类”。这种误区产生的原因也多种多样，例如认为既然是值类型，那么就没必要提供像类那样的那么多的方法和逻辑功能。其中一个反例是 DataTime，它是一个值类型，但是它也有计算的能力。又或者是因为结构使用起来显得比类更加轻量级，从而让有的人产生了这样的误区。但是要指明的是，虽然值类型无须垃圾回收，也没有引用类型的额外数据，但是在传递参数、赋值等方面并不一定比引用类型的性能好，因为引用类型在处理这些功能的时候并不需要像值类型那样复制全部的数据。所以，并不要认为结构是轻量级的类。

常见的枚举有 System.IO.FileAttributes 枚举、System.Drawing.FontStyle 枚举等。这些都是值类型。

但是，当更加深入地理清各个类型之间的关系时，可以发现所有的结构都是派生自抽象类型 System.ValueType，而 System.ValueType 本身又派生自 System.Object。根据微软官方的语言规范文档的规定，所有的值类型都必须派生自 System.ValueType，包括所有枚举的基类 System.Enum 也是从 System.ValueType 派生而来的。

扩充一下前面提过的例子，也就是那个 Test 类型，即可能是类（引用类型），也可能是结构（值类型），但是当时并没有定义这个类是如何实现的。下面则分别使用 TestRef 和 TestVal 来表示类（引用类型）和结构（值类型），介绍一下两者更具体的区别，代码如下。

```
using System;

//使用 class 关键字声明一个“类”，因而 TestRef 是引用类型
class TestRef {
    public int a;
    public int b;

    //构造函数对其两个公共字段 a、b 赋值
    public TestRef(int x, int y)
    {
        this.a = x;
        this.b = y;
    }
}

//使用 struct 关键字声明一个结构，因而 TestVal 是值类型
struct TestVal {
    public int a;
    public int b;

    //构造函数对其两个公共字段 a、b 赋值
    public TestVal(int x, int y)
    {
        this.a = x;
        this.b = y;
    }
}

public static class Test
{
  public static void Main()
  {
    //构造引用类型实例，其内存空间在托管堆上分配
    //tr 的值是对 TestRef 类的实例的引用
    TestRef tr = new TestRef(1, 2);
    //构造值类型实例，其内存空间在线程栈上分配
    //tv 的值就是 TestVal 结构的实例本身
    TestVal tv = new TestVal(1, 2);
    //输出 tr、tv 的值
    //输出 tr.a 的值是 1
    System.Console.WriteLine("tr.a 的值是" + tr.a);
```

```
        //输出 tr.b 的值是 2
        System.Console.WriteLine("tr.b 的值是" + tr.b);
        //输出 tv.a 的值是 1
        System.Console.WriteLine("tv.a 的值是" + tv.a);
        //输出 tv.b 的值是 2
        System.Console.WriteLine("tv.b 的值是" + tv.b);
        //引用类型的赋值：将 tr 的值（引用）所指向的对象地址复制给 tr2
        //此时 tr 和 tr2 指向同一个对象，并不需要在托管堆上
        //重新为 TestRef 的实例分配空间
        TestRef tr2 = tr;
        //值类型的赋值：在线程栈上重新分配空间，并将 tv 的值复制给 tv2，
        //之后 tv 和 tv2 相互独立，没有关系
        TestVal tv2 = tv;
        //为 tr2 所指向的对象的字段 a 赋值 3。此时所有引用该对象的变量都
        //会受影响。因而 tr 和 tr2 的 a 字段都被修改为 3
        tr2.a = 3;
        //只修改 tv2 的字段 a，tv 不受影响
        tv2.a = 3;

        System.Console.WriteLine("分界线~~~~~~~~~~~~~~~");
        //输出 tr.a 的值是 3
        System.Console.WriteLine("tr.a 的值是" + tr.a);
        //输出 tr.b 的值是 2
        System.Console.WriteLine("tr.b 的值是" + tr.b);
        //输出 tr2.a 的值是 3
        System.Console.WriteLine("tr2.a 的值是" + tr2.a);
        //输出 tr2.b 的值是 2
        System.Console.WriteLine("tr2.b 的值是" + tr2.b);
        //输出 tv.a 的值是 1
        System.Console.WriteLine("tv.a 的值是" + tv.a);
        //输出 tv.b 的值是 2
        System.Console.WriteLine("tv.b 的值是" + tv.b);
        //输出 tv2.a 的值是 3
        System.Console.WriteLine("tv2.a 的值是" + tv2.a);
        //输出 tv2.b 的值是 2
        System.Console.WriteLine("tv2.b 的值是" + tv2.b);
    }
}
```

使用 Mono 的 mcs 编译器将上述代码编译并且运行，可以看到在终端输出的内容，如图 3-3 所示。

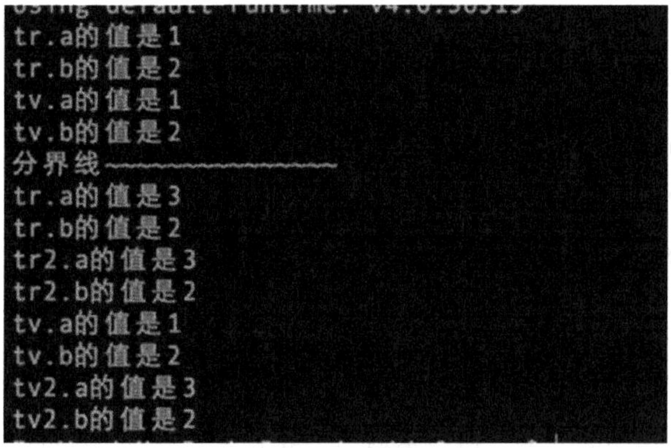

```
tr.a的值是1
tr.b的值是2
tv.a的值是1
tv.b的值是2
分界线~~~~~~~~~~~~~~~~~~~~~~~~~~~
tr.a的值是3
tr.b的值是2
tr2.a的值是3
tr2.b的值是2
tv.a的值是1
tv.b的值是2
tv2.a的值是3
tv2.b的值是2
```

图 3-3 终端输出的内容

结合这个例子对引用类型和值类型的知识点做一个总结。在上述代码中，使用了在 C#语言中常见的 class 关键字来声明了一个类 TestRef，因此 TestRef 是引用类型。又使用另一个不如 class 出现频率高的关键字 struct 来声明了一个结构 TestVal，在 C#中使用 struct 声明的类型是值类型。由于引用类型和值类型的区别很大，因此在设计自己的类型时，一定要提前考虑好到底是使用 class 关键字定义一个引用类型，还是使用 struct 关键字定义一个值类型。

在上述代码中，好像到了创建 TestRef 和 TestVal 的实例时，又有一个比较容易让人产生困惑的现象出现了，其中代码如下。

```
//tr 的值是对 TestRef 类的实例的引用
    TestRef tr = new TestRef(1, 2);
    //构造值类型实例，其内存空间在线程栈上分配
    //tv 的值就是 TestVal 结构的实例本身
    TestVal tv = new TestVal(1, 2);
```

这两行代码的作用也许会让人误解为要为 TestVal 的实例在托管堆上分配内存，就像 TestRef 那样。但事实上不是，这是由于编译器在编译时是知道 TestVal 是值类型的，因而会在线程栈为其分配内存，并生成正确的 CIL 代码。而 new 关键字的作用仅仅是告诉编译器该实例已经被初始化。如果不使用 new 关键字而仅仅是声明一个 TestVal 的实例，例如如下代码。

```
TestVal tv;
```

编译器同样会为 tv 在线程栈上分配空间，并将其字段初始化为 0。但是要注意的是，虽然事实上它已经被初始化，但是由于没有使用 new 关键字，因此并没有告知编译器它已经被初始化的事实。如果单纯声明一个值类型变量，并且直接访问它，有可能会报错，例如如下代码。

```
TestVal tv;
System.Console.WriteLine(tv.a);//会报错，使用了未赋值的字段。
```

如果仅仅只是声明了一个局部变量并没有使用 new 关键字或者手动赋初始值，在访问它的时候会报错，应该多注意这种情况的发生。

那么使用 C#作为脚本语言的开发者，在开发的过程中面对究竟是使用引用类型还是值类型这个问题时，究竟应该如何选择呢？

总结一下值类型的几个特征。

（1）值类型不派生出其他任何类型。

（2）值类型不需要从其他类型派生。

（3）值类型是不可变的。就是说值类型是十分简单的类型，没有成员会修改类型的任何示例字段。如果类型没有提供会更改其字段的成员，则称该类型是不可变的，而值类型是不可变的。一个比较常见的误区，便是对 string 类型的误解，string 类型即 System.String，虽然 string 类型也是不可变的，但它是引用类型而非值类型。

（4）值类型是以值方式传递的。就是说值类型变量在进行传递时，会对值类型实例中的字段进行复制。例如方法中的实参传递，或者是一个返回类型为值类型的方法在返回时，返回的值类型中的字段会复制到调用者分配的内存中。值类型的主要优势在于不是必须作为对象在托管堆上分配，但是如果值类型实例过大，也会由于复制的缘故，而对性能产生影响。

（5）值类型实例有两种表示方式，分别是未装箱和已装箱。而装箱机制是指将值类型转换成引用类型。正是由于值类型不在托管堆中分配，不被垃圾回收，同时也无须通过指针来引用，因而值类型与引用类型存在很多区别。但是有很多情况需要获取和操作对值类型实例的引用。因而装箱机制为了应对这种情况，便应运而生。

（6）值类型派生自 System.ValueType（即 struct 隐含的基类型是 System.ValueType），而 System.ValueType 同样从 System.Object 派生而来，因此 System.ValueType 提供了和 System.Object 相同的方法，不过值得注意的是 System.ValueType 重写了 Equals 方法和 GetHashCode 方法。

因此如果符合以下条件，作为开发者可以选择使用值类型而不是引用类型。

- 类型的实例较小时。
- 类型的实例较大时，不会作为方法的实参进行传递，或作为方法的返回值返回。
- 由于值类型不能作为基类型来派生新的值类型或引用类型，因此目标类型中不能引入新的虚方法，以及所有的方法都不能是抽象的，最后所有方法都隐式密封。

3.3 Unity 3D 脚本语言中的引用类型

3.2 节总结了 C#语言中的引用类型和值类型的异同以及各自的特点。同样在 Unity 3D 中，Unity 3D 的 C#脚本语言也提供了专门的类型来为开发者提供使用 C#开发游戏的便利条件。

UnityEngine.Object 类

在 Unity 3D 的脚本语言系统中，使用了 UnityEngine 命名空间来盛放 Unity 3D 自己定义的类型。其中 UnityEngine.Object 类是 Unity 3D 游戏引擎的 C#脚本语言中最基本的类，也就是在 Unity 3D 中所有对象的基类。所有派生自 UnityEngine.Object 类的公开变量都会被显示在监视器（inspector）视窗中（详细内容可以参考第 1 章），开发者可以很方便地通过 Unity 3D 的编辑器来修改其数值。

UnityEngine.Object 类提供的类成员，如表 3-1 所示。

表 3-1　UnityEngine.Object 类提供的类成员

	类 成 员	作　　用
字段	hideFlags	标识该对象是否被隐藏
	name	对象名称
公共方法	GetInstanceID	返回该对象的实例 ID
	ToString	返回该游戏对象的名称
静态方法	Destroy	销毁一个游戏对象、组件或资源
	DestroyImmediate	立刻销毁一个游戏对象（不过不推荐使用）
	DontDestroyOnLoad	确保在切换场景时目标对象不被销毁
	FindObjectOfType	返回第一个被激活的目标类型对象
	FindObjectsOfType	返回一个包括所有被激活的目标类型对象的序列
	Instantiate	复制原始对象

举一个简单的例子，可以看出 UnityEngin.Object 类型的一些操作，代码如下。

```
using System;
using UnityEngine;

public class Test : MonoBehaviour
{
 //成员字段
GameObject testItem;
 GameObject obj;
```

```
    void Start()
    {
        InstantiateObj();
        DestroyObj();
    }
    //复制 testItem，并返回赋值给 obj
       public void InstantiateObj()
       {
           this.obj = Unity Engine.Object.Instantiate(this.testItem)as Game
Object;
       }
    //销毁 obj
       public void DestroyObj()
       {
           UnityEngine.Object.Destroy(this.obj);
       }
    }
```

UnityEngine.Component 类

在 Unity 3D 中除了最基本的 UnityEngine.Object 之外，另一个很重要的类是 UnityEngine.Component。UnityEngine.Component 类派生自 UnityEngine.Object 类，同时它也是所有能添加到游戏对象 GameObject 上的组件（Component）的基类。由于无法直接将组件本身附加在游戏物体上，所以只能通过脚本将组件代码化，事实上也就是将相应组件的脚本添加到游戏物体上。如图 3-4 所示，StartPoint 组件是以脚本的形式（Script）添加到对象上的。

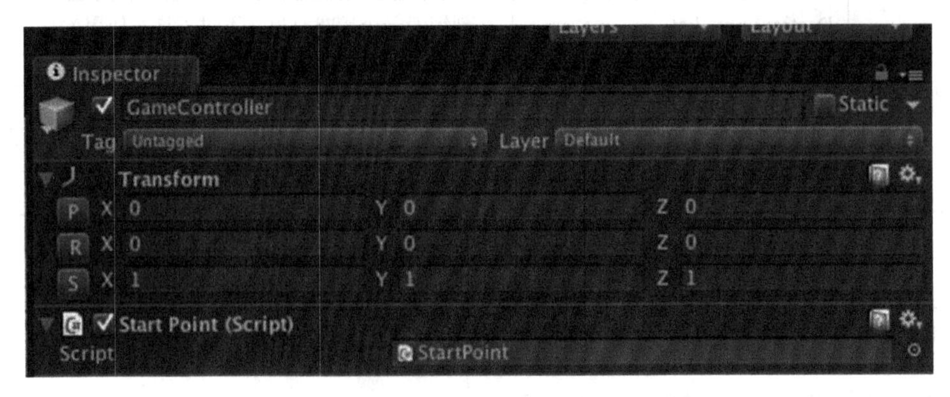

图 3-4 组件脚本化

UnityEngine.Component 类除了继承自 UnityEngine.Object 的成员之外，自己引入的新成员，如表 3-2 所示。

表 3-2 UnityEngine.Component 类新引入成员

	新引入成员	作　用
字段	gameObject	该组件所在的游戏对象
	tag	游戏对象的标签
	transform	添加到游戏对象上的 Transform 组件
公共方法	BroadcastMessage	调用该组件所在的游戏对象以及其子对象上所有 MonoBehaviour 中定义的叫作 methodName 的方法，其中 methodName 为 BroadcastMessage 方法的一个参数
	CompareTag	返回该游戏对象是否被标签标记
	GetComponent	如果游戏对象上绑定了所需类型的组件，则返回一个该类型的组件。否则返回 null
	GetComponentInChildren	如果游戏对象或其子对象上绑定了所需类型的组件，则返回一个该类型的组件。否则返回 null
	GetComponentInParent	如果游戏对象或其父对象上绑定了所需类型的组件，则返回一个该类型的组件。否则返回 null
	GetComponents	如果游戏对象上绑定了所需类型的组件，则返回所有该类型的组件。否则返回 null
	GetComponentsInChildren	如果游戏对象或其子对象上绑定了所需类型的组件，则返回所有该类型的组件。否则返回 null
	GetComponentsInParent	如果游戏对象或其父对象上绑定了所需类型的组件，则返回所有该类型的组件。否则返回 null
	SendMessage	调用游戏对象中所有 MonoBehaviour 中名为 methodName 的方法，methodName 为 SendMessage 的一个参数
	SendMessageUpwards	调用游戏对象中所有 MonoBehaviour 以及其基类中名为 methodName 的方法，methodName 为 SendMessageUpwards 的一个参数

UnityEngine.Component 类中常用的方法包括 GetComponent 方法（更常用的是其泛型版本）、GetComponents 方法以及 BroadcastMessage 方法等。

使用 GetComponents 方法来获取游戏对象上属于目标类型的所有组件，代码如下。

```
using UnityEngine;
using System.Collections;

public class ExampleClass : MonoBehaviour {
```

```
    public HingeJoint[] hingeJoints;
    void Example() {
        hingeJoints = GetComponents<HingeJoint>();
        foreach (HingeJoint joint in hingeJoints) {
            joint.useSpring = false;
        }
    }
}
```

在这个例子中使用了 GetComponents 方法的泛型版本，即 T[] GetComponents<T>()。当然其也有非泛型的版本，即 Component[] GetComponents(System.Type type)。所以上述代码也可以修改，代码如下。

```
hingeJoints = GetComponents(typeof(HingeJoint));
```

但是从性能的角度出发，往往推荐使用 GetComponents 方法的泛型版本。并且 Unity 3D 游戏引擎的底层逻辑是由 C/C++实现的，而 C#语言仅仅是作为开放给游戏开发人员的脚本语言，所以 C#和 C/C++的频繁交互也会带来性能上的损耗。因此类似 GetComponents 这样的方法最好能在第一次调用时保存好对目标对象的引用，而不是频繁地调用该方法重复获取目标对象的引用。

在 UnityEngine.Component 类中另一个比较常用的方法是 BroadcastMessage 方法。BroadcastMessage 方法的两个重载版本，代码如下。

```
//版本一
public void BroadcastMessage(string methodName, object parameter = null, SendMessageOptions options = SendMessageOptions.RequireReceiver);
//版本二
public void BroadcastMessage(string methodName, SendMessageOptions options);
```

可以看到它的第一个版本有 3 个参数，多出的参数是 parameter，因而该版本主要是对需要参数的方法的调用。

第二个版本有两个参数，缺少的参数是 parameter，因而该版本主要可以用来调用不需要参数的方法。

对这 3 个参数做一个总结，如表 3-3 所示。

表 3-3 BroadcastMessage 方法的 3 个参数

参　数	含　义
methodName	string 型，即所调用的目标方法的方法名
parameter	object 型，可选参数，用来作为传递给目标方法的参数

续表

参　数	含　义
options	SendMessageOptions 型，用来处理当目标方法不存在时是否告诉开发者。当赋值为 SendMessageOptions.RequireReceiver 时，则当所调用的目标方法不存在时，会打印出错误

使用 BroadcastMessage 方法的例子，代码如下。

```
using UnityEngine;
using System.Collections;

public class ExampleClass : MonoBehaviour {
    void ApplyDamage(float damage) {
        print(damage);
    }
    void Example() {
     //调用的目标方法的方法名是 ApplyDamage，参数是 5.0F
        BroadcastMessage("ApplyDamage", 5.0F);
    }
}
```

UnityEngine.MonoBehaviour 类

首先介绍继承关系处在 UnityEngine.MonoBehaviour 类和 UnityEngine.Component 类之间的一个类——UnityEngine.Behaviour 类。

简单来说 UnityEngine.Behaviour 类是一个可以启用（enable）或禁用（disable）的组件（Component）。因此 UnityEngine.Behaviour 类相对于 UnityEngine.Component 类特有的两个变量，如表 3-4 所示。

表 3-4 UnityEngine.Behaviour 类特有的两个变量

变　量	作　用
enabled	启用状态下，会执行每帧的更新。禁用状态下则不会执行更新
isActiveAndEnabled	表示当前的 Behaviour 是否被启用

通过代码来看看这两个变量的作用，代码如下。

```
using UnityEngine;
using System.Collections;
using UnityEngine.UI;

public class Example : MonoBehaviour
```

```
{
    public Image pauseMenu;

    public void Start()
    {
        //enabled 的 behavior 会执行每帧的 update 方法
        //而 disabled 的 behavior 不会执行 update 方法
        pauseMenu.enabled = true;
    }

    public void Update()
    {
        //检查当前对象是否是 enabled 的
        if (pauseMenu.isActiveAndEnabled)
        {
            //当该 Image 对象是 enabled 的则打印出“Enabled”
            //若该对象是 disabled 则停止打印
            Debug.Log ("Enabled");
        }
    }
}
```

UnityEngine.MonoBehaviour 类继承自 UnityEngine.Behaviour 类。而 MonoBehaviour 的特别之处就在于在 Unity 3D 游戏引擎中，所有的脚本都派生自 MonoBehaviour 类。换句话说，MonoBehaviour 类是所有 Unity 3D 脚本的基类。当你要使用 C#语言来完成一个新的脚本时，必须显式地继承 MonoBehaviour 类（即在新脚本中声明的类型必须指定继承自 MonoBehaviour 类）。

MonoBehaviour 类的成员，如表 3-5 所示。

表 3-5 MonoBehaviour 类成员

	类成员	作　用
公共方法	CancelInvoke	取消所有当前 MonoBehaviour 所调用的方法
	Invoke	在指定时间内调用指定方法
	InvokeRepeating	在指定时间内调用指定方法，之后间隔指定时间重复调用
	IsInvoking	指定方法是否正等待被调用
	StartCoroutine	开启一个协程
	StopAllCoroutines	停止所有协程
	StopCoroutine	停止一个协程

续表

	类成员	作　　用
消息	Awake	在脚本实例刚刚被加载时，触发 Awake
	FixedUpdate	当前脚本处于 enabled 状态时，间隔指定的帧率调用一次该方法
	LateUpdate	当前脚本处于 enabled 状态时，在所有 Update 函数调用后被调用
	Update	当前脚本处于 enabled 状态时，每一帧调用一次该方法
	OnBecameInvisible	当指定渲染器无法被任何的 camera 视为可见状态时，触发 OnBecameInvisible
	OnBecameVisible	当指定渲染器可以被任何的 camera 视为可见状态时，触发 OnBecameVisible
	OnCollisionEnter	当该碰撞器或刚体开始触碰另一个碰撞器或刚体时，触发 OnCollisionEnter
	OnCollisionExit	当该碰撞器或刚体已经结束触碰另一个碰撞器或刚体时，触发 OnCollisionExit
	OnCollisionStay	对所有的正在触碰另一个碰撞器或刚体的碰撞器或刚体来说，每帧都会触发 OnCollisionStay
	OnDestroy	当该 MonoBehaviour 即将被销毁时，触发 OnDestroy
	OnDisable	当该 MonoBehaviour 的状态变为 disabled 或 inactive 时，触发 OnDisable
	OnEnable	当该 MonoBehaviour 的状态变为 enabled 或 active 时，触发 OnEnable
	OnGUI	OnGUI 主要用来处理渲染和 GUI 事件
	OnLevelWasLoaded	当一个新关卡被载入时，触发 OnLevelWasLoaded
	OnMouseDown	略
	OnMouseDrag	略
	OnMouseEnter	略
	OnMouseExit	略
	OnMouseOver	略
	OnMouseUp	略
	OnMouseUpAsButton	略
	OnTriggerEnter	略
	OnTriggerExit	略
	OnTriggerStay	略
	OnValidate	略
	Start	Start 仅在 Update 函数第一次被调用前调用
	Reset	重置为默认值

需要特别注意的一点是，不同于平常的 C#代码，所有的引用类型使用关键字 new 来实例化，在 Unity 3D 的脚本语言中，凡是继承于 MonoBehaviour 类的类型或 MonoBehaviour 本身都无法使用 new 关键字来实例化，代码如下。

```
using UnityEngine;
using System.Collections;
//定义一个继承于 MonoBehaviour 的类 FactionData
public class FactionData : MonoBehaviour {

    public int[] flag = new int[5];
}
```

首先定义一个从 MonoBehaviour 派生而来的类 FactionData，并且定义了它的一个成员字段 flag、一个 int 型的数组，代码如下。

```
using UnityEngine;
using System.Collections;
using System.Collections.Generic;

public class Test : MonoBehaviour {

    public static FactionData gFactionData;

    void Start ()
    {
        //使用关键字 new 来实例化一个 FactionData 类型的实例 gFactionData
        //并为其字段 flag 赋值
        gFactionData = new FactionData();
        gFactionData.flag[0] = 1;
        gFactionData.flag[1] = 2;
        gFactionData.flag[2] = 3;
        gFactionData.flag[3] = 4;
        gFactionData.flag[4] = 5;
    }
}
```

再新建一个类 Test，在 Test 的 Start 方法中，使用关键字 new 来实例化一个新的 FactionData 类型的实例，并且对其字段 flag 赋值。但是此时编译代码，编译器却提示我们"You are trying to create a MonoBehaviour using the 'new' keyword."，也就是在 Unity 3D 游戏引擎中，是无法通过 new 关键字来创建新的继承 MonoBehaviour 类的类型的对象的。

但是如果的确需要在代码中创建一个继承 MonoBehaviour 类的类型的对象时，应该如何做呢？在 Unity 3D 中，组件是以脚本的形式挂载在游戏对象上的，那么新的脚本实例显然也可以通过这种方式挂载在游戏对象上，从而实现创建该类型对象的目的。

所以可以通过代码将 FactionData 类型的对象创建出来，代码如下。

```
using UnityEngine;
using System.Collections;
using System.Collections.Generic;

public class Test : MonoBehaviour {

    public static FactionData gFactionData;

    void Start ()
    {
        //使用关键字 new 来实例化一个 FactionData 类型的实例 gFactionData
        //并为其字段 flag 赋值
        //gFactionData = new FactionData();
        gFactionData = gameObject.AddComponent<FactionData>();
       //使用 AddComponent 方法
        gFactionData.flag[0] = 1;
        gFactionData.flag[1] = 2;
        gFactionData.flag[2] = 3;
        gFactionData.flag[3] = 4;
        gFactionData.flag[4] = 5;
    }
}
```

当然，如果是不需要继承 MonoBehaviour 类型的类，是可以使用 new 关键字直接创建新的对象的。

在使用 MonoBehaviour 时，另一个需要注意的地方是该类中一些特殊事件方法的调用顺序。由于 Unity 3D 的脚本会按照 Unity 3D 所规定的一些流程来按顺序执行，所以了解一个 Unity 3D 脚本中的特殊事件方法的执行顺序，是在使用 Unity 3D 游戏引擎开发项目时必须具备的常识。

下面将按照脚本所处的阶段，以及各自的大体功能来分别说明各个阶段 Unity 3D 脚本所执行的方法。

1. 编辑器阶段

- Reset 方法：当脚本第一次添加到游戏对象或当执行 Reset 命令时会调用 Reset 方法，用来初始化脚本的各个属性。

2．场景第一次加载阶段

该阶段其实也就是脚本第一次加载的阶段。以下两个方法会在脚本第一次加载时被调用。

- Awake 方法：在 Start 方法之前调用。换句话说，就是在 prefab（预设）刚刚实例化之后便调用该方法。
- OnEnable 方法：这个函数在对象可用之后被调用，需要特别注意的是，仅在对象激活状态下可用，也就是当一个 MonoBehaviour 实例被创建时可用。例如，当加载一个场景或一个拥有该组件的游戏对象被实例化时。

在此需要特别说明的一点就是，当前游戏场景中所有游戏对象身上的 Awake 方法和 OnEnable 方法会在所有的 Start、Update 等方法之前调用。

3．第一帧更新之前的阶段

在该阶段，也就是 Awake 之后，Update 之前，Unity 3D 脚本会调用 Start 方法。

- Start 方法：如果脚本实例为可用，则 Start 函数在第一帧更新之前被调用。

需要注意的是，对当前场景中所有的游戏对象而言，Start 方法会在所有脚本中的 Update 方法之前调用。

以上 3 个方法，即 Awake()、OnEnable()以及 Start()方法，完成了一个 Unity 3D 脚本的初始化工作。

4．执行阶段

该阶段就是当前帧执行完毕，需要开始执行下一帧的阶段。在该阶段有可能被触发的事件方法是 OnApplicationPause 方法。

- OnApplicationPause 方法：当检测到暂停状态时，会在当前帧结束之后调用该方法。

5．更新顺序

Unity 3D 脚本更新的逻辑在 MonoBehaviour 中定义的 3 个更新方法中实现，分别是常见的 Update 方法，以及没有 Update 方法曝光率高，但也会用到的 FixedUpdate 方法和 LateUpdate 方法。通过这 3 个 Unity 3D 脚本提供的更新方法，可以很方便地实现游戏对象的逻辑。

- FixedUpdate 方法：也许很多读者或者使用 Unity 3D 的游戏开发者常常会有一个误区，即按帧执行逻辑，即每帧执行一次已经是逻辑执行的最小单位了，其实这是错误的。在 Unity 3D 中，FixedUpdate 方法比按帧执行的 Update 方法调用的次数可能更多，调用的频率可能更频繁。这是由于当帧率比较低的时候，该方法每帧会被调用多次。如果帧率比较高时，则它可能不会每帧都被调用。而这也是因为 FixedUpdate()方法是基于可靠的定时器的，不受帧率的影响。因此，FixedUpdate()方法主要用来处理物理计算的相关逻辑，例如处理刚体。

- Update 方法：在游戏运行期间，每一帧都会调用 Update()方法。也是游戏逻辑按帧更新的主要方法。
- LateUpdate 方法：在 Update()执行后，LateUpdate()也是每帧都被调用。在 Update()中执行的任何计算都会在 LateUpdate()开始之前完成。LateUpdate()的一个常见应用就是第三人称控制器的相机跟随。如果你把角色的移动和旋转放在 Update()中，那么就可以把所有相机的移动旋转放在 LateUpdate()中。这是为了在相机追踪角色位置之前，确保角色已经完成移动。或者说选择使用 LateUpdate 更普遍的情形是：用来处理发生在 Update 方法之后，但是在相机渲染之前的逻辑。

通过代码来看看这 3 个更新函数的异同以及应用的场景，代码如下。

```
//FixedUpdate、Update、LateUpdate 方法的异同和应用场景
using UnityEngine;
using System.Collections;

public class ExampleClass : MonoBehaviour {
    public Rigidbody rb;
    public int count;
    void Start() {
        rb = GetComponent<Rigidbody>();
        count = 0;
    }
    void FixedUpdate() {
        rb.AddForce(Vector3.up);
    }

    void Update()
    {
     count++;
    }

    void LateUpdate()
    {
     Debug.Log(count);
    }
}
```

在这个例子中，对一个刚体（Rigidbody）组件添加了力。而并不是在 Update 方法中，每一帧都为该刚体提供这个力，是在 FixedUpdate 方法中使用 AddForce 实现该逻辑。

同时还使用 Update 方法来修改变量 count 的值，并且在 LateUpdate 方法中使用 Debug.Log 将 count 的值打印出来。可以看出 LateUpdate 方法中的逻辑是在 Update 方法之后才被执行的。

以上这 3 个方法完成了 Unity 3D 游戏脚本的逻辑更新功能。而其中 FixedUpdate 方法则主要用于物理部分。

虽然这 3 个更新游戏逻辑的方法能够完成整体的逻辑更新，但是一些功能仍然不可能只依靠这些更新方法来实现。事实上，在 Unity 3D 游戏脚本中存在着一种很有用的机制，能够为使用 Unity 3D 游戏引擎进行游戏开发的人员提供一种接近多线程效果的功能，使用这种功能和刚刚介绍的游戏逻辑更新的 3 种方法配合，能够大大提高游戏开发的效率，同时简化一些游戏逻辑的设计难度。接下来介绍的便是 Unity 3D 游戏脚本中的另一个重要的部分——协程部分。

协程部分

由于 Unity 3D 游戏引擎的游戏脚本是单线程的，因此，Unity 3D 的开发团队为了给 Unity 3D 的游戏脚本提供一种类似多线程的功能，而引入了协程的功能。协程功能的实现则主要利用了 C#语言的迭代器，关于 C#的迭代器部分，在后面的章节中会有更详细的介绍。

正常情况下协程是在 Update 函数返回时执行的，而协程的主要功能是延缓其执行（yield），直到给定的 YieldInstruction 完成。

而根据应用场景的不同，Unity 3D 游戏脚本中的协程也有几种不同的使用方法。

- yield：当下一帧所有的 Update 方法被调用之后，协程继续执行。
- yield WaitForSeconds：等待指定时间所需的帧数之后（即经过这些帧的 Update 方法全部被调用过），协程继续。直观地说，协程会等待指定的时间之后继续执行。可以用来实现延时触发机制。
- yield WaitForFixedUpdate：在所有脚本上的所有 FixedUpdate 被调用之后继续执行。
- yield WWW：在 WWW 加载完成之后继续执行。
- yield StartCoroutine(MyFunc)：用于链接协程，将等待 MyFunc 协程先完成。

下面通过代码了解一下在 Unity 3D 中如何使用协程，代码如下。

```
using UnityEngine;
using System.Collections;

public class ExampleClass : MonoBehaviour
{
    //使用了 C#的迭代器来实现协程功能
    IEnumerator WaitAndPrint()
```

```
    {
        // 等待 5 秒钟之后继续执行
        yield return new WaitForSeconds(5);
        print("WaitAndPrint " + Time.time);
    }

    //在 www 加载完成之后继续执行的情况
    IEnumerator TestWWW()
    {
        Stringurl = "http://ima ges.ear thcam.com/ec_me tros/our cams /
fridays.jpg";
        WWW www = new WWW(url);
        yield return www;
    }
    IEnumerator Start()
    {
        print("Starting " + Time.time);

        //链接协程，先执行 WaitAndPrint
        yield return StartCoroutine(WaitAndPrint);
        print("Done " + Time.time);
    }
}
```

协程虽然提供了在不同应用场景下不同的处理方法，但是协程并非单独存在的，而是作为游戏在运行过程中逻辑更新的一部分。因此，协程和 3 个更新方法共同实现了驱动 Unity 3D 游戏逻辑的更新和循环。

渲染部分

主要介绍 Unity 3D 中场景渲染的一些事件方法。当游戏脚本被初始化完成，并且进入了正常的逻辑更新周期之后，一些渲染事件有可能会调用相应的方法。以下就是这部分常见的方法。

- OnPreCull 方法：在相机剔除场景前被调用。剔除取决于物体在相机中是否可见。OnPreCull 仅在剔除执行之前被调用。
- OnBecameVisible 和 OnBecameInvisible 方法：当物体在任何相机中可见或不可见时被调用。
- OnWillRenderObject 方法：如果物体可见，它将为每个摄像机调用一次。
- OnPreRender 方法：在相机渲染场景之前被调用。
- OnRenderObject 方法：在所有固定场景渲染之后被调用。此时可以使用 GL 类或者 Graphics.DrawMeshNow 来画自定义的几何体。

- OnPostRender 方法: 在相机完成场景的渲染后被调用。
- OnRenderImage 方法（仅专业版可用）：在场景渲染完成后被调用，用来对屏幕的图像进行处理。
- OnGUI 方法：每帧被调用，多次用来回应 GUI 事件。布局和重绘事件先被执行，接下来是为每一次的输入事件执行布局和键盘、鼠标事件。
- OnDrawGizmos 方法：为了可视化的目的，在场景视图中绘制小图标。

这里提 3 个比较常用的方法，即 OnBecameVisible 方法、OnBecameInvisible 方法和 OnGUI 方法。在使用 Unity 3D 进行游戏开发时，往往会遇到当一个物体不可见时，该物体上绑定的脚本依然会执行的情况，这种情况无疑会增加游戏执行的开销。那么如何使不可见的游戏对象上的游戏脚本不再执行，而当它再次可见的时候，再使其身上的游戏脚本继续执行呢？这就用到了 OnBecameVisible 方法和 OnBecameInvisible 方法。

举一个使用了这两个方法来避免无谓开销的例子，代码如下。

```
using UnityEngine;
using System.Collections;

public class ExampleClass : MonoBehaviour {
    void OnBecameVisible() {
        enabled = true;
    }

    void OnBecameInvisible() {
        enabled = false;
    }
}
```

在这个例子中，当该游戏对象对任何一个相机来说都不可见时，Unity 3D 游戏引擎会发出一个消息，来通知绑定在该游戏对象身上的游戏脚本来触发 OnBecameInvisible 方法，在这个方法中，对 enabled 变量赋值 false 来禁用该脚本，从而达到了游戏对象不可见时，其游戏逻辑不继续执行的目的。同样，当该游戏对象对相机可见时，Unity 3D 游戏引擎会发出另一个消息，来通知该游戏对象身上的脚本来触发 OnBecameVisible 方法，在这个方法中，反过来对 enabled 变量赋值 true，从而启用该脚本，使得该游戏对象的逻辑得以继续执行。

另一个在游戏开发过程中经常使用的方法是 OnGUI 方法。该方法主要用来渲染和处理 GUI 事件。由于需要处理事件，因此它的一个特点就是一帧内可能会被调用多次。当然，如果当前脚本的 enabled 变量为 false，OnGUI 方法是不会被调用的。

举一个 OnGUI 的例子，代码如下。

```
using UnityEngine;
using System.Collections;

public class GUITest : MonoBehaviour {

    private float sliderValue = 1.0f;
    private float maxSliderValue = 10.0f;

    void OnGUI()
    {
        GUILayout.BeginArea (new Rect (0,0,200,60));

        GUILayout.BeginHorizontal();

        if (GUILayout.RepeatButton ("Increase max\nSlider Value"))
        {
            maxSliderValue += 3.0f * Time.deltaTime;
        }

        GUILayout.BeginVertical();
        GUILayout.Box("Slider Value: " + Mathf.Round(sliderValue));
        sliderValue   =   GUILayout.HorizontalSlider   (sliderValue,   0.0f,
maxSliderValue);

        GUILayout.EndVertical();
        GUILayout.EndHorizontal();
        GUILayout.EndArea();
    }

}
```

渲染效果，如图 3-5 所示。

以上处理渲染的方法主要是在游戏脚本中的逻辑部分之后，用来响应 Unity 3D 游戏引擎在渲染的过程中定义的一些事件消息的。

图 3-5 OnGUI 方法的渲染效果

游戏对象销毁阶段

这个阶段会被调用的方法比较少，主要是 OnDestroy 方法。

- OnDestroy 方法：这个方法在所有帧更新之后被调用，在对象存在的最后一帧（对象将销毁来响应 Object.Destroy 或关闭一个场景）。

游戏场景退出阶段

游戏对象如果在退出当前游戏场景前未被销毁或禁用，则当收到 Unity 3D 游戏引擎关于退出当前游戏场景的消息时，同样有对应的方法会被调用。这些方法对于场景中所有激活状态的物体都会被调用。

- OnApplicationQuit 方法：在应用退出之前所有游戏对象都会调用这个函数。在编辑器中，当用户停止播放时它将被调用。在 webplayer 中，当网页关闭时被调用。
- OnDisable：当行为不可用或非激活时，这个方法被调用。

如图 3-6 所示，总结了一个 Unity 3D 游戏脚本，即 MonoBehaviour 类本身或其派生类实例中各个方法的执行过程。

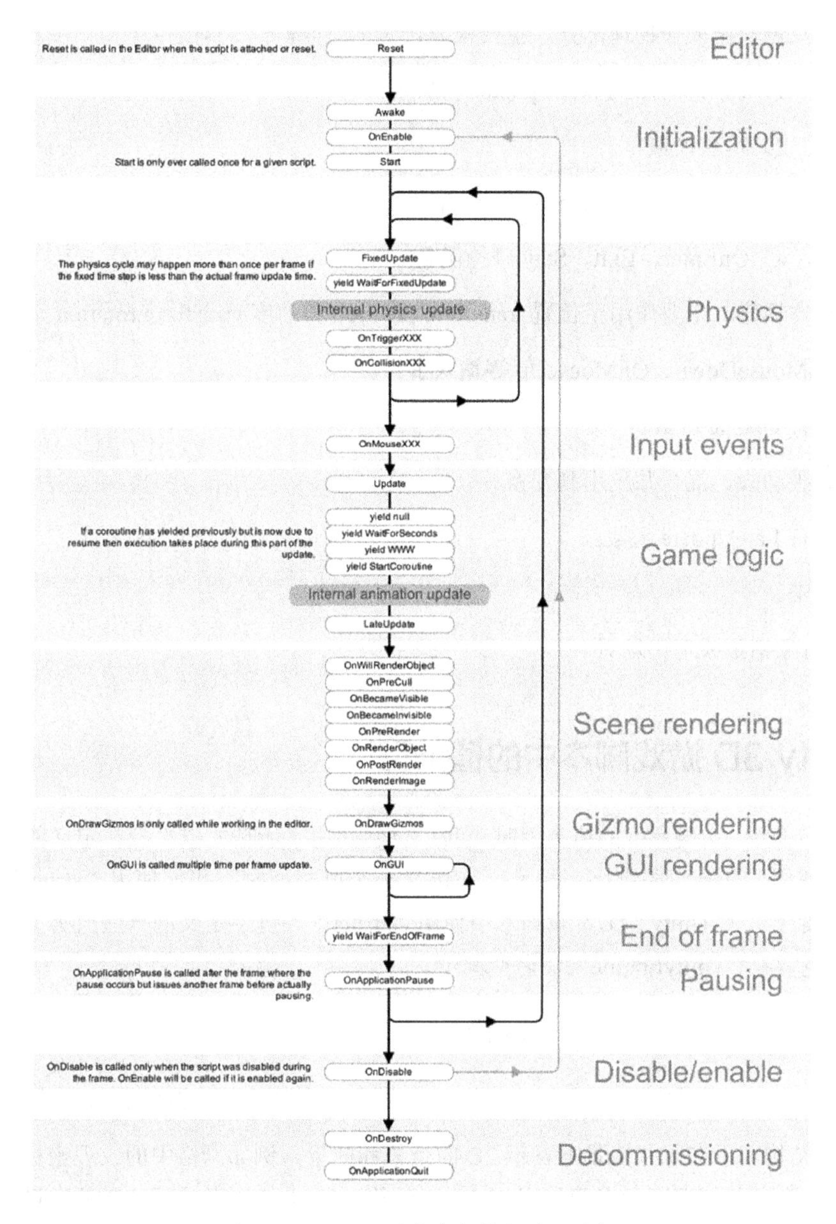

图 3-6 Unity 3D 游戏脚本执行过程图解

通过图 3-6 所示，关于 Unity 3D 脚本的结构，可以得出一个大概的执行顺序。

（1）调用所有的 Awake 方法。

（2）调用所有的 Start 方法。

（3）游戏逻辑循环（物理部分，主要根据设定的时间间隔来确定）。

1）调用所有的 FixedUpdate 方法。

2）物理模拟。

3）OnEnter、Exit、Stay 触发函数。

4）OnEnter、Exit、Stay 碰撞函数。

（4）刚体插值，主要作用于位置 transform.position 和角度 transform.rotation。

（5）OnMouseDown、OnMouseUp 等输入事件。

（6）所有 Update 函数。

（7）高级动画、混合并应用到变换。

（8）所有 LateUpdate 函数。

（9）渲染。

（10）对象销毁或退出场景。

3.4 Unity 3D 游戏脚本中的值类型

在 3.2 节介绍 C#语言中的值类型时，我们已经知道了所谓的值类型在定义的时候不像引用类型那样使用“class”关键字。相反，在定义一个值类型时，我们使用“struct”关键字。因此本节主要介绍在 Unity 3D 游戏脚本中使用“struct”关键字定义的一些值类型。同样，这些值类型也主要在“UnityEngine”命名空间中。

3.4.1 Vector2、Vector3 以及 Vector4

Vector2、Vector3、Vector4 这 3 个结构分别用来表示 2D 向量、3D 向量以及四维空间向量。

Vector2 结构用于在一些情景下表示 2D 的位置和向量，例如网格中的纹理坐标或者矩阵中的纹理偏移。在其他情况下大多数使用 Vector3 结构；Vector3 结构表示 3D 的向量和点。这个结构用于在 Unity 3D 游戏引擎中传递 3D 位置和方向。它也包含做些普通向量运算的方法；Vector4 结构在一些情景下用来表示四维空间向量，例如网格切线、色器的参数。在其他情况下大多数使用 Vector3 结构。

这 3 个结构有一些功能相似的成员，如表 3-6 所示。

表 3-6　向量结构静态成员

静态变量	作　　用
down	简码：在 Vector2 结构中代表 Vector2(0, -1)；在 Vector3 结构中代表 Vector3(0, -1, 0)
left	简码：在 Vector2 结构中代表 Vector2(-1, 0)；在 Vector3 结构中代表 Vector3(-1, 0, 0)
one	简码：在 Vector2 结构中代表 Vector2(1, 1)；在 Vector3 结构中代表 Vector3(1, 1, 1)；在 Vector4 结构中代表 Vector4(1, 1, 1，1)
right	简码：在 Vector2 结构中代表 Vector2(1, 0)；在 Vector3 结构中代表 Vector3(1, 0, 0)
up	简码：在 Vector2 结构中代表 Vector2(0, 1)；在 Vector3 结构中代表 Vector3(0, 1, 0)
zero	简码：在 Vector2 结构中代表 Vector2(0, 0)；在 Vector3 结构中代表 Vector3(0, 0, 0)；在 Vector4 结构中代表 Vector4(0, 0, 0, 0)
back	简码：在 Vector3 结构中代表 Vector3(0, 0, -1)
forward	简码：在 Vector3 结构中代表 Vector3(0, 0, 1)

这些静态变量出现的目的，是为了简化创建向量对象的代码。使用这些简码，可以很方便地创建常用的一些变量，代码如下。

```
using UnityEngine;
using System.Collections;

public class ExampleClass : MonoBehaviour {
    void Example() {
        transform.position += Vector3.forward * Time.deltaTime;
}
void ExampleTwo() {
    transform.position = Vector3.one;
 }
}
```

在这段代码中，使用 Vector3.forward 相当于创建了一个最简单的指向 *Z* 轴的向量 Vector3(0, 0, 1)，然后和 Time.deltaTime 相乘，并将结果赋值给该游戏对象的 Transform 组件的 position 属性，进而实现了游戏对象向 *Z* 轴正方向移动的逻辑。而在另一个方法 ExampleTwo 中，直接使用了 Vector3.one，相当于创建了一个 Vector3(1, 1, 1)，并使用该值为该游戏对象的 Transform 组件的 position 属性赋值。

除了以上几个可以用来作为创建相应向量的简码的静态变量之外，这 3 个结构还有一些实例变量。几个比较有用的实例变量，如表 3-7 所示。

表 3-7 向量结构实例成员

实例变量	作　　用
magnitude	返回向量的长度（只读）
normalized	返回单位向量（只读）。用来表示该向量的方向
sqrMagnitude	返回这个向量的长度的平方（只读）
x	向量的 X 组件
y	向量的 Y 组件
z	向量的 Z 组件。（Vector3 和 Vector4 有）
w	向量的 W 组件。（Vector4 有）

这些实例变量提供了当前向量实例的具体状态，magnitude 会返回该向量的长度，如果向量是 Vector3，则 magnitude 的值是 x*x+y*y+z*z 的平方求根。而 normalized 则表示该向量此时的方向。至于 x、y、z、w 则代表了向量在各个方向上的值。

在 3D 游戏开发的过程中，对向量进行计算是必不可少的工作内容。所以为了游戏开发者能够方便地对向量进行各种计算，这 3 个结构也提供了一些方法用来计算。常用的几个方法，如表 3-8 所示。

表 3-8 向量结构方法

方　　法	作　　用
Cross	两个向量的交叉乘积
Dot	两个向量的点乘积
Distance	返回 a 和 b 之间的距离
Lerp	两个向量之间的线性插值

关于向量的计算，最常见也最基本的便是向量的交叉乘积（Cross）以及点乘积（Dot）。在游戏开发的过程中一定要清楚两者的区别。简单来说，两者最大的区别就是点乘积计算的结果为数值，而交叉乘积计算的结果仍为向量。

几何数学中关于点乘积和交叉乘积的定义。

点乘积

点乘积的计算方式为： a • b=|a| • |b|cos<a,b>，其中|a|和|b|表示向量的模，<a,b>表示两个向量的夹角。另外在点乘积中，<a,b>和<b,a> 夹角是不分顺序的。所以通过点乘积，其实是可以计算两个向量的夹角的。

因此使用点乘积的一个作用就是通过计算两个向量的点乘积，可以粗略地判断当前物体是否朝向另外一个物体，只需要计算当前物体的 transform.forward 向量与（target.transform.position-transform.position）的点乘积即可，大于 0 则面对另外一个物体，否则是背对着。

交叉乘积

叉积的定义：c=a*b，其中 a、b、c 均为向量。即两个向量的交叉乘积得到的还是向量。

向量的交叉乘积的 3 条性质。

- 性质 1：c⊥a，c⊥b，即向量 c 垂直与向量 a、b 所在的平面。
- 性质 2：模长|c|=|a||b|sin<a,b>。
- 性质 3：满足右手法则。有 a*b≠b*a，而 a*b=－b*a，可以使用交叉乘积的正负值来判断向量 ab 的相对位置，即向量 b 是处于向量 a 的顺时针方向还是逆时针方向。

因此，能够正确掌握向量的点乘积和交叉乘积的定义和区别，是一个合格的 Unity 3D 游戏开发者所必备的条件。向量的点乘积和交叉乘积的区别的代码如下。

```
using UnityEngine;
using System.Collections;

public class MainScript : MonoBehaviour
{
    //向量 a
    private Vector3 a;
    //向量 b
    private Vector3 b;

    void Start ()
    {
        //向量的初始化
        a = new Vector3 (1, 2, 1);
        b = new Vector3 (5, 6, 0);
    }

    void OnGUI ()
    {
        //点乘积的返回值
        float c = Vector3.Dot (a, b);
        //向量 a,b 的夹角，得到的值为弧度，将其转换为角度，便于查看
        float    angle    =    Mathf.Acos    (Vector3.Dot    (a.normalized,
b.normalized)) * Mathf.Rad2Deg;
        GUILayout.Label ("向量 a, b 的点积为: " + c);
        GUILayout.Label ("向量 a, b 的夹角为: " + angle);
```

```
        //交叉乘积的返回值
        Vector3 e = Vector3.Cross (a, b);
        Vector3 d = Vector3.Cross (b, a);
        //向量 a,b 的夹角,得到的值为弧度，将其转换为角度，便于查看
        angle = Mathf.Asin (Vector3.Distance (Vector3.zero,
Vector3.Cross (a.normalized, b.normalized)) * Mathf.Rad2Deg;
        GUILayout.Label ("向量 a*b 为: " + e);
        GUILayout.Label ("向量 b*a 为: " + d);
        GUILayout.Label ("向量 a, b 的夹角为: " + angle);
    }
}
```

3.4.2 其他常见的值类型

在 Unity 3D 游戏脚本中，除了 3.4.1 节介绍的经常用来表示向量的 3 个结构之外，还有一些常见的值类型。其他比较有代表性的结构，如表 3-9 所示。

表 3-9 常见的值类型

值类型	定　义
Color	用来表示 RGBA 颜色。其中(r,g,b)定义了 RGB 颜色，而 a 组件则定义透明度。需要注意的是 r、g、b、a 这 4 个值是在 0~1 之间的浮点数
Color32	使用 32 位来表示 RGBA 颜色。和 Color 一样，(r,g,b)定义了 RGB 颜色，而 a 组件则定义透明度。但是与 Color 不同的是，由于使用 32 位的表示方式，因此 r、g、b、a 这 4 个值是范围在 0~255 之间的 byte
Ray	用来表示射线。射线即一条有限长的线，从原点起始，并向某个方向射去
Touch	Touch 结构主要用来描述手指触摸屏幕的状态。现在的设备能够追踪很多屏幕触摸的数据，这其中包括触摸的阶段，例如是开始触摸、已经结束触摸，还是正在移动等。因而每个触摸都有一个自己的 ID，用来方便设备区分每个触摸处在什么状态。常见的情景是在调用 Input.GetTouch 方法时，会返回一个 Touch 的实例
RaycastHit	用来存储从光线投射碰撞返回的数据。常见的使用场景是在使用 Physics.Raycast、Physics.Linecast、Physics.RaycastAll 这些方法时
Bounds	边界框结构。表示一个轴对齐边界框。一个轴对齐边界框，或 AABB 的简称，是一个坐标轴对齐的盒子，并完全包围某些物体。由于这个盒子不会相对于轴旋转，它只可以通过 center 和 extents 定义，或者由 min 和 max 点定义。常见的使用情景是 Collider.bounds、Mesh.bounds、Renderer.bounds

续表

值类型	定　义
Rect	Rect 结构用来表示一个由 x、y 位置和 width、height 大小定义的二维矩形。常见于 2D 操作以及 Unity 3D 的 GUI 系统
Plane	Plane 结构主要用来表示一个平面。而一个平面是由一个向量法线和从原点到平面的距离定义的

在 Unity 3D 中还有其他的值类型定义，感兴趣的读者朋友可以学习并总结一下。

3.5 装箱和拆箱

3.4 节介绍了 C#语言中的引用类型和值类型，以及 Unity 3D 游戏脚本中为游戏开发者们提供的引用类型和值类型。那么对于两者之间的不同，各位读者应该已经十分清楚了。从开发者的角度来看，由于值类型不作为对象在托管堆中分配、不被垃圾回收机制所影响，同样也不需要引用（指针）来引用，因此看上去值类型要比引用类型更轻巧。但有时就是要使用一个引用，而不是一个值类型的值。例如一个常见的例子是使用 ArrayList 来容纳一组值类型——Vector3 结构。这种情况所执行的过程，代码如下。

```
using System;
using System.Collections.Generic;
using UnityEngine;

public class Test : MonoBehaviour
{
    private void Start()
    {
        ArrayList al = new ArrayList();
        //在线程栈上为 v 分配空间，而非在托管堆上分配
        Vector3 v;
        for (int i = 0; i < 5; i++)
        {
            //初始化值类型的成员
            v.x = 1;
            v.y = 2;
            v.z = 3;
            //对值类型装箱，并将引用添加到 ArrayList 中
            al.Add(v);
        }
    }
```

```
    private void Update()
    {
    }
}
```

如果查看 ArrayList 类的 Add 方法，可以发现 Add 方法的参数是一个 Object 类型的，也就是 Add 方法的参数是引用类型的变量，代码如下。

```
public virtual int Add(
    Object value
)
```

而 v 显然是值类型的变量，那么基于对引用类型和值类型的认识，Add 方法的参数 value 必须是一个引用，而 v 不是引用，它的值就是 Vector3 结构的一个值。所以为了使代码能够正常运行，Vector3 值类型的实例在这里必须转换成真正在托管堆上分配的对象，且必须获得对该对象的引用。

那么这究竟是怎么发生的呢？这实际上发生的就是值类型的装箱。总结一下值类型实例进行装箱时的步骤。

（1）在托管堆中分配内存。需要注意的是，由于是将值类型进行引用类型化，因而分配的内存空间除了值类型各个字段所需的内存之外，还要加上托管堆所有对象都有的两个额外成员（类型对象指针和同步索引块）所需的内存。

（2）将值类型的字段复制到新分配的堆内存中。

（3）返回对象地址，即对象的引用。值类型成了引用类型。

通过分析这 3 个步骤可以发现，Mono 运行时只是将值类型变量 v 的值复制到了一个在托管堆上新创建的对象中。所以该对象的值显然只是原始值的一个副本，因而改变的原始值是不会改变箱内的值的。

结合上面的例子，分析一下代码中的装箱过程。当 C#编译器检测到“al.Add(v);”这行代码是向要求引用类型的方法传递值类型时，会自动生成代码对 v 进行装箱。在运行时，当前在 v 的字段中存储的值会被复制到新分配的对象中去。已装箱的 Vector3 对象（认为是引用类型）的地址会被返回给 Add 方法，而装箱后的 Vector3 的对象会一直存在于托管堆中，直至被垃圾回收。

和装箱相反的操作便是拆箱。一个很好的例子便是获取 ArrayList 中的元素，代码如下。

```
Vector3 v1 = al[0];
```

这行代码执行了拆箱操作。这里必须告诉编译器要将 object 拆箱成什么类型。具体的过程是获取 ArrayList 的第一个，即索引为 0 的元素所包含的引用，并且将其指向的对象的字段再复制到一个值类型 Vector3 的实例 v1 中去。而由于 v1 被分配在线程栈上，因此 Mono 运行时需要分两步来完成获取引用并复制的过程。

（1）获取已经装箱的 Vector3 对象中各个字段的地址，这个过程便是所说的拆箱。

（2）将已经装箱的 Vector3 对象中各个字段的值从托管堆上复制到线程栈的新的值类型 Vector3 的实例 v1 中去。

一个在使用 C#语言进行开发的过程中经常遇到的一个误区，就是将拆箱当作了装箱的逆过程。其实并不是这样的，相比于装箱，拆箱的代价要小得多。拆箱其实就是获取引用的过程，获取的这个引用指向了一个分配在托管堆上的对象中的值。需要注意的是，拆箱并不涉及复制的过程，所以将值从托管堆上的对象中复制到值类型实例中，是拆箱之后紧跟的一步复制过程，而非拆箱本身。

在拆箱操作的过程中，另一个需要关注的问题就是在拆箱时，必须告诉编译器要将 object 拆箱成什么类型的。如果使用了错误的目标类型，则编译器会抛出一个 InvalidCastException 异常，例如如下所示代码。

```
using System;
using System.Collections.Generic;
using UnityEngine;

public class Test : MonoBehaviour
{
    private void Start()
    {
        int i = 10;
        //i 被装箱，o 的值为已装箱对象的引用
        object o = i;
        //显式的指明拆箱的目标类型为 long，抛出 InvalidCastException 异常
        long j = (long)o;
    }

    private void Update()
    {
    }
}
```

因此在拆箱时，一定要注意只能转型为最初未装箱的值类型。而拆箱需要显式的指定要转型的目标类型这一点，也与装箱不同。许多编译器都是隐式生成代码来装箱对象的，因此作为

开发者有时会因为不注意而忽略这一点，所以如果是一个关心程序性能的开发者，就一定要清楚自己的代码究竟是否会造成装箱操作。

通过上面的分析，可以发现正是由于装箱和拆箱、复制会对程序的速度和内存空间产生不利的影响，甚至可能会由于频繁地操作托管堆而增加 GC 的次数，因此装箱和拆箱、复制的操作越少越好。所以在日常开发过程中，像 ArrayList 这样会触发装箱机制的类型并不常用，反而是 List<T>更加常用。

3.6 本章总结

本章从 C#最基础的类型系统说起，指明了 C#语言是一种类型安全、静态且有时是显式的语言。并详细分析了描述语言的类型时常常涉及的几个方面，即类型是否安全、类型是否是静态的，以及类型是否是显式的。

然后又引出了在 C#开发过程中最基本的引用类型和值类型的概念。通过分析引用类型和值类型各自的特点，进而得出两者的异同和各自对应的应用情景。然后介绍了 Unity 3D 游戏脚本中定义的一些最基本的引用类型以及值类型。

本章最后作为引用类型和值类型的一个拓展，介绍了装箱和拆箱操作的过程以及特点。

第 4 章 Unity 3D 中常用的数据结构

由于 Unity 3D 在开发过程中使用最多的是 C#语言，所以想要顺利地使用 Unity 3D 来开发游戏，那么了解 C#语言中常见的数据结构就变得必不可少了。了解 C#语言中数据结构的特点，并且在合适的使用情景下选择最恰当的数据结构来完成任务，不仅能大大简化开发流程，同时也是一个优秀的程序员所必备的素质。本章将介绍在使用 Unity 3D 游戏引擎开发游戏的过程中，经常会使用的数据结构。

先通过一张表格来对常用的数据结构的类型，以及常用操作的时间复杂度了解一下，如表 4-1 所示。

表 4-1 常用的数据结构复杂度

数据结构	Add	Delete	Find	GetByIndex
Array	O(n)	O(n)	O(n)	O(1)
ArrayList	O(1)	O(n)	O(n)	O(1)
List<T>	O(1)	O(n)	O(n)	O(1)
LinkedList<T>	O(1)	O(n)	O(n)	O(n)
Stack	O(1)	O(1)	-	-
Queue	O(1)	O(1)	-	-
HashTable	O(1)	O(1)	O(1)	-
Dictionary<K,T>	O(1)	O(1)	O(1)	-
HashSet<T>	O(1)	O(1)	O(1)	-
SortedSet<T>	O(logn)	O(logn)	O(logn)	-

通过表 4-1，相信各位读者已经对这些常用的数据结构有了一个大概的印象。那么下面就

带领大家从第一个数据结构 Array 数组开始学习吧！

4.1 Array 数组

在 C#语言中，数组是最简单的数据结构之一。其具有以下 3 个特点。

（1）数组存储在连续的内存上。

（2）数组的元素都是相同类型或者类型的衍生类型。因此数组又被认为是同质数据结构（Homegeneous Data Structures）。

（3）数组可以直接通过下标访问。比如需要访问数组的第 i 个元素，则可以直接使用 array[i]来访问。

一个数组的常规操作主要包括以下两种。

（1）分配存储空间。例如声明一个新的数组：int[] arr = new int[5]。

（2）访问数组中的元素数据。例如通过下标来获取数组中的某个元素：int i=arr[0]。

创建一个新的数组时，将在 Mono 运行时的托管堆中分配一块连续的内存空间来盛放数量为 size，类型为所声明类型的数组元素。如果类型为值类型，则将会有“size”个未装箱的该类型的值被创建。如果类型为引用类型，则将会有“size”个相应类型的引用被创建。如何创建一个新的数组，代码如下。

```
class TestArraysClass
{
    static void Main()
    {
        // Declare a single-dimensional array
        int[] array1 = new int[5];

        // Declare and set array element values
        int[] array2 = new int[] { 1, 3, 5, 7, 9 };

        // Alternative syntax
        int[] array3 = { 1, 2, 3, 4, 5, 6 };

        // Declare a two dimensional array
        int[,] multiDimensionalArray1 = new int[2, 3];

        // Declare and set array element values
        int[,] multiDimensionalArray2 = { { 1, 2, 3 }, { 4, 5, 6 } };
```

```
            // Declare a jagged array
            int[][] jaggedArray = new int[6][];

            //  Set  the  values  of  the  first  array  in  the  jagged  array
structure
            jaggedArray[0] = new int[4] { 1, 2, 3, 4 };
        }
    }
```

由于是在连续内存上存储的，所以它的索引速度非常快，访问一个元素的时间是恒定的。也就是说与数组的元素数量无关，而且赋值与修改元素也很简单，代码如下。

```
string[] test2 = new string[3];
//赋值
test2[0] = "chen";
test2[1] = "j";
test2[2] = "d";
//修改
test2[0] = "chenjd";
```

但是由于是连续存储，所以在两个元素之间插入新的元素就变得不方便。而且就像上面的代码所示，声明一个新的数组时，必须指定其长度或初始化其元素，这就会存在一个潜在的问题。那就是当声明的长度过长时，显然会浪费内存，当声明长度过短时，则面临溢出的风险。这就使得写代码像是“投机”，针对这种缺点，介绍一下 ArrayList。

4.2 ArrayList 数组

为了解决 Array 创建时必须指定长度，以及只能存放相同类型的缺点而推出的数据结构。ArrayList 是 System.Collections 命名空间下的一部分，所以若要使用它，则必须引入 System.Collections。ArrayList 解决了 Array 的一些缺点。

- 不必在声明 ArrayList 时指定它的长度，这是由于 ArrayList 对象的长度是按照其中存储的数据来动态增长与缩减的。
- ArrayList 可以存储不同类型的元素。这是由于 ArrayList 会把它的元素都当作 Object 来处理。因此加入不同类型的元素是允许的。

之前在介绍值类型的装箱时其实已经使用到了 ArrayList，ArrayList 是如何操作的，代码如下。

```
ArrayList test3 = new ArrayList();
```

```
//新增数据
test3.Add("chen");
test3.Add("j");
test3.Add("d");
test3.Add("is");
test3.Add(25);
//修改数据
test3[4] = 26;
//删除数据
test3.RemoveAt(4);
```

ArrayList 可以存储不同类型数据的原因，是由于把所有的类型都当作 Object 来处理，也就是说 ArrayList 的元素其实都是 Object 类型的，那么就会有问题出现。

- ArrayList 是类型不安全的。因为把不同的类型都当作 Object 来做处理，很有可能会在使用 ArrayList 时发生类型不匹配的情况。
- 数组存储值类型时并未发生装箱，但是 ArrayList 由于把所有类型都当作了 Object，所以不可避免的是当插入值类型时会发生装箱操作，在索引取值时会发生拆箱操作。因此在频繁读写 ArrayList 时会产生额外的开销，导致性能下降。

下面就来介绍一下在开发中推荐使用的数组类型——List<T>泛型 List。

4.3 List<T>数组

为了解决 ArrayList 不安全类型与装箱拆箱的缺点，在 C#引入了泛型的概念后，List<T>作为一种新的数组类型引入。而 List<T>也是工作中经常用到的数组类型。和 ArrayList 很相似，长度都可以灵活改变，可以认为 List<T> 类是 ArrayList 类的泛型等效类。而最大的不同在于在声明 List 集合时，同时需要为其声明 List 集合内数据的对象类型，这点又和 Array 很相似。其实 List<T>内部使用了 Array 来实现，但它隐藏了这些实现的复杂性。当创建 List<T> 时无需指定初始长度，当添加元素到 List<T> 中时，也无需关心数组大小的调整问题。

List<T>最基本的一些操作，代码如下。

```
List<string> test4 = new List<string>();

//新增数据
test4.Add("Fanyoy");
test4.Add("Chenjd");

//修改数据
test4[1] = "murongxiaopifu";
```

```
//移除数据
test4.RemoveAt(0);
```

使用 List<T>有以下 3 点好处。

（1）即确保了类型安全。因此 List<T>是类型安全的。

（2）取消了装箱和拆箱的操作，以及由于引入泛型而无需运行时类型检查。因此 List<T>是高性能的。

（3）融合了 Array 可以快速访问的优点，以及 ArrayList 长度可以灵活变化的优点。

数组就介绍这 3 个最常见的类型，即 Array 数组、ArrayList 以及 List<T>。接下来介绍另一种常用的数据结构——链表。

4.4 C#中的链表——LinkedList<T>

在编程语言中，所谓的链表即每一个元素都指向下一个元素，形成了一个链。如图 4-1 所示。

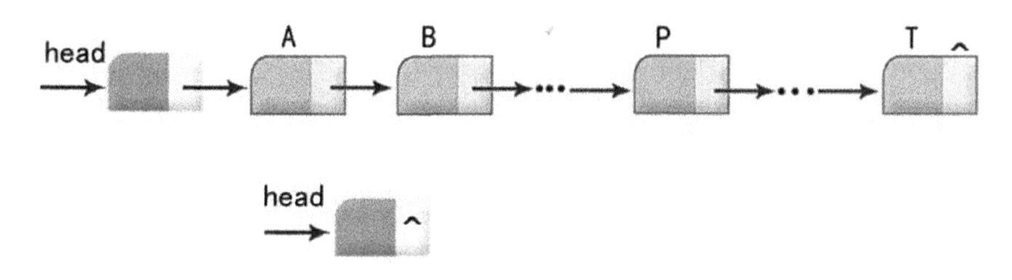

图 4-1 链表结构图

在创建一个链表时，仅需持有第一个结点，即头节点“head”的引用，这样通过逐个访问下一个节点“next”，即可遍历到链表中所有的节点。

在运行时间方面，链表与数组有着同样的线性运行时间 O(n)。例如在图 4-1 中，如果要查找节点 P，则必须从头节点 head 开始查找，逐个访问下一个节点直到找到目标结点 P（head→A→->B→…→P）。

同样，从链表中删除一个节点的运行时间也是 O(n)。因为在删除之前仍然需要从 head 结点开始向下逐个遍历以找到要被删除的目标节点。而删除操作本身则变得简单，即让被删除节点的前一个节点的 next 指针指向被删除结点的 next 节点即可。如何删除一个节点，如图 4-2

所示。

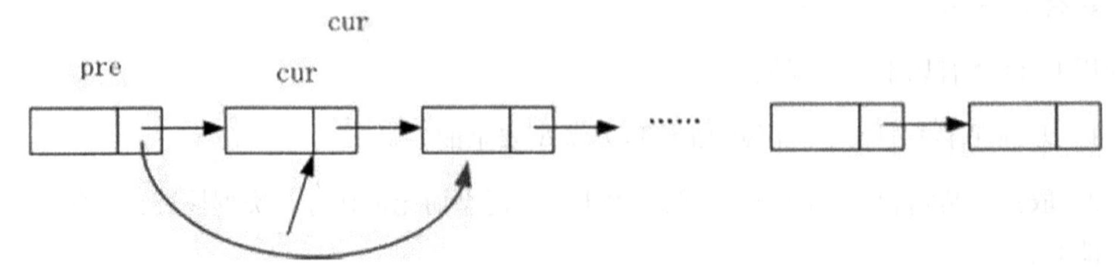

图 4-2 链表的删除结点操作示意图

向链表中插入一个新的节点的运行时间则取决于链表是否是有序的。如果链表不需要保持顺序，则插入操作就是常量时间 O(1)，可以在链表的头部或尾部添加新的节点。而如果需要保持链表的顺序结构，则需要查找到新节点被插入的位置，这使得需要从链表的头部 head 开始逐个遍历结点，结果就是操作变成了 O(n)。插入节点的示例，如图 4-3 所示。

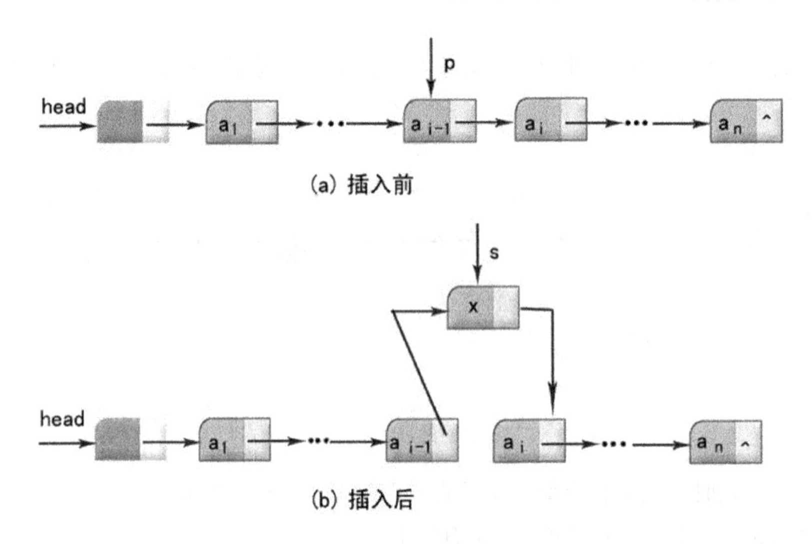

图 4-3 链表的插入结点操作示意图

而链表这种数据结构与数组的不同之处在于，数组中的内容在内存中是连续排列的，可以通过下标来访问，而链表中内容的顺序则是由各个对象的指针所决定的，这就决定了其内容的排列不一定是连续的，所以不能通过下标来访问。

因此如果考虑到这一点，在需要更快速的查找操作的情景下，使用数组可能是更好的选择。

而使用链表最主要的优势就在于向链表中插入或删除节点时，无需考虑调整结构的容量。

相反的对于数组来说容量始终是固定的，且数组中的内容在内存中是连续的。因此如果需要存放更多的数据，则面临着需要调整数组容量的现实，这就会引发新建数组、数据拷贝等一系列复杂且影响效率的操作。即使是 List<T>类，虽然其对开发人员隐藏了容量调整的复杂性，但实质上性能的损耗是必须考虑的。

链表的另一个优点就是特别适合以排序的顺序动态地添加新元素。如果要在数组中间的某个位置添加新元素，不仅要移动所有其余的元素，甚至还有可能需要重新调整容量。

所以总体来说，数组适合数据的数量是有上限，且需要快速访问其元素内容的情况，而链表适合元素数量不固定且需要经常增删结点的情况。

而在 Unity 3D 开发过程中，由于 C#已经为开发者封装了一个对应链表的类——LinkedList<T>类。因此可以很方便地通过 LinkedList<T>来实现链表的功能。而和 LinkedList<T>类相配套的，C#还提供了链表的结点类——LinkedListNode<T>类以用来代表链表中的结点，LinkedList<T>对象中的每个节点都属于 LinkedListNode<T>类型。由于 LinkedList<T>是双向链表，因此每个节点向前指向 Next 节点，向后指向 Previous 节点。

需要说明的一点是，LinkedList<T>类的插入和移除的运算复杂度都是 O(1)。而由于该列表还维护内部计数，因此获取 Count 属性的运算复杂度也为 O(1)。

列举 LinkedList<T>中常用的几个方法，代码如下。

```
using UnityEngine;
using System;
using System.Text;
using System.Collections.Generic;

public class Example : MonoBehaviour
{
    void Start()
    {
        //创建链表
        string[] words =
            { "这", "是", "一", "个", "游", "戏" };
        LinkedList<string> sentence = new LinkedList<string>(words);
        Display(sentence, "初始字符串");

        // 将“好”加在该链表最前面
        sentence.AddFirst("好");
        Display(sentence, "使用 AddFirst 方法，将“好”加在该链表最前面");

        // 将第一个结点移到最后一个结点
        LinkedListNode<string> mark1 = sentence.First;
```

```
            sentence.RemoveFirst();
            sentence.AddLast(mark1);
            Display(sentence, "将第一个结点移到最后一个结点");

            // 将最后一个结点的内容从“好”变为“坏”
            sentence.RemoveLast();
            sentence.AddLast("坏");
            Display(sentence, "将最后一个结点的内容从“好”变为“坏”");

            // 在链表的最后增加一个结点，同时从后查找“游”字所在的结点
            sentence.AddLast("游");
            LinkedListNode<string> current = sentence.FindLast("游");
            IndicateNode(current, "最后一个‘游’字的结点");

            // 在“游”字后面增加一个“戏”字
            sentence.AddAfter(current, "戏");
            IndicateNode(current, "在‘游’字后面增加一个‘戏’字");

            // 查找第一个“游”字
            current = sentence.Find("游");
            IndicateNode(current, "查找第一个‘游’字");

            // 在第一个“游”字之前增加一个“好”字
            sentence.AddBefore(current, "好");
            IndicateNode(current, "在第一个‘游’字之前增加一个‘好’字");

        }

        //显示指定输出内容以及链表内容
        private static void Display(LinkedList<string> words, string test)
        {
            Debug.Log(test);
            foreach (string word in words)
            {
                Debug.Log(word + " ");
            }

        }

        //演示特定链表结点的各种属性操作
        private static void IndicateNode(LinkedListNode<string> node, string
test)
        {
            Debug.Log(test);
```

```
            //访问当前结点的 list 属性，即该节点所属的链表
            if (node.List == null)
            {
                Debug.Log("Node '{0}' is not in the list.\n",
                    node.Value);
                return;
            }

            StringBuilder result = new StringBuilder("(" + node.Value + ")");
            //访问结点的 Previous 属性来获得当前结点之前的一个结点
            LinkedListNode<string> nodeP = node.Previous;
            while (nodeP != null)
            {
                result.Insert(0, nodeP.Value + " ");
                nodeP = nodeP.Previous;
            }
            //访问结点的 Next 属性来获得当前结点之后的一个结点
            node = node.Next;
            while (node != null)
            {
                result.Append(" " + node.Value);
                node = node.Next;
            }
            Debug.Log(result);
        }
    }
```

上面的代码主要演示了如何创建一个链表 LinkedList<T>，以及最常见的几种操作。例如 AddFirst，将一个新结点加入该链表的第一个结点的位置；RemoveFirst，将第一个结点移除；AddLast，将一个新节点加入该链表最后一个结点的位置；以及在某个结点前后插入新的结点的 AddBefore 和 AddAfter 方法。当然还介绍了对链表中的结点类 LinkedListNode 的各种操作。接下来继续介绍队列（Queue<T>）和栈（Stack<T>）的相关内容。

4.5 队列（Queue<T>）和栈（Stack<T>）

队列是一种特殊的线性表，特殊之处在于它只允许在表的前端（head）进行删除操作，而在表的后端（tail）进行插入操作。队列是一种操作受限制的线性表。进行插入操作的端称为队尾，进行删除操作的端称为队头。根据队列的这个特点，当需要使用先进先出顺序（FIFO）的数据结构时，我们会采用队列这种数据结构。当然，在 C#语言中也有对应队列这种数据结构的类——Queue<T>。Queue<T>类提供了 Enqueue 和 Dequeue 方法来实现对 Queue<T>的入

列和出列操作。

在 Queue<T>内部，有一个存放类型为 T 的对象的环形数组，并通过 head 和 tail 变量来指向该数组的头和尾。当使用 Enqueue 方法将新的元素入列时，会判断队列的长度是否足够。若不足，则依据增长因子来增加容量，例如当为初始的 2.0 时，则队列容量增长 2 倍。

Queue<T>内部的环形数组结构示意图，如图 4-4 所示。

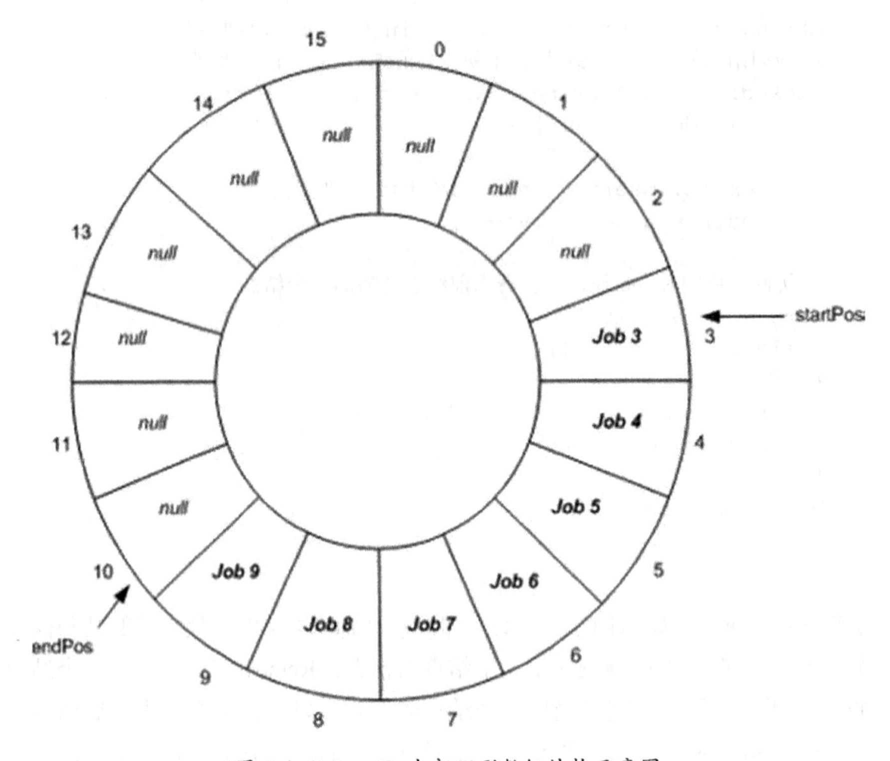

图 4-4 Queue<T>内部环形数组结构示意图

需要说明的一点是，Queue<T>接受 null 作为引用类型的有效值，并且允许有重复的元素。而且在默认情况下，Queue<T>的初始化容量是 32，但是也可以通过构造函数指定容量。如何创建一个队列并指定其初始长度，以及入列和出列操作的代码如下。

```
using UnityEngine;
using System;
using System.Text;
using System.Collections.Generic;

public class Example : MonoBehaviour
{
```

```
    void Start()
    {
        //直接创建一个队列，此时默认的初始长度为 32
        Queue<string> numbers = new Queue<string>();
        //使用 Enqueue 方法，将新的元素入列
        numbers.Enqueue("one");
        numbers.Enqueue("two");
        numbers.Enqueue("three");
        numbers.Enqueue("four");
        numbers.Enqueue("five");

        //遍历一个创建的队列，并打印其内容
        foreach( string number in numbers )
        {
            Debug.Log(number);
        }
        //使用 Dequeue 方法，将第一个字符串出列（先进先出）
        Debug.Log("\n 出列 '{0}'", numbers.Dequeue());

        //初始化 Queue<T>类的新实例，该实例包含从指定集合
        //复制的元素，并且具有足够的容量来容纳所复制的元素
        Queue<string> queueCopy = new Queue<string>(numbers.ToArray());

        foreach( string number in queueCopy )
        {
            Debug.Log(number);
        }
    }
}
```

队列的相关内容就介绍到这里，下面继续介绍和队列类似的一种数据结构——栈（Stack）。

栈（Stack）又名堆栈，它和队列一样是一种运算受限制的线性表。其限制是仅允许在表的一端进行插入和删除运算。这一端被称为栈顶，相对地，把另一端称为栈底。向一个栈插入新元素又称作进栈、入栈或压栈，它是把新元素放到栈顶元素的上面，使其成为新的栈顶元素。从一个栈删除元素又称作出栈或退栈，它是把栈顶元素删除，使其相邻的元素成为新的栈顶元素。

根据栈的这个特点，当需要使用后进先出顺序（LIFO）的数据结构时，我们的选择往往是栈。C#也提供了对应这种数据结构的类型——Stack<T>。Stack<T>类提供了 Push 和 Pop 方法来实现对 Stack<T>的出栈和入栈操作。

和队列 Queue<T>类类似，Stack<T>类的内部同样使用了数组来实现。其容量 Count 是 Stack<T>可以包含的元素数。如果 Stack<T>中元素的数量 Count 小于其容量，则 Push 操作的复杂度为 O(1)。如果容量需要被扩展，则要根据需要来重新分配内部数组以自动增大容量，在这种情况下 Push 操作的复杂度变为 O(n)。而出栈操作 Pop 操作的复杂度始终为 O(1)。

Stack<T>内部的结构可以通过一个垂直的数组来形象的表示，其结构如图 4-5 所示。

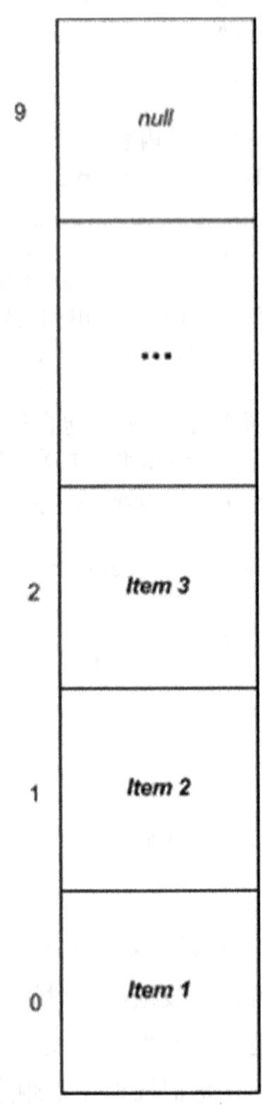

图 4-5 Stack<T>内部数组结构示意图

当对新的元素执行压栈（Push）操作时，新入栈的元素被放到所有其他元素的顶端（栈顶）。当需要执行出栈（Pop）操作时，栈顶的元素则被从顶端移除。因此称在栈这种数据结构中，元素的进出顺序是后进先出顺序（LIFO）。

如何使用 Stack<T>类来实现栈这种数据结构，代码如下。

```
using UnityEngine;
using System;
using System.Text;
using System.Collections.Generic;

public class Example : MonoBehaviour
{
    void Start()
    {
        //创建一个新的 Stack<T>实例
        Stack<string> numbers = new Stack<string>();
        //使用 Push 方法，将新的元素压栈
        numbers.Push("one");
        numbers.Push("two");
        numbers.Push("three");
        numbers.Push("four");
        numbers.Push("five");

        //遍历该栈的元素，并打印其内容
        foreach( string number in numbers )
        {
            Debug.Log(number);
        }
        //使用 Pop 方法，将栈顶的元素弹出
        Debug.Log("\nPopping '{0}'", numbers.Pop());

        // 初始化 Stack<T>类的新实例，该实例包含从指定集合
        // 复制的元素，并且具有足够的容量来容纳所复制的元素
        Stack<string> stack2 = new Stack<string>(numbers.ToArray());

        foreach( string number in stack2 )
        {
            Debug.Log(number);
        }
    }
}
```

队列和栈的内容就介绍完了。下面介绍另一种很常用的数据结构——Hashtable 哈希表以及 Dictionary<K,T>字典。

4.6 Hash Table（哈希表）和 Dictionary<K,T>（字典）

本节将要介绍的数据结构和前几节中介绍的都不同。哈希表（Hash Table，也叫散列表），是根据关键码/值（Key/value）而直接进行访问的数据结构。也就是说，它通过把关键码/值映射到表中一个位置来访问记录，以加快查找的速度。这个映射函数叫哈希函数或散列函数，存放记录的数组就叫哈希表。

在游戏开发中，常常会涉及到要根据游戏中单位的 ID 来寻找匹配该单位的正确配置的情况。现在假设游戏中有一种英雄（Hero）单位，需要使用英雄（Hero）的 ID 作为唯一标识进行存储。英雄 ID 的格式为 DDD-DD-DDDD（D 的范围为数字 0~9），该 ID 的组成部分为：前三位数字表明该 ID 对应的单位是英雄；中间的两位数字表明该英雄所属的类别，例如是远程英雄还是近战英雄等；ID 的最后四位数字则是该英雄在该类别中的序号。

如果使用 Array 数组来存储这些英雄信息，要查询 ID 为 111-22-3333 的游戏单位，则将会尝试遍历数组的所有位置，即执行渐进时间为 O(n)的查询操作。好一点的办法是将 ID 排序，使查询渐进时间降低到 O(log(n))。但在理想情况下，我们更希望查询渐进时间为 O(1)。

一种方案是建立一个大数组，范围从 000-00-0000 到 999-99-9999。这种方案的缺点是浪费空间。如果我们仅需要存储 1000 个英雄的信息，那么仅利用了 0.0001%的空间。

第二种方案就是用哈希函数（Hash Function）压缩序列。选择使用 ID 的后四位作为索引，以减少区间的跨度。这样范围将从 0000 到 9999。在数学上将这种从 9 位数转换为 4 位数的方式称为哈希转换（Hashing）。可以将一个数组的索引空间（Indexers Space）压缩至相应的哈希表（Hash Table）。

在上面的例子中，哈希函数的输入为 9 位数的游戏单位 ID，输出结果为 ID 的后 4 位。这个过程如图 4-6 所示。

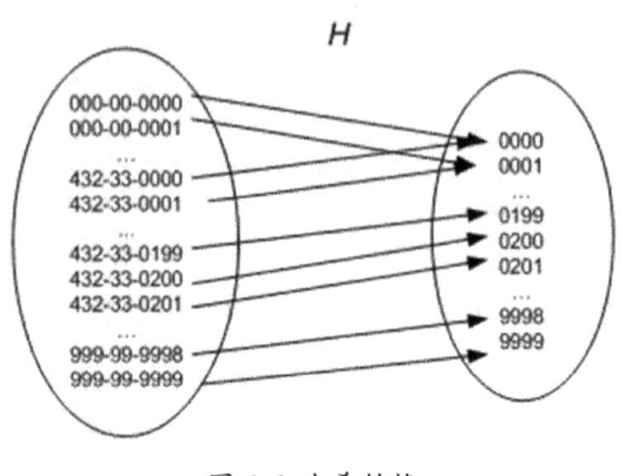

图 4-6 哈希转换

图 4-6 不仅演示了哈希函数计算的结果，而且通过图 4-6 也能发现在哈希函数计算中常见的一种行为——哈希冲突（Hash Collisions）。即通过哈希函数的计算后，结果有可能两个 ID 的后 4 位均为 0000。

当要添加新元素到哈希表中时，哈希冲突是导致操作被破坏的一个重要因素。如果没有冲突发生，则元素被成功插入。如果发生了冲突，则需要判断冲突的原因。因此哈希冲突提高了操作的代价，哈希表的设计目标就是要尽可能减低冲突的发生。

就像处理任何可能潜在的问题时所考虑的一样，在处理哈希冲突时，也有两种思路——避免和解决。C#语言的设计者为处理这种情况也提供了两种机制。

- 冲突避免机制（Collision Avoidance）。
- 冲突解决机制（Collision Resolution）。

避免哈希冲突的一个方法就是尽可能选择合适的哈希函数。而哈希函数中的冲突发生的几率则与数据的分布有关。

例如，如果单位 ID 的后 4 位是随机分布的，则使用后 4 位数字比较合适。但如果后 4 位是以单位的某种特性来分配的，则显然按照这种方式，数据不是均匀分布的，则选择后 4 位会造成大量的冲突。我们将这种选择合适的哈希函数的方法称为冲突避免机制（Collision Avoidance），目的是尽可能减少哈希冲突发生的几率，而并非在哈希冲突发生时去解决冲突。

因此当冲突发生时，还需要有解决冲突的方案和策略，这些方案和策略称为冲突解决机制（Collision Resolution）。其中一种方法就是将要插入的元素放到另外一个块空间中，因为相同的哈希位置已经被占用。

通常采用的冲突解决策略为开放寻址法（Open Addressing），所有的元素仍然都存放在哈希表内的数组中。

开放寻址法最简单的一种实现就是线性探查（Linear Probing），有以下 3 个步骤。

（1）当插入新的元素时，使用哈希函数在哈希表中定位元素位置。

（2）检查哈希表中该位置是否已经存在元素。如果该位置内容为空，则插入并返回，否则进行步骤 3 的操作。

（3）如果该位置为 i，则检查 i+1 是否为空。如果已被占用，则检查 i+2。依此类推，直到找到一个内容为空的位置。

现在如果要将下面的 5 个英雄单位的信息插入到哈希表中。

（1）Hero1（111-11-1234）。

（2）Hero2（111-12-1234）。

（3）Hero3（111-13-1237）。

（4）Hero4（111-14-1235）。

（5）Hero5（111-15-1235）。

则经过哈希函数的计算，并且将信息插入后的哈希表可能如表 4-2 所示。

表 4-2 哈希表示例

数组索引	Name（单位名称）	Attack（单位攻击力）	Defence（单位防御力）
1234	Hero1	1000	1000
1235	Hero2	1200	1300
1236	Hero4	1200	1200
1237	Hero3	1211	1122
1238	Hero5	1222	1111

简单总结一下元素的插入过程。

（1）Hero1 的 ID 被哈希为 1234，因此存放到 1234 位置。

（2）Hero2 的 ID 被哈希为 1234，但由于 1234 位置处已经存放 Hero1 的信息，则检查下一个位置 1235，1235 为空，则 Hero2 的信息就存放到 1235 位置。

（3）Hero3 的 ID 被哈希为 1237，1237 位置为空，所以 Hero3 的信息就存放到 1237 位置。

（4）Hero4 的 ID 被哈希为 1235，1235 位置已被占用，则检查 1236 位置是否为空，1236 位置为空，所以 Hero4 的信息就存放到 1236 位置。

（5）Hero5 的 ID 被哈希为 1235，1235 位置已被占用。检查 1236 位置也被占用，再检查 1237 位置，还是被占用。直到检查 1238 位置时，该位置为空，于是 Hero5 的信息存放到 1238 位置。

线性探查（Linear Probing）方式虽然简单，但并不是解决冲突的最好策略，因为它会导致同类哈希的聚集（Primary Clustering）。这会导致搜索哈希表时，冲突依然存在。例如在上面例子中的哈希表，如果我们要访问 Hero5 的信息，因为 Hero5 的 111-14-1235（ID）哈希为 1235，然而在 1235 位置找到的是 Hero2，所以再搜索 1236 位置，找到的却是 Hero4，以此类推直到找到 Hero5。

针对线性探查方式所存在的问题，一种改进的方式为二次探查（Quadratic Probing），即每次检查位置空间的步长为平方倍数。也就是说，如果位置 s 被占用，则首先检查 s+12 处，然后检查 s-12、s+22、s-22、s+32…以此类推，而不是像线性探查那样以 s+1、s+2…方式增长。尽管如此，二次探查同样也会导致同类哈希聚集问题（Secondary Clustering）。

C#中的 Hashtable 类（定义在 System.Cdlections 命名空间，表示键/值对的集合）的实现，要求添加元素时不仅要提供元素（Item），还要为该元素提供一个键（Key）。例如，Key 为游戏单位的 ID，Item 为游戏单位的对象。可以通过 Key 作为索引来查找 Item。

Hashtable 类所提供的一些操作，代码如下。

```
Hashtable herosDic = new Hashtable();

// 向该 Hashtable 类的实例中添加数据，使用字符串作为 key
herosDic.Add("111-11-1234", "Hero1");
herosDic.Add("111-12-1234", "Hero2");
herosDic.Add("111-13-1237", "Hero3");
herosDic.Add("111-14-1235", "Hero4");
herosDic.Add("111-15-1235", "Hero5");

// 通过 key 来访问数据
if (herosDic.ContainsKey("111-11-1234"))
{
  string heroName = (string)herosDic["111-11-1234"];
  Debug.Log("ID 为 111-11-1234 的游戏单位为:  + heroName);
}
else
  Debug.Log("ID 为 111-11-1234 的游戏单位不存在");
```

在 C#语言中，Hashtable 类所实现的哈希函数比前面介绍的游戏单位的 ID 的实现要更为复杂。哈希函数必须返回一个序数（Ordinal Value）。对于游戏单位 ID 的例子，通过截取后四位就可以实现。但实际上 Hashtable 类可以接受任意类型的值作为 Key，这都要归功于 GetHashCode 方法，一个定义在 System.Object 中的方法。GetHashCode 方法的默认实现将返回一个唯一的整数，并且保证在对象的生命周期内保持不变。

Hashtable 类中的哈希函数定义的代码如下。

```
H(key) = [GetHash(key) + 1 + (((GetHash(key) >> 5) + 1) % (hashsize -
1))] % hashsize
```

这里的 GetHash(key)默认是调用 key 的 GetHashCode 方法以获取返回的哈希值。hashsize 指的是哈希表的长度。因为要进行求模，所以最后的结果 H(key)的范围在 0 至 hashsize-1 之间。

当在哈希表中添加或获取一个元素时，会发生哈希冲突。前面简单地介绍了两种冲突解决策略，即线性探查（Linear Probing）和二次探查（Quadratic Probing）。

在 Hashtable 类中则使用的是一种完全不同的技术，称为二度哈希（rehashing，有些资料中也将其称为双重哈希（double hashing））。

二度哈希的工作原理为：有一个包含一组哈希函数 H1…Hn 的集合。当需要从哈希表中添加或获取元素时，首先使用哈希函数 H1。如果导致冲突，则尝试使用 H2。以此类推，直到 Hn。所有的哈希函数都与 H1 十分相似，不同的是它们选用的乘法因子（multiplicative factor）。

通常哈希函数 Hk 的定义的代码如下。

```
Hk(key) = [GetHash(key) + k * (1 + (((GetHash(key) >> 5) + 1) %
(hashsize - 1)))] % hashsize
```

当使用二度哈希时，重要的是在执行了 hashsize 次探查后，哈希表中的每一个位置都有且只有一次被访问到。也就是说，对于给定的 key，对哈希表中的同一位置不会同时使用 H1 和 H2。在 Hashtable 类中使用二度哈希公式，其始终保持(1 + (((GetHash(key) >> 5) + 1) % (hashsize – 1))与 hashsize 互为素数（两数互为素数，表示两者没有共同的质因子）。

二度哈希使用了Θ(m2)种探查序列，而线性探查（Linear Probing）和二次探查（Quadratic Probing）使用了Θ(m)种探查序列，因此二度哈希提供了更好的避免冲突的策略。

Hashtable 类中还包含了一个私有成员变量 loadFactor，loadFactor 指定了哈希表中元素数量与位置（slot）数量之间的最大比例。例如，如果 loadFactor 等于 0.5，则说明哈希表中只有一半的空间存放了元素值，其余一半都为空。

哈希表的构造函数允许用户指定 loadFactor 值，定义范围为 0.1 至 1.0。然而不管提供的值是多少，范围都不会超过 72%。即使传递的值为 1.0，Hashtable 类的 loadFactor 值还是 0.72。微软官方认为 loadFactor 的最佳值为 0.72，这平衡了速度与空间。因此，虽然默认的 loadFactor 为 1.0，但系统内部却自动地将其改变为 0.72。所以，建议使用缺省值 1.0（但实际上是 0.72）。

向 Hashtable 类的实例中添加新元素时，需要检查以保证元素与空间大小的比例不会超过最大比例。如果超过了，Hashtable 类实例的空间将被扩充。空间扩充的步骤如下。

（1）Hashtable 类实例的位置空间几乎被翻倍。准确地说，位置空间值从当前的素数值增加到下一个最大的素数值。

（2）因为二度哈希时，Hashtable 类实例中的所有元素值将依赖于 Hashtable 类实例的位置空间值，所以 Hashtable 类实例中保存的所有值也需要重新二度哈希。

由此看出，对 Hashtable 类实例的扩充将是以性能损耗为代价。因此应该预先估计 Hashtable 类实例中最有可能容纳的元素数量，在初始化 Hashtable 类实例时给予合适的值进行构造，以避免不必要的扩充。

不过在上文操作 Hashtable 类实例的那段代码中，不知道各位读者是否注意到在声明 Hashtable 的实例 herosDic 时，并没有为其 Key 和 Item 指定特定的种类。也就是说 Hashtable 类不是泛型的，其元素属于 Object 类型，开发人员可以指定任意的类型作为 Key 或 Item，因此 Hashtable 类不是类型安全的。但是自从 C#中引入了泛型的概念后，和 Hashtable 类似但是类型安全的，另一个大家更常接触到的类出现了，那就是 Dictionary<K,T>类。Dictionary<K,T>使用强类型来限制 Key 和 Item，当创建 Dictionary<K,T>实例时，必须指定 Key 和 Item 的类型。格式如下面代码所示。

```
    Dictionary<keyType, valueType> variableName = new Dictionary<keyType,
valueType>();
```

因此在前面提到的 Hashtable 的例子，就可以改成如下代码所示的形式。

```
    // Add some employees
    herosDic.Add(111111234) = new Hero("Hero1");
    herosDic.Add(111121234) = new Hero("Hero2");
    herosDic.Add(111131237) = new Hero("Hero3");
    herosDic.Add(111141235) = new Hero("Hero4");
    herosDic.Add(111151235) = new Hero("Hero5");

    if (employeeData.ContainsKey(111131237))
    {
      Debug.Log("Hero3 存在");
    }
```

当然，Dictionary<K,T>与 Hashtable 的不同之处还不止一处。除了支持强类型外，Dictionary<K,T>还采用了不同的冲突解决策略（Collision Resolution Strategy），这种技术称为链接技术（Chaining）。

前面使用的探查技术（Probing），如果发生冲突，则将尝试列表中的下一个位置。如果使用二度哈希（Rehashing），则将导致所有的哈希被重新计算。而链接技术（Chaining）将采用额外的数据结构来处理冲突。Dictionary<K,T>中的每个位置（slot）都映射到了一个链表。当冲突发生时，冲突的元素将被添加到桶（bucket）列表中。

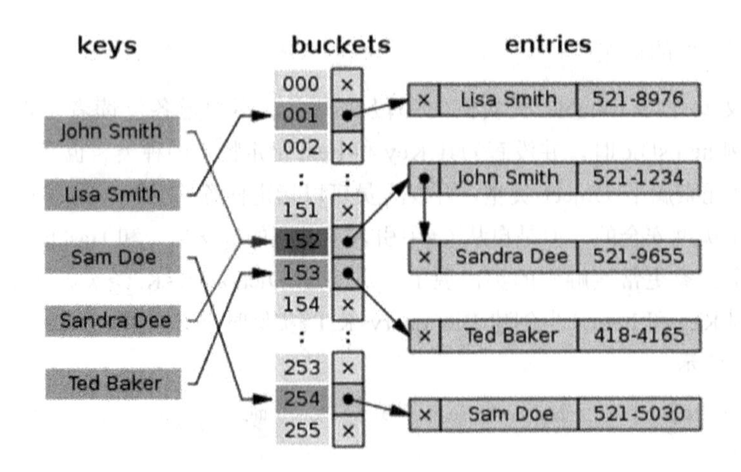

图 4-7 采用额外的数据结构来处理哈希冲突

图 4-7 描述了 Dictionary<K,T>中的每个桶（bucket）都包含了一个链表来存储相同哈希的元素。

向 Dictionary<K,T>类中添加元素的操作涉及到哈希计算和链表操作，但其仍为常量，时间为 O(1)。

对 Dictionary<K,T>进行查询和删除操作时，其平均时间取决于 Dictionary 中元素的数量和桶（bucket）的数量。具体地说就是运行时间为 O(n/m)，这里 n 为元素的总数量，m 是桶的数量。但 Dictionary 几乎总是被实现为 n=O(m)，也就是说，元素的总数绝不会超过桶的总数，所以 O(n/m)也变成了常量 O(1)。

小贴士：如何遍历一个字典？

下面的代码演示了遍历一个字典内元素的几种常用方法。

```
using System;
using System.Collections;
using System.Collections.Generic;
using UnityEngine;

public class Example : MonoBehaviour
{
    void Start()
    {
            Dictionary<string, int> list = new Dictionary<string, int>();

            list.Add("hi", 1);
```

```
            foreach (var item in list)
            {
                Debug.Log(item.Key + item.Value);
            }

            //使用 KeyValuePair<T,K>
            foreach (KeyValuePair<string, int> kv in list)
            {
                Debug.Log(kv.Key + kv.Value);
            }

            //通过键的集合取值
            foreach (string key in list.Keys)
            {
                Debug.Log(key + list[key]);
            }

            //直接取值
            foreach (int val in list.Values)
            {
                Debug.Log(val);
            }

            //当然还可以采用 for 的方法
            List<string> test = new List<string>(list.Keys);
            for (int i = 0; i < list.Count; i++)
            {
                Debug.Log(test[i] + list[test[i]]);
            }
        }
    }
```

世界上不会存在十全十美的东西，在代码的世界同样如此，也没有十全十美的类型。那么 Dictionary<K,T>类有没有缺点呢？答案当然是肯定的。不错，它的缺点就是空间。以空间换时间，通过更多的内存开销来满足对速度的追求。在创建字典时，可以传入一个容量值，但实际使用的容量并非该值。而是使用不小于该值的最小质数作为它使用的实际容量，容量的最小值是 3。当有了实际容量后，并非直接实现索引，而是通过创建额外的两个数组来实现间接索引，即 int[] buckets 和 Entry[] entries 两个数组。因此面临的情况就是，即便新建了一个空的字典，那么伴随而来的是两个长度为 3 的数组。所以当处理的数据不多时，还是慎重使用字典为好，在很多情况下使用数组也是可以的。

4.7 本章总结

本章主要介绍了在 Unity 3D 开发过程中使用 C#作为游戏脚本语言时常常会遇到的几种数据结构。

- 数组部分：Array、ArrayList、List<T>。使用情景为当元素的数量是固定的，并且需要使用下标时。
- 链表：LinkedList<T>。使用情景为当元素需要能够在列表的两端添加时。否则使用 List<T>。
- 队列和栈：Queue<T>、Stack<T>。使用情景为当需要实现 FIFO（First In First Out）时使用 Queue<T>。当需要实现 LIFO（Last In First Out）时，使用 Stack<T>，
- 哈希表和字典：Hashtable、Dictionary<K,T>。使用情景为当需要使用键值对（Key-Value）来快速添加和查找，并且元素没有特定的顺序时。

通过分析以上这几种数据结构的特点，为各位读者能够在特定的情景下准确地使用数据结构提供了一些建议和参考。

第 5 章 在 Unity 3D 中使用泛型

对于大多数从事 Unity 3D 游戏开发工作，并且使用 C#语言作为其游戏脚本语言的开发者来说，C#2 所带来的最重要的一个功能便是引入了泛型。正是由于泛型的引入，使得大量的安全检查从运行时转移到了编译时进行，C#的代码也因此获得了更加丰富的表现力。

其实从本质上来说，泛型实现了类型和方法的参数化，即类型也可以成为一种参数。就如同在一般的方法中，需要告诉该方法它所需要的参数是什么。同样在涉及到泛型类型的方法时，就像需要向方法提供参数一样，同样要告诉这个方法使用了什么类型。

那么既然是作为 C#2 所引入的最重要的一个功能，我们显然必须要先了解泛型这种机制出现的必然性。

5.1 为什么需要泛型机制

作为使用 Unity 3D 开发游戏的开发者，想必大家都十分熟悉面向对象的开发模式。这种模式之所以受人推崇，其中的一个好处便是代码的复用，也正是由于代码复用，因此使用面向对象编程时，开发效率很高。举一个简单的例子，假设我们有一个基类已经定义了它的各种功能，如果需要拓展这个基类的功能，只需要在这个基类的基础上派生出一个新的类，让它继承基类的所有能力。而派生类所做的只是重写基类的虚方法，或者是添加一些新的方法，这样就可以实现拓展基类功能的目的。但这个和本节要说的泛型机制有什么关系呢？其实很简单，泛型机制的出现，最主要的目的也是实现另一种形式的代码复用，即“逻辑复用”。

在泛型机制出现之前的 C#1 的时代，由于没有泛型的概念，因此面对不同的类型，即便使用的是同一套逻辑，仍然需要对类型进行强制转换。任何方法只要将 object 作为参数类型或者返回类型使用，那么就会有可能在某个时候触发强制类型转换。这显然是低效率的，而且可能会带来很多 Bug。而泛型的出现，则使得逻辑复用变成了可能，甚至是一件理所当然的事情。

简单地说，泛型出现之后，开发底层逻辑的人员只需要定义好功能逻辑，例如常见的排序、搜索、元素交换、元素比较等，或者是游戏中常见的寻敌、状态循环等游戏逻辑。但是定义这些逻辑的人员，并不需要指定特定的数据类型。例如第 4 章介绍的 List<T>这个数据结构，开发这个数据结构的开发人员无须事先假定 List<T>中涉及到的排序、搜索、交换等操作的类型具体是什么。又比如一个游戏中的单位可能有英雄、士兵、怪物等，但是在开发寻找敌人的通用逻辑时，逻辑开发者不必知道在具体使用时，操作的到底是英雄、士兵、怪物。也就是说，该算法可以广泛地应用于不同类型的对象。而指定逻辑要具体操作的数据类型，则是使用该逻辑的开发人员需要考虑的。

在 Unity 3D 中，C#脚本语言只允许创建泛型引用类型和泛型值类型，但是要注意的是，创建泛型枚举类型是不被允许的。

作为开发中最常见的一种数据结构，也是最常见的一个泛型类，下面用 List<T>作为例子，来讲解一下泛型的表现形式和具体操作方法，代码如下。

```
using System;
using System.Collections.Generic;
using UnityEngine;

public class Example : MonoBehaviour
{
    private void Start()
    {
        //新建一个元素类型为 string 的 List
        List<string> dinosaurs = new List<string>();

        Debug.Log("\nCapacity: {0}", dinosaurs.Capacity);
      //向 dinosaurs 添加一个 string 型对象
        dinosaurs.Add("Tyrannosaurus");
      //向 dinosaurs 添加一个 string 型对象
        dinosaurs.Add("Amargasaurus");
        //向 dinosaurs 添加一个 string 型对象
        dinosaurs.Add("Mamenchisaurus");
        //向 dinosaurs 添加一个 string 型对象
        dinosaurs.Add("Deinonychus");
        //向 dinosaurs 添加一个 string 型对象
        dinosaurs.Add("Compsognathus");
        //向 dinosaurs 添加一个 string 型对象
      dinosaurs.Add("1989");
```

```
        //向 dinosaurs 添加一个 int 型对象，报错
      dinosaurs.Add(1989);
        foreach(string dinosaur in dinosaurs)
        {
            Debug.Log(dinosaur);
        }
      string s = dinosaurs[0];
    }
    private void Update()
    {

    }
}
```

在上面这段代码中，由于 List<T>定义在 System.Collections.Generic 命名空间中，因此首先要引入这个命名空间。之后可以看到泛型 List 类的写法是类名（List）+<T>的格式，表示 List 类操作的是一个没有指定的数据类型（T）。在定义泛型类型或泛型方法时，为类型指定的任何变量都被称为类型参数，即本章刚开始的时候所提到的类型参数化，参数变量名为 T。在上面的这段代码中，T 是 string，意思是这个 List 类的实例操作的是 string 型的对象。另一个例子是索引器方法，即 C#游戏脚本语言中的 this。索引器有一个 get 访问器方法，它返回 T 类型的值以及一个 set 访问器方法，它接受 T 类型的参数。

在设计 List<T>的开发人员定义好 List<T>中的各个逻辑方法后，就可以在使用它所提供的方法时选择具体的操作类型了。例如在上面的这段代码中，指定了一个 string 类型的实参来使用 List 的各种方法，当依次使用 Add 方法，为列表添加新的 string 型对象时，都能很顺利地执行，当执行到使用 Add 方法为列表添加一个 int 型对象时，编译器会提示错误。

通过上面的讲解和例子，各位读者都应该已经明白了 C#语言引入泛型机制的原因和必要性了。下面做一个简单的总结，引入泛型所提供的好处有以下 3 点。

（1）类型安全：使用泛型类型或泛型方法来操作一个具体的数据类型时，编译器能够理解开发人员的意图，并且保证只有与制定数据类型兼容的对象才能用于该泛型类型或泛型方法。当使用不兼容类型的对象时，则会造成编译错误，甚至是在运行时抛出异常。例如在上面的代码中，对一个声明了操作类型为 string 的列表添加 int 型数据时，编译器会报错。

（2）更加清晰的代码：正如本章开始所说的，在没有引入泛型机制的 C#1 的时代，源代码中不得不进行的强制类型转换次数是很多的，因此代码相对不易维护和拓展。在引入了泛型机制后，源代码中不必进行很多强制类型转换，因此代码变得更加容易维护。例如在上面的代码中，将 List<T>中索引为 0 的元素取出来，并且赋值给一个 stirng 型的变量 s 的过程并没有强

制类型转换。

（3）更加优秀的性能：同样在本章开始就提到过的，如果没有泛型机制的话，为了使用同一套常规化的逻辑方法，则必须使用 object 作为参数或返回值的类型。但一个不得不承认的事实是，object 类型其本身其实是一个很“没有用”的存在，这是由于如果要使用 object 做一些真正具体有意义的事情，则几乎不得不进行强制类型转换，转换成目标类型。同时，由于 object 是引用类型，当实际操作类型是值类型时，则又面临另一个十分影响性能的操作——装箱操作。Mono 运行时将不得不在调用该逻辑方法之前对值类型实例进行装箱。但是，引入泛型机制后，由于能够通过该机制创建一个泛型类型或泛型方法来操作值类型，因此值类型的实例就无须执行装箱操作，反而可以直接通过传值的方式来传递了。与此同时，由于无须进行强制类型转换，因此在 Mono 运行时无须去验证这种转型是否类型安全。泛型机制使得大量的安全检查从运行时转移到了编译时进行，因此提高了代码的运行速度。

5.2 Unity 3D 中常见的泛型

由于 C#2 的语言规范提供了丰富的实现细节，基本涵盖了泛型在所有可以预见的情况下可能的行为。不过，这并不意味着我们必须了解泛型所有的实现细节，才能写出高效简洁的代码。因此，为了让各位读者尽可能快的了解和掌握泛型在 Unity 3D 开发中的使用方法，本节将主要介绍在日常开发过程中使用泛型所需要的大多数的知识点。

首先要说明的一点是，使用泛型机制最明显的是一些集合类。例如在 System.Collections.Generic 和 System.Collections.ObjectModel 命名空间中提供了很多泛型集合类，例如之前用到的泛型类 List<T>。而基于第 5.1 节中的结论，即使用泛型集合类是类型安全的，而且代码更加清晰、易于维护，同时还拥有更加出色的运行性能。除此之外，泛型类比非泛型类拥有更好的对象模型，一个直观的事实就是泛型类的虚方法更少，性能更好。因此建议各位读者使用泛型集合类，而不要使用非泛型类。

当然，C#游戏脚本语言还提供了许多泛型接口。而插入集合中的元素则可以通过实现接口来执行例如排序、查找等操作。常常提到的 List<T>类就实现了 IList<T>泛型接口，而常用的泛型接口往往也定义在 System.Collection.Generic 命名空间中。

除此之外，一个看上去和泛型好像没有什么关系的类——System.Array 类，同样值得注意。作为所有数组类型的基类，System.Array 类提供了很多静态泛型方法，例如 AsReadOnly、BinarySearch、ConvertAll、Exists、Find、FindAll、FindIndex、FindLast、FindLastIndex、ForEach、IndexOf、LastIndexOf、Resize、Sort、TrueForAll 等。

Array 中定义的这些静态泛型方法的使用，代码如下。

```
using System;
using System.Collections.Generic;
using UnityEngine;

public class Example : MonoBehaviour
{
    private void Start()
    {
        //创建一个 byte 数组
        Byte[] bytes = new Byte[]{5, 2, 1, 4, 3};
        //使用 Array 类的静态泛型方法 Sort 对 Byte 数组排序
        Array.Sort<Byte>(bytes);
        //使用 Array 类的静态泛型方法 BinarySearch 查找 Byte 数组实例 b
//ytes 中元素 1 的位置
        int targetIndex = Array.BinarySearch<Byte>(bytes,1);
        Debug.Log(targetIndex);

    }
    private void Update()
    {

    }
}
```

另一个使用泛型的例子，是随着泛型机制的引入而引入的泛型字典——Dictionary<TKey, TValue> 类。那么接下来会使用 Dictionary<TKey, TValue> 类来说明泛型类型是如何使用的。此时无须了解泛型是如何使用的，也无须熟悉泛型的语法，通过下面对 Dictionary<TKey, TValue> 类的操作，很快就能了解泛型的使用方法，并且摸索到如何写出可以运行的代码的方法。而泛型更加方便的一点，就在于泛型的出现将很多运行时才需要的检查转移到了编译时。因此，如果能够顺利通过编译时，那么这段代码就有很大的几率能够正常运行，这对初次接触泛型的开发者来说是一件十分方便的事情。

假设要开发一款战略游戏，其中存在军队（Army 类）、英雄（Hero 类）、士兵（Soldier 类）的概念，军队是英雄和士兵的集合，而英雄和士兵又同时从同一个基类——游戏单位（BaseUnit 类）派生而来，那么下面通过一个使用 Dictionary<TKey, TValue> 类来统计某个军队中某个种类的英雄出现次数的例子，来学习泛型的使用方法，代码如下。

```
using System;
using System.Collections;
using System.Collections.Generic;
```

```
using UnityEngine;

public class Example : MonoBehaviour
{
    private  Dictionary<string,  int>  counts  =  new  Dictionary<string,
int>();

    void Start()
    {
        this.counts = this.CountHeros();
        //遍历字典
        foreach(KeyValuePair<string, int> entry in this.counts)
        {
            string heroName = entry.Key;
            int count = entry.Value;
            Debug.Log("英雄: " + heroName + "出现: " + count + "次");
        }
    }

    private Dictionary<String, int> CountHeros(Army army)
    {
        if(army == null)
        {
            return null;
        }
        List<BaseUnit> allUnits = army.allUnits;
        Dictionary<string, int> tempCounts;
        tempCounts = new Dictionary<string, int>();
        //遍历军队中所有的单位，包括英雄和士兵
        foreach(BaseUnit bu in allUnits)
        {
            //判断当前单位是否是英雄，如果是，则计数加一
            if(bu is Hero)
            {
                if(tempCounts.ContainsKey(bu.name))
                {
                    tempCounts[bu.name] += 1;
                }
                else
                {
                    tempCounts[bu.name] = 1;
                }
            }
        }
```

```
            return tempCounts;
        }
    }
```

首先要说的是，在 CountHeros 这个方法中，实现了将英雄名字（string 类型）和该英雄的出现次数（int 类型）一一映射的功能。对于当前军队中的每一个英雄的名字，都要先检查一下它是否已经存在了这种映射关系，也就是说在字典中是否有以该英雄名字作为 Key 的那组映射关系。如果存在，则计数加一，也就是对应的 Value 的值加一。如果不存在，则要为这个英雄的名字和它出现的次数创建一种映射关系，也就是说要在字典中增加一个以英雄名字为 Key，1 为 Value 的元素。这里要注意的是，对 Value 值的修改，并不需要执行 int 型的强制类型转换，因为使计数递增的步骤是先对映射的索引器执行一次取值操作，取得当前的值之后再执行加一，最后在对索引器执行赋值操作。

其实“tempCounts[bu.name] += 1;”这行代码等效于下面 3 行代码。

```
int temp = tempCounts[bu.name];
temp += 1;
tempCounts[bu.name] = temp;
```

而最后需要指出的一点是如何遍历一个字典。在代码中，使用了 KeyValuePair<TKey, TValue>这个泛型类来实现对字典的访问，其中这个类型拥有两个属性，即 Key 和 Value，而 Key 和 Value 的返回类型通过传递类型实参便可以确定。

但是在没有引入泛型机制之前，和 Dictionary<TKey, TValue> 类功能类似的一个类，也是在第 4 章提到过的 Hashtable 类中，也有类似的类来实现遍历和访问的功能，那就是 DictionaryEntry 类，其中也有 Key 和 Value 这两个属性。但是由于没有泛型机制，因此为了实现普遍兼容各个类型的目的，Key 和 Value 这两个属性返回的都是 object 类型。因此，如果不引入泛型机制，则在遍历字典时对 heroName 和 count 这两个变量赋值前需要进行从 object 到 string 和 int 的强制类型转换。同时，由于要调用 Debug.Log 方法，count 还需要执行装箱操作。从这个小小的细节也能看出引入泛型机制的重要性。

接下来让我们继续通过 Dictionary<TKey, TValue>这个例子来探索一下泛型的真正含义。什么是 T、TKey 和 Tvalue？为什么它们要被“<>”括起来？

5.3 泛型机制的基础

5.2 节演示了一个使用泛型的实际情景。但是泛型机制从无到有，这背后到底发生了一些什么事情呢？

为了使泛型能够正常工作，C#语言的开发人员需要完成哪些工作呢？下面就简单列举一些为了实现泛型，而必须完成的一些工作。

- 需要创建新的 CIL 指令，在 CIL 的层面实现识别类型实参的功能。
- 修改引入泛型之前的元数据表的格式，使具有泛型参数的类型和方法能够正确表示。
- 修改具体的编程语言，例如 C#，使之能够支持新的语法。
- 修改编译器（编程语言编译为 CIL 的编译器），使编程语言（C#）能够正确地被编译为对应的 CIL 代码。
- 修改 JIT 编译器（CIL 代码编译为原生代码），使新创建的处理类型实参的 CIL 代码能够被正确地编译为对应平台的原生代码。
- 创建新的反射成员，使开发人员能够查询类型和成员，同时判断它们是否具有泛型参数。同时使开发人员能够在运行时创建泛型类型和泛型方法。

通过完成以上的工作，C#语言终于具备了泛型的机制。在 Unity 3D 的开发过程中，C#游戏脚本语言提供的泛型机制主要可以分为以下两种形式。

（1）泛型类型：包括类、接口、委托以及结构（值类型），但是需要注意的是并不包括泛型枚举。

（2）泛型方法。

5.3.1 泛型类型和类型参数

泛型类型又可以细分成很多不同的种类，例如 Dictionary<TKey, TValue>是泛型类，IDictionary<TKey, TValue>则是泛型接口。当然还有泛型委托和泛型结构。但泛型类型，同样还是一个表示一个 API 的基本形式，用一个类型参数来代表在使用时期望的类型。也就是说类型参数是真实类型（类型实参）的占位符。可以说类型参数实现了接受信息的功能，类型实参则提供实际的类型信息，这种关系和方法参数与方法实参的关系十分类似。只不过类型实参必须是类型，而不能是别的值。

可以看到在声明一个新的 Dictionary<TKey, TValue>时，例如声明一个新的变量“Dictionary<string, int> counts = new Dictionary<string, int>();”也就是说要将类型参数放到一对尖括号（<>）内，并且在必要的时候使用逗号来间隔。而 Dictionary<TKey, TValue>类的类型参数是 Tkey，代表字典中键的类型；TValue 代表字典中值的类型。当声明一个具体 Dictionary<TKey, TValue>类的实例时，需要传入真实的类型，就像上面那行代码中的 TKey 是 string 型，TValue 是 int 型。

但是需要注意的是，Mono 运行时会为各种类型创建类型对象（即类型实例）的内部数据结构。拥有泛型类型参数的泛型类型同样是类型，因此 Mono 运行时同样会为它创建内部的类型对象。但是如果没有指定泛型类型中类型参数的具体类型，在这种情况下 Mono 运行时是禁止创建它的实例的，而这种情况下具有泛型类型参数的类型就被称为开放类型。例如要创建一个没有指定 TKey 和 TValue 具体类型的类 Dictionary<, >的实例是不会成功的，这里 Dictionary<, >便是一个开放类型。

与开放类型相反的是封闭类型，我们称为所有类型参数都传递了实际的数据类型的类型为封闭类型，例如 Dictionary<string, int>便可以被称为封闭类型。如果不是所有的类型参数都被指定，而是有部分类型参数未被指定，那么也不是封闭类型，也不能创建该类型的实例。开放类型和封闭类型的各自特点，代码如下。

```
using System;
using System.Collections;
using System.Collections.Generic;
using UnityEngine;

//定义一个部分指定类型参数的开放类型
public class DictionaryOnePara<TValue> : Dictionary<string, TValue>
{
}

public class Example : MonoBehaviour
{
    private Dictionary<string, int> counts = new Dictionary<string,
int>();

    void Start()
    {
        object obj = null;
        //获得两个泛型参数都没有指定的开放类型 Dictionary<,>的类型信息
        Type type1 = typeof(Dictionary<,>);
        //创建该类型的实例，报错
        obj = CreateInstance(type1);
        Debug.Log("对象类型" + obj);

        object obj2 = null;
        //获得有一个泛型参数没有指定的开放类型 DictionaryOnePara<>的类型信息
        Type type2 = typeof(DictionaryOnePara<>);
        //创建该类型的实例，报错
        obj2 = CreateInstance(type2);
        Debug.Log("对象类型" + obj2);
```

```
        object obj3 = null;
        //获得指定全部泛型参数的封闭类型 DictionaryOnePara<int>的类型信息
        Type type3 = typeof(DictionaryOnePara<int>);
        //创建该类型的实例，成功
        obj3 = CreateInstance(type3);
        Debug.Log("对象类型" + obj3);

    }

    private static object CreateInstance(Type type)
    {
        object obj = null;
        try
        {
            obj = Activator.CreateInstance(type);
            Debug.Log("{0}类的实例创建成功！", type.ToString());
        }
        catch(ArgumentException e)
        {
            Debug.Log(e.Message);
        }
        return obj;
    }

}
```

编译上面这段代码，并且运行生成的程序，可以看到在调试窗口输出的内容如下所示。

```
System.Collections.Generic.Dictionary`2[TKey,TValue] is an open generic type
Parameter name: type
对象类型
DictionaryOnePara`1[TValue] is an open generic type
Parameter name: type
对象类型
DictionaryOnePara`1[System.Int32]类的实例创建成功！
对象类型 DictionaryOnePara`1[System.Int32]
```

可以看到在 Actiator 类调用 CreateInstance 方法来试图创建新的实例时，分别抛出了两个 ArgumentException 异常。分别是“System.Collections.Generic.Dictionary`2[TKey,TValue] is an open generic type”以及“DictionaryOnePara`1[TValue] is an open generic type”，异常消息的内容翻译过来就是无法创建该类型实例，因为该类型是开放类型。而最后由于是创建封闭类型的

实例，因此很正常地创建了出来。因此，了解泛型类型在使用过程中的开放类型和封闭类型的特点，也是十分重要的。

不过既然说泛型类型也是类型，那么泛型类型是否能够派生和继承呢？下面就介绍一下泛型类型和继承。

5.3.2 泛型类型和继承

泛型类型仍然是类型，因此它能继承别的类型，也能派生出别的类型。当指定一个泛型类型的类型参数后，Mono 运行时实际上会在幕后定义一个新的类型对象，而这个新的类型对象也从泛型类型继承的那个类型派生。

举一个例子，由于 Dictionary<TKey, TValue>派生自 Object 类，因此 Dictionary<string, int>也是从 Object 类派生的。同样在上面的例子中，DictionaryOnePara<TValue>从 Dictionary<string, TValue>类派生，因此 DictionaryOnePara<int>也是从 Dictionary<string, TValue>派生的。简单地说，指定类型实参后，Mono 运行时虽然创建了一个新的类型，但是并不影响继承关系。

那么泛型类型的类型参数被指定后，到底是如何被编译成一个新的类型的呢？具体而言，对那些使用了泛型类型参数的代码进行 JIT 编译时，Mono 运行时首先会获取其对应的 CIL 代码，并且用你指定的类型实参进行替换，最后将类型替换后的 CIL 代码编译为原生代码，因此指定了实参的泛型类型，实际上已经是一个新的类型了。但各位读者可能都能看到这种方式存在一个很大的隐患，那就是 Mono 运行时可能要为所有的“方法/实参类型”的组合生成一套原生代码，这样导致的后果就是代码编译后变得“臃肿不堪”。但是 Mono 运行时内部采用了一套优化机制来避免这种情况的发生，也就是使某个编译后的“方法/实参类型”组合能够复用。假如某个特定的类型是某个泛型方法的类型实参，该“方法/实参类型”组合只需要被编译一次，之后再调用该方法就不需要再次编译了。例如一个 Dictionary<string, int>被编译一次，之后代码中再出现 Dictionary<string, int>就不需要编译了。除此之外，Mono 运行时还有另一个优化，就是它认为所有的引用类型的实参都是完全相同的，这是因为所有的引用类型的实参，甚至是变量都是指向托管堆上某个对象的指针，因此可以采用统一的方式来处理。例如，List<String>和 List<Stream>的代码编译之后都是相同的，因为它们的类型实参 String 和 Stream 都是引用类型。但是与此相反的是，如果类型实参是值类型，则必须单独编译成原生代码。

5.3.3 泛型接口和泛型委托

提到泛型类型，人们大多想到的是类（引用类型）或者结构（值类型），但是还有一些也是属于泛型类型范畴的，例如泛型接口和泛型委托。

提起泛型接口，它最重要的作用就在于防止使用非泛型接口操作值类型时可能引起的装箱操作，以及能够提供编译时的类型安全。一个比较常见的泛型接口是定义在 System.Collections.Generic 命名空间中的迭代器接口 IEnumerator<T>。它的定义的代码如下。

```
//IEnumerator 泛型形式
public interface IEnumerator<out T> : IDisposable, IEnumerator
{

    void Dispose();
    Object Current {get;}
    T Current {get;}
    bool MoveNext();
    void Reset();
}

[ComVisibleAttribute(true)]
public interface IDisposable
{
    void Dispose();
}
```

而我们可以通过指定引用类型或值类型来作为泛型接口的类型实参，来实现泛型接口。下面就通过指定一个引用类型作为 IEnumerator<T>的类型实参来实现它，代码如下。

```
using System;
using System.Collections;
using System.Collections.Generic;
using UnityEngine;

internal class Test : IEnumerator<string>
{
 private List<string> values;
 //IEnumerator<T>的 current 属性被指定为 string 类型
 public string Current
 {
   get
   {
        return "hello world";
   }
 }
}
```

当然，也可以保持类型参数未指定的状态来实现泛型接口。举个例子，代码如下。

```
using System;
using System.Collections;
using System.Collections.Generic;
using UnityEngine;

internal class Test<T> : IEnumerator<T>
{
 private List<T> values;
 //IEnumerator<T>的类型参数未指定
 public T Current
 {
     get
     {
     ...
     }
 }
}
```

这样将在创建 Test<T>的实例时，为其指定类型实参。

在选择实现这些接口的时候，目的是使用在接口中定义的方法。例如下面在这个例子中实现了 IComparable<T>接口的 BadGuy 类，代码如下。

```
using UnityEngine;
using System.Collections;
using System;

//实现 IComparable<T>接口来实现比较
public class BadGuy : IComparable<BadGuy>
{
    public string name;
    public int power;

    public BadGuy(string newName, int newPower)
    {
        name = newName;
        power = newPower;
    }

    //这个方法要求实现 IComparable<T>接口
    public int CompareTo(BadGuy other)
    {
        if(other == null)
        {
```

```
            return 1;
        }

        //返回 power 的差值
        return power - other.power;
    }
}
```

接下来就要在游戏脚本中使用这个类，代码如下。

```
using UnityEngine;
using System.Collections;
using System.Collections.Generic;

public class SomeClass : MonoBehaviour
{
    void Start ()
    {
        //创建一个类型参数是 BadGuy 的 List<T>实例
        List<BadGuy> badguys = new List<BadGuy>();

        //添加 3 个 BadGuy 的信息
        badguys.Add( new BadGuy("chen", 50));
        badguys.Add( new BadGuy("li", 100));
        badguys.Add( new BadGuy("zhao", 5));
        //调用 list 的 sort 方法，会使用到在 BadGuy 类中定义的 CompareTo 方法
        badguys.Sort();

        foreach(BadGuy guy in badguys)
        {
            print (guy.name + " " + guy.power);
        }

        //使用完后，清空该 list
        badguys.Clear();
    }
}
```

接下来介绍泛型类型中的另一个常见的种类——泛型委托。

说到泛型委托，首先要看看 C#语言之所以支持泛型委托的原因是什么。假如没有对泛型委托的支持，那么当我们使用非泛型委托时，有可能会出现类型不能够以类型安全的方式传给回调函数，或者是在传递值类型实例给回调函数时会出现装箱操作。如果引入泛型委托，那么当定义委托类型时指定其类型实参，那么编译器便会在幕后使用指定的类型实参替换方法的参

数类型和返回值类型，那么这样就既保证了类型安全，同时也免去了操作值类型时会出现的装箱操作。

不过在泛型委托中需要特别指出的一点是，泛型委托类型实参的逆变性和协变性。简单地说，逆变性指的是指定参数的兼容性；而协变性指的是指定返回类型的兼容性。而利用泛型委托的类型实参可以被标记为协变量和逆变量的特点，可以将泛型委托类型的实例转化为相同委托类型，但是类型实参不同的类型的实例。而泛型类型参数可以是以下 3 种中的其中一种。

（1）不变量：即泛型类型参数无法更改。

（2）逆变量：即泛型类型参数可以从一个类更换为该类的某个派生类。在 C#游戏脚本中使用关键字 in 来标识一个泛型类型参数是逆变量。需要注意的是，逆变量泛型参数只能出现在传入的位置，例如方法的参数。

（3）协变量：即泛型类型参数可以从一个类更换为该类的某个基类。在 C#游戏脚本中使用关键字 out 来标识一个泛型类型参数是协变量。需要注意的是，协变量泛型参数只能出现在输出的位置，例如方法的返回值的类型。

下面这行代码是一个很有代表性的例子（Func 委托和 Action 委托是 C#中预定义的两个泛型委托），代码如下。

```
public delegate TResult Func<in T, out TResult>(T arg);
```

在这行代码中，由于类型参数 T 使用了关键字 in 标记，因此 T 是一个逆变量，而另一个类型参数 TResult 由于使用了关键字 out 来标记，因此 TResult 是一个协变量。

下面来演示一下将类型参数标记为逆变量和协变量的作用。首先，假设我们的游戏情景中有英雄（Hero 类）、士兵（Soldier）类以及它们的基类（BaseUnit）类。声明一个变量，代码如下。

```
Func<BaseUnit, String> func1 = null;
```

由于它的类型参数分别被标记为逆变量和协变量，因此像下面这样将 func1 转型为另一个参数类型不同的 Func 类型，代码如下。

```
Func<Hero, Object> func2 = func1;
Hero h = new Hero();
Object obj = func2(h);
```

可以看到在上述代码中，func1 到 func2 的转换并没有使用显式的转型。同时 func1 变量引用一个方法，需要一个 BaseUnit 类型的实例，并且返回一个 string 型的字符串。而 func2 变量则是引用另一个方法，需要一个 Hero 类型的实例，并且返回值的类型变成了 Object。由于可以将一个 Hero 类型传递给一个期待 BaseUnit 类型的方法（因为 BaseUnit 类是 Hero 类的基类），与此同时，可以获取一个类型为 string 的返回值结果，并且将该结果转换成一个 Object 类型（因为 Object 类是 String 类的基类）。因此上面的那段代码是可以正常运行的。

下面将继续介绍泛型机制的另一个大的种类——泛型方法。

5.3.4 泛型方法

一般的方法我们都十分熟悉了。对于一般的方法，可能需要向它传递一些参数，并且也有可能获取方法的某个返回值，但有一点是确定的，无论是传递给方法的参数，还是从方法获取的返回值，它们的类型都是确定的。而泛型方法则不同，除了要传递一般的方法也需要的参数，要获取一般的方法要返回的值之外，它还可以指定其类型参数是哪个类型，而类型参数所指定的类型可以作为方法参数、方法返回值，以及方法内部定义的局部变量的类型来使用。

下面通过一小段代码来直观地看一下泛型方法的样子，代码如下。

```
    public List<TOutput> ConvertAll<TOutput>(Converter<T,TOutput> converter)
{
        if( converter == null) {
            ThrowHelper.ThrowArgumentNullException  (ExceptionArgument.converter);
        }
        // @

        Contract.EndContractBlock();

        List<TOutput> list = new List<TOutput>(_size);
        for( int i = 0; i< _size; i++) {
            list._items[i] = converter(_items[i]);
        }
        list._size = _size;
        return list;
    }
```

这段代码来自 C#基础类库中 System. Collections.Generic 命名空间中的 List 中定义的一个泛型方法。

在这个例子中，显而易见的是 List 类定义了类型参数 T，ConvertAll 方法同样定义了自己的类型参数 TOutput。但是，泛型方法的声明是否有统一的格式呢？那么下面就以这个方法的声明作为例子，来分析一下声明一个泛型方法都需要哪些部分。

（1）明确访问的范围，即确定访问修饰符，此处是 public，如果不显式的支出访问修饰符，默认是 private。

（2）确定泛型方法的返回类型，此处是一个泛型 List：List<TOutput>。TOutput 是其类型参数。

（3）写出该泛型方法的方法名：ConvertAll。

（4）紧跟方法名的是泛型方法的类型参数，使用尖括号（<>）括起来：<TOutput>。

（5）参数部分，首先要明确参数的类型，此处是一个泛型委托：Converter<T,TOutput>。

（6）参数名称了：converter。

一个泛型方法的声明，大体上便是由上面几个部分组成的。而正是因为引入了泛型机制、使用了类型参数，List 类可以处理任何的类型，而 ConvertAll 方法则能将_items 字段中元素的类型转换成 TOutput 型。而由于类型参数 TOutput 是在调用该方法时指定的，因此 ConvertAll 这个方法可以将传入的类型转换成任意的目标类型。从这个例子中可以发现，正是由于泛型方法的存在，使开发者在使用 C#作为游戏脚本语言开发 Unity 3D 游戏时获得了极大的灵活性。下面就使用以下 List 类中的这个 ConvertAll 方法，来看看泛型方法是如何被调用的吧，代码如下。

```
using UnityEngine;
using System.Collections;
using System.Collections.Generic;

public class SomeClass : MonoBehaviour
{
    void Start ()
    {
        //创建一个新的 List 类实例，并且填充数据
        List<int> nums = new List<int>();
        nums.Add(1);
        nums.Add(9);
        nums.Add(8);
        nums.Add(9);
        //创建委托实例
        Converter<int, string> converter = this.TakeIntToString;
        //创建目标类型为 string 的 List
        List<string> strings = new List<string>();
        //指定 ConvertAll<TOutput>中的类型参数 TOutput 为 string 型的
        strings = nums.ConvertAll<string>(converter);
        //输出结果
        foreach(string s in strings)
        {
            Debug.Log(s);
        }
```

```
        }
        //定义一个方法 TakeIntToString 将 int 型参数转化成字符串 string 型输出
        public string TakeIntToString(int num)
        {
            return num.ToString();
        }
    }
```

这个例子展示了如何指定泛型方法的类型实参，并且调用它，同时还演示了如何创建一个泛型委托的实例。

那么各位读者看到这里，是否又有了一个新的疑问呢？上面的这个例子，一个泛型方法（ConvertAll）被定义在了一个泛型类型（List）中，那么一个非泛型类型中能否定义泛型方法呢？答案是肯定的。下面便是一个非泛型类实现泛型方法的例子，代码如下。

```
    using System;
    using System.Collections.Generic;
    using UnityEngine;

    public static class Example
    {
        public static object LoadData(string fileName)
        {
            JsonReaderHelper helper = new JsonReaderHelper();
            try
            {
                return helper.Read(fileName);
            }
            catch (Exception exception)
            {
                Debug.LogError(exception.Message);
            }
            return null;
        }

        public static void SaveData(object item, string fileName)
        {
            new JsonWriterHelper().Save(fileName, item);
        }

        public static T TryGetData<T>(Dictionary<string, object> map, string
key)
        {
```

```
            if (map.ContainsKey(key))
            {
                return (T) map[key];
            }
            return default(T);
        }
    }
```

可以看到在非泛型类 Example 中，定义了两个一般的静态方法 LoadData 和 SaveData，并且同时还定义了一个泛型方法 TryGetData，类型参数为 T。这个泛型方法实现了从字典中取值（object），并且按照指定的类型实参，将从字典中获取的 object 类型的值强制转换为目标类型。例如，如果指定 T 为 string 型，则取出的值便是 string 型。

接下来讲一下泛型中另外一个十分重要的知识点——泛型中的类型约束和类型推断。

5.4 泛型中的类型约束和类型推断

类型约束，主要被用来进一步控制和约束指定的类型实参究竟是什么类型。常常在开发者自定义自己的泛型类型和泛型方法时使用。

而类型推断则指在使用泛型方法时并非一定要显式的声明类型实参。

下面就分别来了解一下泛型的这两个知识点。

5.4.1 泛型中的类型约束

类型约束，从名字上也能猜到它的作用究竟是什么了。我们之前遇到的那些泛型类型和泛型方法在指定类型实参时似乎并没有考虑到需要什么约束条件，例如 List<T> 和 Dictionary<TKey, TValue>。这是由于编译器在编译泛型代码时会进行分析，以确保代码适用于当前已有或将来可能定义的类型。例如下面这段代码。

```
private static bool Example<T> (T obj)
{
 T tempObj = obj;
 Debug.Log(tempObj.ToString());
 bool b = tempObj.Equals(obj);
 return b;
}
```

在这段代码中，我们定义了一个泛型方法 Example。在 Example 方法中，首先声明了一个

T 类型的局部变量 tempObj。然后对 tempObj 这个变量进行了复制操作，并且调用了 ToString 和 Equals 方法。可以看到 Example 方法是适用于任何类型的，无论类型参数 T 的实际类型究竟是引用类型、值类型或者是接口、委托，Example 方法都能够正常的运行。这是因为 Example 方法中的操作，适合所有的类型，无论是赋值还是调用 ToString 和 Equals 方法，因为所有的类型都自 Object 而来，而对 Object 类型的变量赋值和调用 ToString 和 Equals 方法显然是合法的。但是否存在一些泛型方法，它们的操作只适合某一部分类型而非所有的类型呢？带着这个疑问，一起来看一看下面的这个例子，代码如下。

```
private static T Example2<T> (T obj1, T obj2)
{
 if(obj1.CompareTo(obj2) > 0)
 {
     return obj1;
 }
 return obj2;
}
```

在定义的 Example2 这个泛型方法中，没有赋值操作，也没有调用 ToString 和 Equals 方法的操作，取而代之的是 obj1 调用了 CompareTo 这个方法。但是问题来了，因为很多类型是没有定义 CompareTo 方法的，因此无法保证 Example2 这个泛型方法适合所有的类型，所以最终的结果是 C#的编译器无法编译这段代码，如果强制使用 Mono 的 mcs 编译器（Mono 提供的用来编译 C#代码的编译器）来编译这段代码会得到如下所示的报错。

```
error CS1061: Type `T' does not contain a definition for `CompareTo' and no extension method `CompareTo' of type `T' could be found. Are you missing an assembly reference?
```

如果看到这里，各位读者是否会有一个疑问呢？泛型机制能够做的事情似乎和直接使用 Object 类型差不多。这便是体现泛型的类型约束的价值的地方，我们可以通过制定规则来判断哪些是泛型类型或泛型方法能接受的有效类型实参。

如果要使用类型约束，则需要注意约束要放到泛型类型或泛型方法声明的末尾，通过关键字 where 来引入。上面的 Example2 方法，可以通过引入约束来使它通过编译，修改后的 Example2 的代码如下。

```
private static T Example2<T> (T obj1, T obj2) where T : IComparable<T>
{
 if(obj1.CompareTo(obj2) > 0)
 {
     return obj1;
 }
 return obj2;
```

```
}
```

这里使用where关键字来告诉编译器为类型参数T指定的任何类型都必须实现同类型的泛型接口IComparable。只要这个约束存在，那么凡是符合约束的类型都可以成为Example2的类型实参，并且在Example2方法内调用CompareTo方法，这是由于IComparable<T>接口已经定义了CompareTo方法。

通过上面的例子，可以发现泛型中的类型约束的作用。那么到底存在几种约束的形式呢？

第1种约束——引用类型约束

引用类型约束是常见的一种约束形式。它保证了使用的类型实参必须是引用类型的。写作"T : Class"且必须是类型参数的第一个约束。指定了引用类型约束后，类型实参只能是类、接口、数组、委托等引用类型。例如我们声明一个简单的泛型类型，代码如下。

```
struct Example<T> where T : class
```

我们声明了一个结构（struct）Example，因此Example是值类型的。但这并不影响它的类型参数被约束为必须是引用类型。所以类型本身和类型参数的类型之间的区别我们一定要清楚，例如Example<string>类型是值类型，但是它的类型参数T是引用类型string。

下面是关于Example<T>的一些合法的类型实参和非法的类型实参的例子。

合法的类型实参。

- Example<string>。
- Example< IComparable>。
- Example<int[]>。

非法的类型实参。

- Example<int>。
- Example<float>。

第2种约束——值类型约束

值类型约束和引用类型约束对应，它保证了类型实参必须是值类型，写作"T : struct"。指定了值类型约束后，类型实参只能是结构、枚举等值类型。例如我们声明一个简单的泛型类型，代码如下。

```
class Example<T> where T : struct
```

Example类本身是引用类型，但是它的类型参数T被约束为值类型。

下面是关于Example<T>的一些合法的类型实参和非法的类型实参的例子。

合法的类型实参。

- Example<int>。
- Example< float>。
- Example<bool>。

非法的类型实参。

- Example<Object>。
- Example<string>。

第 3 种约束——构造函数类型约束

顾名思义，构造函数类型约束主要用来检查类型实参是否有可用于创建类型实例的无参数构造函数，写作“T : new()”且必须是类型参数的所有约束的最后一个。例如下面这个例子，代码如下。

```
using UnityEngine;
using System.Collections;
using System.Collections.Generic;

public class SomeClass : MonoBehaviour
{
    void Start ()
    {

    }

   public T CreateGameInstance<T>() where T : new()
   {
      return new T();
   }
}
```

SomeClass 类中定义的 CreateGameInstance 方法使用关键字 where 引入了构造函数类型约束（where T : new()），因此指定的类型实参拥有不需要参数的构造函数时，这个方法会返回该类型的一个新的实例。因此 CreateGameInstance<int>和 CreateGameInstance<object>都可以正常工作。但是 CreateGameInstance<string>无法正常工作，这是由于 string 类型没有无参构造函数。

构造函数类型约束经常被用在工厂风格的设计模式中，在这种模式中，一个对象会在需要时创建另一个对象。

第 4 种约束——转换类型约束

转换类型约束的特点是指定的类型实参的类型必须可以通过一致性转换引用转换，甚至是装箱来转换为约束的类型。下面举几个例子。

一致性转换，代码如下。

```
class Example<T> where T : Stream

//合法的类型实参
Example<Stream>
//非法的类型实参
Example<int>
```

引用转换，代码如下。

```
struct Example<T> where T : IDisposable

//合法的类型实参
Example<SqlConnection>
//非法的类型实参
Example<string>
```

装箱转换，代码如下。

```
class Example<T> where T : IComparable<T>

//合法的类型实参
Example<int>
//非法的类型实参
Example<object>
```

当然，虽然转换类型约束只能指定一个类，但是却可以指定多个接口。例如下面这行代码。

```
class Example<T> where T : Stream, IComparable<T>, IDisposable
```

4 种常见的类型约束已经介绍完了，如果这 4 种类型约束读者朋友都已经掌握了，那么下面再来尝试将这 4 种类型约束组合起来共同发挥作用吧！

类型约束的组合

在日常的开发工作中，我们也常常需要使用多个类型约束来更好地使用泛型类型或泛型方法。那么类型约束究竟应该如何组合在一起呢？首先，可以肯定的一点是不同类型的约束条件是不能够出现在一个组合内的。举个例子，如果约束条件为引用类型“T : class”，那么就不可能再添加一个值类型的约束条件“T : struct”，这是因为没有谁既是引用类型又是值类型。

还需要注意的一点是，值类型是有无参数构造函数的，因此如果约束了值类型，那么就不再需要指定另一个构造函数约束了。当然还需要注意的是，当多个类型约束组合在一起时它们的先后顺序。

让我们将一组类型约束的组合中的约束划分一下，可以得到几个分类，分别是主要约束、次要约束，以及构造函数约束。主要约束包括引用类型约束、值类型约束，以及指定为类的转换类型约束；次要约束则包括接口或其他类型参数的转换类型约束。这样我们的类型约束组合的组成就变得十分清晰了，主要约束是可选的，但只能有一个；次要约束可以有多个；构造函数约束也是可选的，只不过当主要约束是值类型约束时就不再需要构造函数约束了。

下面看几个合法的类型约束组合和不合法的类型约束组合的例子。

合法的类型约束组合。

- class Example<T> where T : class, IComparable<T>, IDisposable, new()。
- class Example<T> where T : struct, IDisposable。
- class Example<T, U> where T : struct where U : class。
- class Example<T, U> where T : String where U : IComparable<T>。

不合法的类型约束组合。

- class Example<T> where T : class, struct。
- class Example<T> where T : struct, new()。
- class Example<T> where T : new(), Stream。
- class Example<T> where T : IDisposable, Stream。
- class Example<T, U> where T : struct where U : class, T。

到此，泛型机制中的类型约束部分就介绍完了。下面继续介绍泛型中的另一个知识点——类型推断。

5.4.2 类型推断

不知道各位读者在使用 C#开发的时候，是否发现过一个问题，那就是调用泛型方法时，既然方法本身的实参是确定的，那么方法的类型实参显然就可以确定了，因此指定类型实参常常变得多此一举。而且因为泛型语法中存在大量的“<”和“>”符号，使得在使用泛型方法时语法变得十分冗杂，因此 Mono 的编译器支持在调用泛型方法时进行类型推断。需要特别强调的是，类型推断只适用于泛型方法，而不适用于泛型类型。

下面的代码可以演示一下类型推断的使用方法，代码如下。

```
using UnityEngine;
using System.Collections;
using System.Collections.Generic;

public class SomeClass : MonoBehaviour
{
    void Start ()
    {
     int num1 = 1;
     int num2 = 2;
     //能够正确的进行类型推断
     GenericExampleMethod(ref num1, ref num2);

     string str1 = "hello world";
     float numF = 0.1f;
     //不能够正确的进行类型推断
     GenericExampleMethod(ref str1, ref numF);
    }

   public static void GenericExampleMethod<T>(T obj1, T obj2)
   {
      Debug.Log(obj1.ToString());
      Debug.Log(obj2.ToString());
   }
}
```

可以看到在这段代码中，调用 GenericExampleMethod 方法时并没有在尖括号（<>）中指定类型实参。在第一次调用 GenericExampleMethod 方法时，Mono 的编译器推断 num1 和 num2 都是 int 型变量，所以在幕后 Mono 编译器自动使用 int 类型实参来调用 GenericExampleMethod 方法。而在第二次调用 GenericExampleMethod 方法时，由于 str1 和 numF 分别是 string 型和 float 型，面对不同的数据类型，Mono 的编译器无法确定要为 GenericExampleMethod 方法传递什么类型实参，因此在编译时会报如下所示的错误。

```
   error CS0411: The type arguments for method `
SomeClass.GenericExampleMethod<T>(T, T)' cannot be inferred from the usage.
Try specifying the type arguments explicitly
```

简单总结一下在C#中类型推断的基本步骤。

（1）对于方法中的每一个方法实参（不是类型实参），都进行推断来确定其类型。

（2）验证上一步中的所有方法实参的类型都是一致的，如果从一个方法实参推断出的类型实参和从另一个方法实参推断出的类型实参不一致，那么这次方法调用的类型推断便是失败的。

（3）验证泛型方法所需要的所有类型实参都已经被推断出来。让编译器推断一部分，而自己显式的指定一部分是不被允许的。

5.5 本章总结

在本章最后，提供一个例子作为泛型机制的总结，代码如下。

```
/// <summary>
/// XmlToEgg
/// Created by chenjd
/// http://www.cnblogs.com/murongxiaopifu/
/// </summary>
using System;
using System.Collections.Generic;
using System.Linq;
using System.Text;
using System.Xml.Linq;
using System.IO;
using System.Reflection;
using System.Reflection.Emit;

namespace EggToolkit
{
 public static class XmlToEgg<T> where T : class
 {
     private static string path;
     private static T target;

     static XmlToEgg()
     {
     }
     /// <summary>
     /// Sets the xml path.
     /// </summary>
     public static void SetXmlPath(string p)
     {
         path = p;
     }
     /// <summary>
     /// Loads the XML Files.
     /// </summary>
```

```
        private static XElement LoadXML()
        {
            if(path == null)
                return null;
            XElement xml = XElement.Load(path);
            return xml;
        }
        /// <summary>
        /// Creates the class initiate.
        /// </summary>
        private static void CreateInitiate()
        {
            Type t = typeof(T);
            ConstructorInfo ct = t.GetConstructor(System.Type.EmptyTypes);
            target = (T)ct.Invoke(null);
        }
        /// <summary>
        /// attribute assignment,
        /// 由于反射中设置字段值的方法会涉及到赋值的目标类型和当前类型的转化
        /// 所以需要使用 Convert.ChangeType 进行类型转化
        /// </summary>
        public static T ToEgg()
        {
            if(target != null)
            {
                target = null;
            }
            CreateInitiate();
            XElement xml = LoadXML();
            Type t = target.GetType();
            FieldInfo[] fields = t.GetFields();
            string fieldName = string.Empty;
            foreach(FieldInfo f in fields)
            {
                fieldName = f.Name;
                if(xml.Element(fieldName) != null)
                {
                    f.SetValue(target, Convert.ChangeType
(xml.Element(fieldName).Value, f.FieldType));
                }
            }
            return target;
        }
    }
```

```
}
```

在这段代码中，包括了如何定义一个泛型类型、如何定义一个泛型方法，以及如何使用泛型类型约束。通过这个例子，各位读者应该可以对泛型机制有了一个更加直观的认识。

本章一开始提出了为何需要引入泛型机制的问题，通过分析原因，我们了解了引入泛型机制所带来的好处，包括以下 3 点。

（1）类型安全。

（2）更加清晰的代码。

（3）更加优秀的性能。

在了解了泛型机制所带来的好处后，在 Unity 3D 的游戏脚本中演示了如何使用泛型类型和泛型方法，从最直观的角度向读者介绍泛型的用法，并引出了泛型机制的两大种类，即泛型类型和泛型方法。

最后则介绍了泛型机制中同样很有用的两种特性，即类型约束和类型推断。

第 6 章 在 Unity 3D 中使用委托

在设计模式中，有一种常常会用到的设计模式——观察者模式。那么这种设计模式和“如何在 Unity 3D 中使用委托”有什么关系呢？

首先来看看报纸和杂志的订阅是怎么回事。

（1）报社的任务便是出版报纸。

（2）向某家报社订阅他们的报纸，只要他们有新的报纸出版便会向你发放。也就是说，只要你是他们的订阅客户，便可以一直收到新的报纸。

（3）如果不再需要这份报纸，则可以取消订阅。取消订阅后，报社便不会再送新的报纸过来。

（4）报社和订阅者是两个不同的主体，只要报社还一直存在着，不同的订阅者便可以来订阅或取消订阅。

如果各位读者能看明白所说的报纸和杂志是如何订阅的，那么也就了解了观察者模式到底是怎么回事了。除了名称不大一样，在观察者模式中，报社或者说出版者被称为“主题（Subject）”，而订阅者则被称为“观察者（Observer）”。将报社和订阅者的关系移植到观察者模式中，就变成了这样：主题（Subject）对象管理某些数据，当主题内的数据改变时，便会通知已经订阅（注册）的观察者，而已经注册主题的观察者，此时便会收到主题数据改变的通知并自动更新，而没有注册的观察者则不会被通知。

当我们试图去勾勒观察者模式时，可以使用报纸订阅服务，或者出版者和订阅者来比拟。而在实际开发中，观察者模式被定义为如下所示内容。

> **观察者模式**：定义了对象之间的一对多依赖，这样一来，当一个对象改变状态时，它的所有依赖者都会收到通知并自动更新。

那么介绍了这么多观察者模式，是不是也该说一说委托了呢？C#语言通过委托来实现回调函数的机制，而回调函数是一种很有用的编程机制，可以被广泛地运用在观察者模式中。

那么 Unity 3D 本身是否提供了这种机制呢？答案也是肯定的，那么和委托又有什么区别呢？

6.1 向 Unity 3D 中的 SendMessage 和 BroadcastMessage 说拜拜

当然，不可否认 Unity 3D 游戏引擎的出现是游戏开发者的一大福音。但不得不说的是，在 Unity 3D 的游戏脚本的架构中是存在一些缺陷的。一个很好的例子就是围绕 SendMessage 和 BroadcastMessage 而构建的消息系统。之所以说 Unity 3D 的这套消息系统存在缺陷，主要是由于 SendMessage 和 BroadcastMessage 过于依赖反射机制（reflection）来查找消息对应的被调用的函数。频繁使用反射自然会影响性能，但是性能的损耗还并非是最为严重的问题，更加严重的问题是使用这种机制后代码的维护成本。为什么说这样做是一个很糟糕的事情呢？因为使用字符串来标识一个方法可能会导致很多隐患的出现。举一个例子，假如开发团队中某个开发者决定要重构某些代码，但是这部分代码便是那些可能要被这些消息调用的方法定义的代码，那么如果方法被重新命名甚至被删除，是否会导致很严重的隐患呢？答案是肯定的。这种隐患的可怕之处并不在于可能引发的编译时错误。恰恰相反，这种隐患的可怕之处在于编译器可能都不会报错来提醒开发者某些方法已经被改名甚至是不存在了，面对一个看上去能够正常的运行的程序而失去对可能存在 Bug 的警觉是最可怕的，而什么时候这个隐患会爆发呢？就是触发了特定的消息而找不到对应的方法时，但这时发现问题所在往往已经太迟了。

另一个潜在的问题是由于使用了反射机制，因此 Unity 3D 的这套消息系统也能够调用声明为私有方法的。但是如果一个私有方法在声明的类的内部没有被使用，那么正常的想法肯定都认为这是一段废代码，因为在这个类的外部不可能有人会调用它。那么对待废代码的态度是什么呢？我想很多开发者都会选择“消灭”这段废代码，那么同样的隐患又会出现，可能在编译时并没有问题，甚至程序也能正常运行一段时间，但是只要触发了特定的消息而没有对应的方法，那便是这种隐患爆发的时候。因此，是时候向 Unity 3D 中的 SendMessage 和 BroadcastMessage 说拜拜了，让我们选择 C#的委托来实现自己的消息机制。

6.2 认识回调函数机制——委托

在非托管代码 C/C++中也存在类似的回调机制，但是这些非成员函数的地址仅仅是一个内存地址。而这个地址并不携带任何额外的信息，例如函数的参数个数、参数类型、函数的返回值类型，因此说非托管 C/C++代码的回调函数不是类型安全的。而 C#中提供的回调函数的机制便是委托，一种类型安全的机制。为了直观的了解委托，先来看段代码，代码如下。

```
using UnityEngine;
using System.Collections;


public class DelegateScript : MonoBehaviour
{
    //声明一个委托类型，它的实例引用一个方法
    internal delegate void MyDelegate(int num);
    MyDelegate myDelegate;


    void Start ()
    {
        //委托类型 MyDelegate 的实例 myDelegate 引用的方法
        //是 PrintNum
        myDelegate = PrintNum;
        myDelegate(50);
        //委托类型 MyDelegate 的实例 myDelegate 引用的方法
        //是 DoubleNum
        myDelegate = DoubleNum;
        myDelegate(50);
    }

    void PrintNum(int num)
    {
        Debug.Log ("Print Num: " + num);
    }

    void DoubleNum(int num)
    {
        Debug.Log ("Double Num: " + num * 2);
    }
}
```

下面来看看这段代码做的事情。在最开始，可以看到 internal 委托类型 MyDelegate 的声明。委托要确定一个回调方法签名，包括参数以及返回类型等。在本例中 MyDelegate 委托制定的

回调方法的参数类型是 int 型，同时返回类型为 void。

DelegateScript 类还定义了两个私有方法 PrintNum 和 DoubleNum，它们分别实现了打印传入的参数和打印传入的参数的两倍的功能。在 Start 方法中，MyDelegate 类的实例 myDelegate 分别引用了这两个方法，并且分别调用了这两个方法。

看到这里，不知道各位读者是否会产生一些疑问，为什么一个方法能够像这样“myDelegate = PrintNum;”“赋值”给一个委托呢？这便不得不提 C#2 为委托提供的方法组转换。回溯 C#1 的委托机制，也就是十分原始的委托机制中，如果要创建一个委托实例就必须要同时指定委托类型和要调用的方法（执行的操作），因此刚刚的那行代码就要被改为如下所示的内容。

```
new MyDelegate(PrintNum);
```

即便回到 C#1 的时代，这行创建新的委托实例的代码看上去似乎并没有让开发者产生什么不好的印象，但是如果是作为较长的一个表达式的一部分时，就会让人感觉很冗繁了。一个明显的例子是在启动一个新的线程时候的表达式，代码如下。

```
Thread th = new Thread(new ThreadStart(Method));
```

这样看起来，C#1 中的方式似乎并不简洁。因此 C#2 为委托引入了方法组转换机制，即支持从方法到兼容的委托类型的隐式转换。就如同开始的例子中做的那样，代码如下。

```
//使用方法组转换时，隐式转换会将
//一个方法组转换为具有兼容签名的
//任意委托类型
myDelegate = PrintNum;
Thread th = new Thread(Method);
```

而这套机制之所以叫作方法组转换，一个重要的原因就是由于重载，可能不止一个方法适用。例如下面这段代码所演示的。

```
using UnityEngine;
using System.Collections;


public class DelegateScript : MonoBehaviour
{
    //声明一个委托类型，它的实例引用一个方法
delegate void MyDelegate(int num);
    //声明一个委托类型，它的实例引用一个方法
    delegate void MyDelegate2(int num, int num2);

    MyDelegate myDelegate;
```

```
    MyDelegate2 myDelegate2;

    void Start ()
    {
        //委托类型 MyDelegate 的实例 myDelegate 引用的方法
        //是 PrintNum
        myDelegate = PrintNum;
        myDelegate(50);
        //委托类型 MyDelegate2 的实例 myDelegate2 引用的方法
        //是 PrintNum 的重载版本
        myDelegate2 = PrintNum;
        myDelegate2(50,50);
    }

    void PrintNum(int num)
    {
        Debug.Log ("Print Num: " + num);
    }

    void PrintNum(int num1, int num2)
    {
        int result = num1 + num2;
        Debug.Log ("result num is : " + result);
    }
}
```

这段代码中有两个方法名相同的方法，即“void PrintNum(int num)”和“void PrintNum(int num1, int num2)”。

那么根据方法组转换机制，在向一个 MyDelegate 或一个 MyDelegate2 赋值时，都可以使用 PrintNum 作为方法组（此时有两个 PrintNum，因此是“组”），编译器会选择合适的重载版本。

当然，涉及到委托的还有它的另外一个特点——委托参数的逆变性和委托返回类型的协变性。这个特性也介绍过，但是这里为了使读者加深印象，因此要具体介绍委托的这种特性。

在为委托实例引用方法时，C#允许引用类型的协变性和逆变性。协变性是指方法的返回类型可以是从委托的返回类型派生的一个派生类，也就是说协变性描述的是委托返回类型。逆变性则是指方法获取的参数的类型可以是委托的参数的类型的基类，换言之逆变性描述的是委托的参数类型。

例如，我们的项目中存在的基础单位类（BaseUnitClass）、士兵类（SoldierClass）以及英雄类（HeroClass），其中基础单位类 BaseUnitClass 作为基类派生出了士兵类 SoldierClass 和英雄类 HeroClass，那么可以定义一个委托，代码如下。

```
delegate Object TellMeYourName(SoldierClass soldier);
```

那么我们完全可以通过构造一个该委托类型的实例来引用具有以下原型的方法，代码如下。

```
string TellMeYourNameMethod(BaseUnitClass base);
```

在这个例子中，TellMeYourNameMethod 方法的参数类型是 BaseUnitClass，它是 TellMeYourName 委托的参数类型 SoldierClass 的基类，这种参数的逆变性是允许的。而 TellMeYourNameMethod 方法的返回值类型为 string，是派生自 TellMeYourName 委托的返回值类型 Object 的，因此这种返回类型的协变性也是允许的。但是有一点需要指出的是，协变性和逆变性仅仅支持引用类型，所以如果是值类型或 void 则不支持。下面举一个例子，如果将 TellMeYourNameMethod 方法的返回类型改为值类型 int，代码如下。

```
int TellMeYourNameMethod(BaseUnitClass base);
```

这个方法除了返回类型从 string（引用类型）变成了 int（值类型）之外，什么都没有被改变，但是如果要将这个方法绑定到刚刚的委托实例上，编译器会报错。虽然 int 型和 string 型一样，都派生自 Object 类，但是 int 型是值类型，因此是不支持协变性的。这一点在实际开发中一定要注意。

学习本节的内容使大家直观的认识了委托如何在代码中使用，以及通过 C#2 引入的方法组转换机制为委托实例引用合适的方法，以及委托的协变性和逆变性。

6.3 委托是如何实现的

重新定义一个委托并创建它的实例，然后再为该实例绑定一个方法并调用它，代码如下。

```
internal delegate void MyDelegate(int number);
MyDelegate myDelegate = new MyDelegate(myMethod1);
myDelegate = myMethod2;
myDelegate(10);
```

从表面看，委托似乎十分简单。拆分一下这段代码：用 C#中的 delegate 关键字定义了一个委托类型 MyDelegate；使用 new 操作符来构造一个 MyDelegate 委托的实例 myDelegate，通过构造函数创建的委托实例 myDelegate 此时所引用的方法是 myMethod1，然后通过方法组转换为 myDelegate 绑定另一个对应的方法 myMethod2；最后，用调用方法的语法调用回调函数。看上去一切都十分简单，但实际情况是这样吗？

事实上编译器和 Mono 运行时在幕后做了大量的工作来隐藏委托机制实现的复杂性。

下面将目光重新聚焦在刚刚定义委托类型的那行代码上，代码如下。

```
internal delegate void MyDelegate(int number);
```

这行代码对开发者们来说是十分简单的代码。代码背后，编译器为我们做了哪些幕后的工作呢？

使用 Refactor 反编译 C#程序，可以看到的结果，如图 6-1 所示。

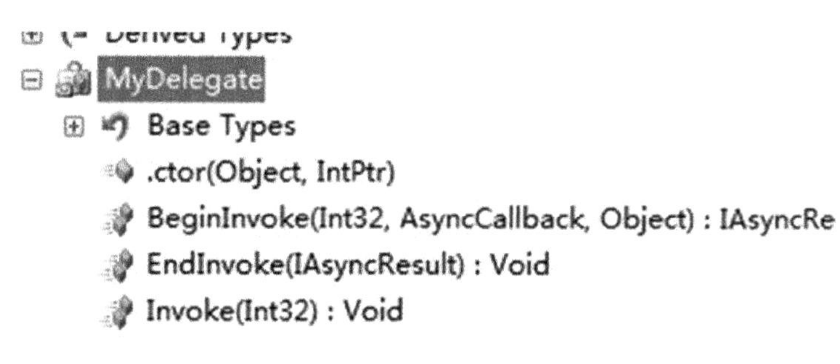

图 6-1　委托 MyDelegate 类反编译后的结构

可以看到，编译器实际上定义了一个完整的类 MyDelegate，代码如下。

```
internal class MyDelegate : System.MulticastDelegate
{
 //构造器
 [MethodImpl(0, MethodCodeType=MethodCodeType.Runtime)]
 public MyDelegate(object @object, IntPtr method);

 // Invoke 这个方法的原型和源代码指定的一样
 [MethodImpl(0, MethodCodeType=MethodCodeType.Runtime)]
 public virtual void Invoke(int number);

 //以下的两个方法实现对绑定的回调函数的一步回调
 [MethodImpl(0, MethodCodeType=MethodCodeType.Runtime)]
 public virtual IAsyncResult BeginInvoke(int number, AsyncCallback callback, object @object);
 [MethodImpl(0, MethodCodeType=MethodCodeType.Runtime)]
 public virtual void EndInvoke(IAsyncResult result);

}
```

可以看到，编译器为 MyDelegate 类定义了 4 个方法：一个构造器、Invoke、BeginInvoke 以及 EndInvoke。而 MyDelegate 类本身又派生自基础类库中定义的 System.MulticastDelegate 类

型，所以这里需要说明的一点是，所有的委托类型都派生自 System.MulticastDelegate。但是各位读者可能也会了解到在 C#的基础类库中还定义了另外一个委托类 System.Delegate，甚至 System.MulticastDelegate 也是从 System.Delegate 派生而来，而 System.Delegate 则继承自 System.Object 类。那么为何会有两个委托类呢？这其实是 C#的开发者留下的历史遗留问题，虽然所有我们自己创建的委托类型都继承自 MulticastDelegate 类，但是仍然会有一些 Delegate 类的方法被用到。最典型的例子便是 Delegate 类的两个静态方法 Combine 和 Remove，而这两个方法的参数都是 Delegate 类型的，代码如下。

```
public static Delegate Combine(
 Delegate a,
 Delegate b
)

public static Delegate Remove(
 Delegate source,
 Delegate value
)
```

由于我们定义的委托类派生自 MulticastDelegate，而 MulticastDelegate 又派生自 Delegate，因此我们定义的委托类型可以作为这两个方法的参数。

再回到 MyDelegate 委托类，由于委托是类，因此凡是能够定义类的地方，都可以定义委托，所以委托类既可以在全局范围中定义，也可以嵌套在一个类型中定义。同样，委托类也有访问修饰符，既可以通过指定委托类的访问修饰符，例如 private、internal、public 等来限定访问权限。

由于所有的委托类型都继承于 MulticastDelegate 类，因此它们也继承了 MulticastDelegate 类的字段、属性以及方法，下面列出 3 个最重要的非公有字段，如表 6-1 所示。

表 6-1 MulticastDelegate 类的重要非公有字段

字 段	类 型	作 用
_target	System.Object	当委托的实例包装一个静态方法时，该字段为 null；当委托的实例包装的是一个实例方法时，这个字段引用的是回调方法要操作的对象。也就是说，这个字段的值是要传递给实例方法的隐式参数 this
_methodPtr	System.IntPtr	一个内部的整数值，运行时用该字段来标识要回调的方法
_invocationList	System.Object	该字段的值通常为 null。当构造委托链时它引用一个委托数组

需要注意的一点是，所有的委托都有一个获取两个参数的构造方法，这两个参数分别是对

对象的引用，以及一个 IntPtr 类型的用来引用回调函数的句柄（IntPtr 类型被设计成整数，其大小适用于特定平台。即此类型的实例在 32 位硬件和操作系统中将是 32 位，在 64 位硬件和操作系统中将是 64 位。IntPtr 对象常常可用于保持句柄。例如 IntPtr 的实例广泛地用在 System.IO.FileStream 类中来保持文件句柄）。代码如下。

```
public MyDelegate(object @object, IntPtr method);
```

但是回去看一看我们构造委托类型新实例的代码，代码如下。

```
MyDelegate myDelegate = new MyDelegate(myMethod1);
```

似乎和构造器的参数对不上呀？那为何编译器没有报错，而是让这段代码通过编译了呢？原来 C#的编译器知道要创建的是委托的实例，因此会分析代码来确定引用的是哪个对象和哪个方法。分析之后，将对象的引用传递给 object 参数，而方法的引用被传递给了 method 参数。如果 myMethod1 是静态方法，那么 object 会传递为 null。而这个两个方法实参被传入构造函数后，会分别被_target 和_methodPtr 这两个私有字段保存，并且_ invocationList 字段会被设为 null。

从上面的分析可以得出一个结论，即每个委托对象实际上都是一个包装了方法和调用该方法时要操作的对象的包装器。

假设 myMethod1 是一个 MyClass 类定义的实例方法。那么上面那行创建委托实例 myDelegate 的代码执行后，myDelegate 内部那 3 个字段的值如表 6-2 所示。

表 6-2　字段与值的对应表一

字　　段	字段的值
_target	MyClass 的实例
_methodPtr	myMethod1
_ invocationList	null

假设 myMethod1 是一个 MyClass 类定义的静态方法。那么上面那行创建委托实例 myDelegate 的代码执行后，myDelegate 内部那 3 个字段的值如表 6-3 所示。

表 6-3　字段与值的对应表二

字　　段	字段的值
_target	null
_methodPtr	myMethod1
_ invocationList	null

这样我们就了解了一个委托实例的创建过程以及其内部结构。接下来继续探索一下是如何

通过委托实例来调用回调方法的。首先还是通过一段代码引出下面要讨论的内容，代码如下。

```
using UnityEngine;
using System.Collections;

public class DelegateScript : MonoBehaviour
{
 delegate void MyDelegate(int num);

     MyDelegate myDelegate;


     void Start ()
     {
      myDelegate = new MyDelegate(this.PrintNum);
      this.Print(10, myDelegate);
      myDelegate = new MyDelegate(this.PrintDoubleNum);
      this.Print(10, myDelegate);
      myDelegate = null;
      this.Print(10, myDelegate);
     }

     void Print(int value, MyDelegate md)
     {
      if(md != null)
      {
          md(value);
      }
      else
      {
          Debug.Log("myDelegate is Null!!!");
      }
     }

     void PrintNum(int num)
     {
         Debug.Log ("Print Num: " + num);
     }

     void PrintDoubleNum(int num)
     {
         int result = num + num;
         Debug.Log ("result num is : " + result);
     }
```

```
}
```

编译并且运行这段代码后，输出的结果如下所示。

```
Print Num:10
result num is : 20
myDelegate is Null!!!
```

我们可以注意到，新定义的 Print 方法将委托实例作为了其中的一个参数，并且首先检查传入的委托实例 md 是否为 null。那么这一步是否多此一举呢？答案是否定的，检查 md 是否为 null 是必不可少的，这是由于 md 仅仅是可能引用了 MyDelegate 类的实例，但它也有可能是 null，就像代码中的第 3 种情况所演示的那样。经过检查，如果 md 不是 null，则调用回调方法。不过代码看上去似乎是调用了一个名为 md，参数为 value 的方法“md(value);”但事实上并没有一个叫作 md 的方法存在，那么编译器是如何来调用正确的回调方法的呢？原来编译器知道 md 是引用了委托实例的变量，因此在幕后会生成代码来调用该委托实例的 Invoke 方法。换言之，上面刚刚调用回调函数的代码（md(value);）被编译成了如下的形式。

```
md.Invoke(value);
```

为了更深一步观察编译器的行为，将编译后的代码反编译为 CIL 代码。并且截取其中 Print 方法部分的 CIL 代码，代码如下。

```
// method line 4
.method private hidebysig
       instance default void Print (int32 'value', class DelegateScript/
MyDelegate md)  cil managed
{
    // Method begins at RVA 0x20c8
// Code size 29 (0x1d)
.maxstack 8
IL_0000:  ldarg.2
IL_0001:  brfalse IL_0012

IL_0006:  ldarg.2
IL_0007:  ldarg.1
IL_0008:  callvirt instance void class DelegateScript/MyDelegate::
Invoke(int32)
IL_000d:  br IL_001c

IL_0012:  ldstr "myDelegate is Null!!!"
IL_0017:  call void class [mscorlib]System.Console::WriteLine(string)
IL_001c:  ret
} // end of method DelegateScript::Print
```

分析这段代码，可以发现在“IL_0008”这行，编译器调用了 DelegateScript/MyDelegate::Invoke(int32)方法。那么是否可以显式的调用 md 的 Invoke 方法呢？答案是肯定的。所以，Print 方法完全可以改成如下的定义，代码如下。

```
void Print(int value, MyDelegate md)
    {
     if(md != null)
     {
         md.Invoke(value);
     }
     else
     {
         Debug.Log("myDelegate is Null!!!");
     }
    }
```

而一旦调用了委托实例的 Invoke 方法，那么之前在构造委托实例时被赋值的字段_target 和_methodPtr 在此时便派上了用场，它们会为 Invoke 方法提供对象和方法信息，使得 Invoke 能够在指定的对象上调用包装好的回调方法。

本节讨论了编译器如何在幕后生成委托类、委托实例的内部结构，以及如何利用委托实例的 Invoke 方法来调用一个回调函数。那么接下来继续讨论一下如何使用委托来回调多个方法。

6.4 委托是如何调用多个方法的

本章开始介绍了一种设计模式——观察者模式，如果各位读者对观察者模式已经十分熟悉了，那么本节的内容会让各位对委托和观察者模式的结合留下更深刻的印象。

为了方便，我们将委托调用多个方法简称为委托链。而委托链是委托对象的集合，可以利用委托链来调用集合中的委托所代表的全部方法。为了使各位能够更加直观的了解委托链，下面通过一段代码演示以下，代码如下。

```
using UnityEngine;
using System;
using System.Collections;


public class DelegateScript : MonoBehaviour
{
 delegate void MyDelegate(int num);
```

```
void Start ()
{
    //创建 3 个 MyDelegate 委托类的实例
    MyDelegate myDelegate1 = new MyDelegate(this.PrintNum);
    MyDelegate myDelegate2 = new MyDelegate(this.PrintDoubleNum);
    MyDelegate myDelegate3 = new MyDelegate(this.PrintTripleNum);

    MyDelegate myDelegates = null;
    //使用 Delegate 类的静态方法 Combine
    myDelegates = (MyDelegate)Delegate.Combine(myDelegates, myDelegate1);
    myDelegates = (MyDelegate)Delegate.Combine(myDelegates, myDelegate2);
    myDelegates = (MyDelegate)Delegate.Combine(myDelegates, myDelegate3);
    //将 myDelegates 传入 Print 方法
    this.Print(10, myDelegates);
}

void Print(int value, MyDelegate md)
{
    if(md != null)
    {
        md(value);
    }
    else
    {
        Debug.Log("myDelegate is Null!!!");
    }
}

void PrintNum(int num)
{
    Debug.Log ("1 result Num: " + num);
}

void PrintDoubleNum(int num)
{
    int result = num + num;
    Debug.Log ("2 result num is : " + result);
}
void PrintTripleNum(int num)
{
    int result = num + num + num;
    Debug.Log ("3 result num is : " + result);
}
```

```
}
```

编译并且运行这段代码后（将该脚本挂载在某个游戏物体上，运行 Unity 3D 即可），可以看到 Unity 3D 的调试窗口打印出了如下所示的内容。

```
1 result Num: 10
2 result Num: 20
3 result Num: 30
```

换句话说，一个委托实例 myDelegates 中调用了 3 个回调方法，即 PrintNum、PrintDoubleNum 以及 PrintTripleNum。分析一下这段代码：首先构造了 3 个 MyDelegate 委托类的实例，并分别赋值给 myDelegate1、myDelegate2、myDelegate3 这 3 个变量。然后 myDelegates 初始化为 null，即表明了此时没有要回调的方法，之后要用它来引用委托链，或者说是引用一些委托实例的集合，而这些实例中包装了要被回调的回调方法。那么应该如何将委托实例加入到委托链中呢？不错，前面提到过基础类库中的另一个委托类 Delegate，它有一个公共静态方法 Combine 是专门来处理这种需求的，所以接下来就调用了 Delegate.Combine 方法将委托加入到委托链中，代码如下。

```
        myDelegates = (MyDelegate)Delegate.Combine(myDelegates, myDelegate1);
        myDelegates = (MyDelegate)Delegate.Combine(myDelegates, myDelegate2);
        myDelegates = (MyDelegate)Delegate.Combine(myDelegates, myDelegate3);
```

在第一行代码中，由于此时 myDelegates 是 null，因此当 Delegate.Combine 方法发现要合并的是 null 和一个委托实例 myDelegate1 时，Delegate.Combine 会直接返回 myDelegate1 的值。因此第一行代码执行完成后，myDelegates 现在引用了 myDelegate1 所引用的委托实例。

当第二次调用 Delegate.Combine 方法，继续合并 myDelegates 和 myDelegate2 时，Delegate.Combine 方法检测到 myDelegates 已经不再是 null 而是引用了一个委托实例，此时 Delegate.Combine 方法会构建一个不同于 myDelegates 和 myDelegate2 的新的委托实例。这个新的委托实例自然会对_target 和_methodPtr 这两个私有字段进行初始化。但是此时需要注意的是，之前一直没有实际值的_invocationList 字段此时被初始化为一个对委托实例数组的引用。该数组的第一个元素便是包装了第一个委托实例 myDelegate1 所引用的 PrintNum 方法的一个委托实例（即 myDelegates 此时所引用的委托实例），而数组的第二个元素则是包装了第二个委托实例 myDelegate2 所引用的 PrintDoubleNum 方法的委托实例（即 myDelegate2 所引用的委托实例）。之后将这个新创建的委托实例的引用赋值给 myDelegates 变量，此时 myDelegates 指向了这个包装了两个回调方法的新的委托实例。

第三次调用了 Delegate.Combine 方法，继续将委托实例合并到一个委托链中。这次编译器内部发生的事情和上一次大同小异，Delegate.Combine 方法检测到 myDelegates 已经引用了一个委托实例，同样地，这次仍然会创建一个新的委托实例，新的委托实例中的那两个私有字段_target 和_methodPtr 同样会被初始化，而_invocationList 字段此时同样被初始化为一个对委托实例数组的引用，只不过这次的元素多了一个包装了第 3 个委托实例 myDelegate3 中所引用的 PrintDoubleNum 方法的委托实例（即 myDelegate3 所引用的委托实例）。之后将这个新创建的委托实例的引用赋值给 myDelegates 变量，此时 myDelegates 指向了这个包装了 3 个回调方法的新的委托实例。而上一次合并中_invocationList 字段所引用的委托实例数组，此时不再需要，因此可以被垃圾回收。

当所有的委托实例都合并到一个委托链中，并且 myDelegates 变量引用了该委托链后，将 myDelegates 变量作为参数传入 Print 方法中。正如前文所述，此时 Print 方法中的代码会隐式的调用 MyDelegate 委托类型的实例的 Invoke 方法，也就是调用 myDelegates 变量所引用的委托实例的 Invoke 方法。此时 Invoke 方法发现_invocationList 字段已经不再是 null，而是引用了一个委托实例的数组。因此会执行一个循环来遍历该数组中的所有元素，并按照顺序调用每个元素（委托实例）中包装的回调方法。所以，PrintNum 方法首先会被调用，紧接着的是 PrintDoubleNum 方法，最后则是 PrintTripleNum 方法。

有合并，对应的自然就有拆解。因此 Delegate 除了提供了 Combine 方法用来合并委托实例之外，还提供了 Remove 方法用来移除委托实例。例如我们想移除包装了 PrintDoubleNum 方法的委托实例，那么使用 Delegate.Remove 的代码如下。

```
myDelegates = (MyDelegate)Delegate.Remove(myDelegates, new MyDelegate
(PrintDoubleNum));
```

当 Delegate.Remove 方法被调用时，它会从后向前扫描 myDelegates 所引用的委托实例中的委托数组，并且对比委托数组中的元素的_target 字段和_methodPtr 字段的值是否与第二个参数，即新建的 MyDelegate 委托类的实例中的_target 字段和_methodPtr 字段的值匹配。如果匹配，且删除该元素后，委托实例数组中只剩余一个元素，则直接返回该元素（委托实例）；如果删除该元素后，委托实例数组中还有多个元素，那么就会创建一个新的委托实例，这个新创建的委托实例的_invocationList 字段会引用一个由删除了目标元素之后剩余的元素所组成的委托实例数组，然后返回该委托实例的引用。当然，如果删除匹配实例后，委托实例数组变为空，那么 Remove 就会返回 null。需要注意的一点是，Remove 方法每次仅仅移除一个匹配的委托实例，而不是删除所有和目标委托实例匹配的委托实例。

当然，如果每次合并委托和删除委托都要写 Delegate.Combine 和 Delegate. Remove 则未免显得过于烦琐。所以为了方便使用 C#语言的开发者，C#编译器为委托类型的实例重载了“+=”

和“-=”操作符来对应 Delegate.Combine 和 Delegate.Remove。具体的例子可以看看下面这段代码。

```
using UnityEngine;
using System.Collections;

public class MulticastScript : MonoBehaviour
{
    delegate void MultiDelegate();
    MultiDelegate myMultiDelegate;


    void Start ()
    {
        myMultiDelegate += PowerUp;
        myMultiDelegate += TurnRed;

        if(myMultiDelegate != null)
        {
            myMultiDelegate();
        }
    }

    void PowerUp()
    {
        print ("Orb is powering up!");
    }

    void TurnRed()
    {
        renderer.material.color = Color.red;
    }
}
```

我想所提出的“委托是如何调用多个方法的”这个问题已经有了答案。但是为了要实现观察者模式，甚至是我们自己的消息系统，不得不介绍和委托关系密切的事件，那么下面就走进委托和事件的世界中吧。

6.5 用事件（Event）实现消息系统

在本章开始所描述的观察者模式中，重要的一个细节就是主题（Subject）对象要具备通知已经订阅（注册）的观察者对象发生了特定事件的能力。那么这种能力，是通过在类型中定义事件成员来实现的。例如在游戏世界中，一个游戏单位（BaseUnit 类）被攻击而掉血，那么掉血（OnSubHp 事件）就可以被作为一个事件，而订阅了该事件的对象在游戏单位掉血时，会收到游戏单位掉血的通知，例如一个实现掉血数字的模块在受到单位掉血的通知后，会在游戏界面内显示掉血的数字。

从游戏世界回到代码的世界，一个定义了事件成员的类型需要提供以下的功能来实现这种交互的机制。

（1）方法能够订阅它对事件的关注。

（2）方法能够取消订阅它对事件的关注。

（3）事件发生时，订阅了该事件的方法会收到通知。

而 C#中的事件机制便是以委托作为基础的，前面已经介绍过，委托是一种类型安全的调用回调方法的方式。类型的实例通过调用回调方法来响应它们收到的订阅的通知。

让我们继续来完善刚刚提到的那个游戏场景，一个游戏单位 BaseUnit 会因为被攻击而掉血，但是为了逻辑不产生耦合，因此掉血信息的显示逻辑则交由另一个模块，例如叫作 BattleInformationComponent 类来处理。我们的目的是当游戏单位掉血时，能够通知 BattleInformationComponent 类正确地显示掉血的效果和受到的伤害信息。那么接下来就来设计一下这套交互机制。不过首先要介绍一下大体的思路：要在游戏单位 BaseUnit 类中设计并公开一个掉血事件——OnSubHp 事件，并且让 BattleInformationComponent 类的实例来订阅 OnSubHp 事件。当游戏单位 BaseUnit 掉血时会触发 OnSubHp 事件，结果是订阅了 OnSubHp 事件的对象会收到通知，并且会调用对应的回调方法来响应此次事件。这样大致的思路和目标就已经明确了。

第 1 步：定义委托类型，确定回调方法原型

之前已经说过，C#的事件模块是以委托作为基础的。因此首先要定义一个匹配的委托类型 SubHpHandler，并确定回调方法的原型，代码如下。

```
    public delegate void SubHpHandler(BaseUnit source, float subHp,
DamageType damageType, HpShowType showType);
```

由于希望 BattleInformationComponent 类不仅仅是显式一个伤害数字那么简单，而是可以有一些额外的信息来显示不同的效果，因此我们确定的回调函数的原型需要的参数有 4 个，这 4 个参数的类型和作用如表 6-4 所示。

表 6-4 回调函数原型的参数

参数类型	作　用
BaseUnit	source 表示被伤害的游戏单位
float	subHp 血量减少的数值
DamageType	damageType 有两种伤害方式：普通伤害和暴击伤害
HpShowType	showType 显示方式有 3 种，不显示、显示伤害、显示闪避

在这 4 个方法参数中，其中的两个参数 damageType 和 showType 的类型分别是 DamageType 和 HpShowType，因此在此还要定义 DamageType 和 HpShowType，代码如下。

```
public enum DamageType
{
 Normal,//普通伤害
 Critical//暴击伤害
}

public enum HpShowType
{
 Null,//不显示
 Damage,//伤害
 Miss//闪避
}
```

定义了基本的委托类型，以及确定了回调方法的基本形式后，就可以进行下一步操作了——定义事件成员。

第 2 步：定义事件成员

如同在定义委托时使用了 C#的 delegate 关键字一样，我们需要使用另一个 C#关键字 event 来定义一个事件成员。而每个事件成员同样需要指定以下 3 项内容。

（1）可访问性标识符，当然为了能让其他的类型对象能够订阅该事件，因此事件成员的可访问性标识符几乎全部是 public。

（2）基础委托类型，以及有委托类型确定的回调方法的基本形式。

（3）事件的名称。

因此，BaseUnit 类中的 OnSubHp 事件的定义的代码如下。

```
//定义事件 OnSubHp
public event SubHpHandler OnSubHp;
```

OnSubHp 是事件的名称，而 OnSubHp 事件的类型是 SubHpHandler。也就是说，事件通知的所有订阅者都必须提供一个和 SubHpHandler 委托类型所确定的方法原型相匹配的回调方法。因此，所有的回调方法必须是如下所示的形式。

```
    //回调方法原型
    void MyMethod(BaseUnit source, float subHp, DamageType damageType,
HpShowType showType);
```

事件已经定义好了，下面还需要另一个方法来触发事件以达到通知订阅了目标事件的对象们的目的。

第 3 步：定义触发事件的方法

从游戏单位类的名字 BaseUnit 就可以看出，它可能会作为一个基类出现，然后还有更加具体的单位在它的基础上派生而来，例如士兵类和英雄类等。因此，触发事件的方法可以定义为一个受保护的虚方法。这样该类以及它的派生类可以调用该方法来触发事件。例如在例子中，掉血往往是由于受到敌人攻击而导致的，所以需要定义一个受保护的虚方法，方法名为 OnBeAttacked，代码如下。

```
    //BeAttacked 方法需要 3 个参数，分别是
    //表示伤害数字的 float 型的 harmNumber
    //表示是否是暴击伤害的 bool 型的 isCritical
    //表示是否是闪避的 bool 型 isMiss
    protected virtual void OnBeAttacked(float harmNumber, bool isCritical,
bool isMiss)
    {
        DamageType damageType = DamageType.Normal;
        HpShowType showType = HpShowType.Damage;
        if(isCritical)
            damageType = DamageType.Critical;
        if(isMiss)
            showType = HpShowType.Miss;
        //首先判断是否有方法订阅了该事件，如果有则通知它们
        if(OnSubHp != null)
            OnSubHp(this, harmNumber, damageType, showType)
    }
```

以 BaseUnit 类作为基类的那些派生类可以通过重写 BeAttacked 方法，来以适合自己的方式控制事件的触发，例如士兵和英雄对于掉血显示的需求可能就是不同的。

基本的事件机制已经搭建完成了，但是如果想完善 BaseUnit 类的事件机制，还有哪些是可以改善的呢？思考一下刚刚的 OnBeAttack 方法，如果我们追求业务单一原则，那么它的作用应该仅仅用来触发事件。那么从单位被攻击，到调用 OnBeAttack 方法之间似乎还需要一个方法来做链接和转化。所以接下来引入另一个方法 BeAttack，用来将敌人的攻击伤害转化为掉

血事件的触发，代码如下。

```
public void BeAttacked()
{
    float possibility = Random.value;
    bool isCritical = Random.value > 0.5f;
    bool isMiss = Random.value > 0.5f;
    float harmNumber = 10000f;
    //
    OnBeAttacked(harmNumber, isCritical, isMiss);
}
```

BeAttacked 方法主要被用来判断这次攻击是否暴击以及是否闪避，然后调用 BaseUnit 类的虚方法 OnBeAttacked 来触发 OnSubHp 事件，从而通知所有已经订阅该事件的方法。

完整的 BaseUnit 类的代码如下。

```
using System;
using UnityEngine;

public enum DamageType
{
 Normal,//普通伤害
 Critical//暴击伤害
}

public enum HpShowType
{
 Null,//不显示
 Damage,//伤害
 Miss//闪避
}

public class BaseUnit : MonoBehaviour
{
 public   delegate   void   SubHpHandler(BaseUnit   source,   float   subHp,
DamageType damageType, HpShowType showType);
 public event SubHpHandler OnSubHp;
 public void BeAttacked()
 {
     float possibility = UnityEngine.Random.value;
     bool isCritical = UnityEngine.Random.value > 0.5f;
     bool isMiss = UnityEngine.Random.value > 0.5f;
     float harmNumber = 10000f;
     //
```

```
        OnBeAttacked(harmNumber, isCritical, isMiss);
    }
    //OnBeAttacked 方法需要 3 个参数，分别是
    //表示伤害数字的 float 型的 harmNumber
    //表示是否是暴击伤害的 bool 型的 isCritical
    //表示是否是闪避的 bool 型 isMiss
    protected virtual void OnBeAttacked(float harmNumber, bool isCritical,
bool isMiss)
    {
        DamageType damageType = DamageType.Normal;
        HpShowType showType = HpShowType.Damage;
        if(isCritical)
            damageType = DamageType.Critical;
        if(isMiss)
            showType = HpShowType.Miss;
        //首先判断是否有方法订阅了该事件，如果有则通知它们
        if(OnSubHp != null)
            OnSubHp(this, harmNumber, damageType, showType);
    }

        public bool IsHero
        {
            get
            {
                return true;
            }
        }
    }
```

了解了如何使用事件机制，但是如何更进一步呢？在事件机制的背后，编译器又做了什么呢？接下来就学习一下编译器是如何在幕后让事件工作的。

6.6 事件是如何工作的

和在分析委托时候采取的方法类似，首先来看看是如何定义一个事件成员的。

```
//定义一个事件成员
public event SubHpHandler OnSubHp;
```

仍然使用 Refactor 反编译这段 C#程序，反编译的结果如图 6-2 所示。

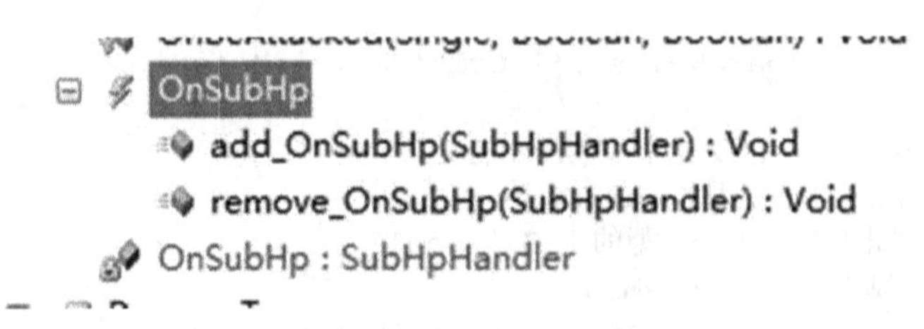

图 6-2 事件 OnSubHp 的结构图

可以看到这行定义事件成员的代码被编译器在幕后转换成了 3 个部分。

（1）一个私有的委托字段，初始化为 null。

```
private SubHpHandler OnSubHp = null;
```

（2）一个公共方法 add_OnSubHp（其中 OnSubHp 为事件名，该方法的命名规则是 add_XXX，XXX 是事件名称），允许方法订阅该事件。

```
public void add_OnSubHp(SubHpHandler value)
{
    SubHpHandler handler2;
    SubHpHandler onSubHp = this.OnSubHp;
    do
    {
        handler2 = onSubHp;
        onSubHp = Interlocked.CompareExchange<SubHpHandler>(ref
this.OnSubHp, (SubHpHandler) Delegate.Combine(handler2, value), onSubHp);
    }
    while (onSubHp != handler2);
}
```

（3）一个公共方法 remove_OnSubHp（其中 OnSubHp 为事件名，该方法的命名规则是 remove_XXX，XXX 是事件名称），允许方法取消订阅该事件。

```
public void remove_OnSubHp(SubHpHandler value)
{
```

```
        SubHpHandler handler2;

        SubHpHandler onSubHp = this.OnSubHp;

        do

        {

            handler2 = onSubHp;

            onSubHp = Interlocked.CompareExchange<SubHpHandler>(ref this.
OnSubHp, (SubHpHandler) Delegate.Remove(handler2, value), onSubHp);

        }

        while (onSubHp != handler2);

    }
```

下面分别来分析一下这事件的 3 个部分。

私有委托字段 OnSubHp

在第一部分中，编译器首先为事件构造了具有正确委托类型的字段，用来引用委托列表。一旦事件被触发，便会通知这个列表中的委托。但是如果各位读者足够细心，可能会发现一个十分奇怪的地方，那就是我们在定义事件成员时明明使用了 public 访问修饰符，可是为什么编译器最终在声明这个委托字段时使用了 private 呢？这主要是为了防止类外部的代码不正确的操作该字段，例如外部代码可能会修改该字段的值，甚至是不正确的取消已经订阅该事件的方法对该事件的订阅。因此，无论在声明事件成员时使用的访问修饰符是什么，编译器始终将该字段声明为 private。

之后该字段被初始化为 null，证明没有订阅者订阅该事件。一旦有方法订阅该事件，那么这个字段便会引用包装了该回调方法的 SubHpHandler 委托实例，也正如在介绍委托链时所说，这个 SubHpHandler 委托实例可能是一个委托链，其内部可能引用有更多的 SubHpHandler 委托实例。因此，可以发现订阅者订阅事件的本质便是将委托类型的实例添加到委托列表中。相对地，订阅者取消对事件的订阅的本质便是从委托列表中移除相应的委托实例。

公共方法 add_OnSubHp

在第二部分中，编译器为事件构造了一个叫作 add_OnSubHp 的方法，该方法的主要作用是允许其他对象订阅该事件。而作为编译器生成的方法，其命名也是采用了在事件名称（此处为 OnSubHp）之前添加前缀 add_的形式来自动命名的。而这个方法内部通过使用“do…while”形式的循环，以及调用 CompareExchange 来确保向事件添加委托时是线程安全的。同时，还可以发现代码中还调用了 System.Delegate.Combine 这个静态方法，以实现将委托实例添加到委托列表中的功能，并且之后再返回新的委托链的引用给第一部分中声明的私有委托字段。

和第一部分的私有委托字段的一个明显的区别就是 add_OnSubHp 的可访问性是 public，和在声明事件成员时指定的访问修饰符 public 一致，也就是说 add_OnSubHp 方法的可访问性是由在声明事件成员时所指定的。当指定事件成员的可访问性为 protected 时，add_OnSubHp 的可访问性同样也是 protected 的。因为这样做便可以确保开发者能够通过定义事件时指定的访问修饰符来自由地限定什么方法可以订阅该事件。

公共方法 remove_OnSubHp

编译器生成的第三个部分，同样是一个方法，只不过这次的方法名是 remove_OnSubHp。而该方法则主要用来实现对象取消对该事件的订阅。

和 add_OnSubHp 方法类似，作为编译器生成的方法，其命名同样也是采用了在事件名称（此处为 OnSubHp）之前添加前缀 remove_的形式来自动命名的。同样也通过“do…while”形式的循环，以及调用 CompareExchange 来确保移除事件中的一个委托时是线程安全的。同时，还可以发现代码中还调用了 System.Delegate.Remove 这个静态方法，以实现将委托实例从委托列表中移除的功能，并且之后再返回新的委托链的引用给第一部分中声明的私有委托字段。和 add_OnSubHp 方法类似，remove_OnSubHp 的可访问性也是 public，remove _OnSubHp 方法的可访问性同样是由在声明事件成员时所指定的。而这样做则使开发者拥有了决定什么方法可以取消对该事件订阅的能力。

现在已经定义完了事件成员，并且了解了事件的内部结构是如何运转的。但是不是还少了点什么呢？不错，我们还需要添加订阅者来订阅这个事件，以便在事件被触发时能够得到通知，从而实现相应的反应。所以接下来就要定义观察者。

6.7 定义事件的观察者，实现观察者模式

为什么需要事件的观察者（或者称为侦听事件的类型）呢？这是因为在事件机制中，刚刚我们定义的事件成员 OnSubHp 才是拥有状态和数据的，而依赖这个事件的便是要定义的观察者。虽然这些状态和数据并不属于观察者，但很多观察者却依赖主题（Subject）的这些状态和数据的改变而做出响应。想想看，很多不同的观察者通过订阅同一个主题，在事件由于状态或数据变化而被触发时，观察者也会收到相应的通知，进而实现相应的逻辑，这比许多对象去操

作同一份数据或状态在逻辑上要清晰得多。也就是说，通过事件机制可以将对象之间的互相依赖降低到最低，这便是松耦合的威力。而观察者模式的意义同样也在于此，它是一种让主题和观察者之间实现松耦合的设计模式：当两个对象之间松耦合，虽然不清楚彼此的细节，但是它们仍然可以交互。

在观察者设计模式中，主题只需要了解观察者是否实现了和确定的方法原型相匹配的回调方法，而无须去了解观察者的具体类是什么。在有新类型的观察者出现时，主题的代码无须修改，而新类型同样只需要实现和确定的方法原型相匹配的回调方法即可注册为观察者。

下面就设计一下 BattleInformationComponent 类，让它的实例来订阅 OnSubHp 事件，代码如下。

```
using System;
using UnityEngine;

public class BattleInformationComponent : MonoBehaviour
{
    public BaseUnit unit;

    private void Start()
    {
        this.unit = gameObject.GetComponent<BaseUnit>();
        this.AddListener();
    }

    private void Update()
    {
    }
    //订阅 BaseUnit 定义的事件 OnSubHp
    private void AddListener()
    {
        //构造 BaseUnit.SubHpHandler 委托类型的一个实例
        //并且让它来引用 BattleInformationComponent 类的
        //OnSubHp 方法，之后向 BaseUnit 的 OnSubHp 事件登记
        //该回调方法
        this.unit.OnSubHp += new BaseUnit.SubHpHandler(this.OnSubHp);
    }
    //取消对 BaseUnit 定义的事件 OnSubHp 的订阅
    private void RemoveListener()
    {
        //注销关注
        this.unit.OnSubHp -= new BaseUnit.SubHpHandler(this.OnSubHp);
    }
```

```
        //当 BaseUnit 被攻击时，会调用该回调事件
        private void OnSubHp (BaseUnit source, float subHp, DamageType damageType, HpShowType showType)
        {
            string unitName = string.Empty;
            string missStr = "闪避";
            string damageTypeStr = string.Empty;
            string damageHp = string.Empty;
            if(showType == HpShowType.Miss)
            {
                Debug.Log(missStr);
                return;
            }

            if(source.IsHero)
            {
                unitName = "英雄";
            }
            else
            {
                unitName = "士兵";
            }
            damageTypeStr = damageType == DamageType.Critical ? "暴击" : "普通攻击" ;
            damageHp = subHp.ToString();
            Debug.Log(unitName + damageTypeStr + damageHp);
        }

    }
```

下面让来分析一下上面 BattleInformationComponent 这个类的代码。首先可以看到，我们将这个脚本和定义 BaseUnit 类的脚本同时挂载在了同一个游戏物体上，所以首先在 Start 方法中，使用 gameObject.GetComponent<BaseUnit>()方法获取了对同一个游戏物体上的 BaseUnit 组件的引用，并且将该引用保存在了 unit 这个字段中。然后调用了 AddListener 方法，而在 AddListener 方法内部使用 C#的“+=”操作符来登记它对 BaseUnit 的 OnSubHp 事件的关注，代码如下。

```
this.unit.OnSubHp += new BaseUnit.SubHpHandler(this.OnSubHp);
```

当然，由于 C#内部的支持，也可以直接使用“+=”操作符为回调方法登记对事件的关注，所以上面这行代码可以改为如下所示内容。

```
this.unit.OnSubHp += this.OnSubHp;
```

上面的两行代码的内部其实都等效于如下所示内容。

```
this.unit.add_OnSubHp(new BaseUnit.SubHpHandler(this.OnSubHp));
```

也就是说在订阅事件时，编译器内部需要调用事件的 add_OnSubHp 方法向事件内部添加新的委托对象，正如上一节中介绍的那样。

一旦 BaseUnit 的对象被攻击，从而触发 BaseUnit 的 OnSubHp 事件，BattleInformationComponent 类的对象的 OnSubHp 方法会被调用。而 OnSubHp 方法会收到在原型方法中确定的几个参数，即 BaseUnit source、float subHp、DamageType damageType、HpShowType showType，并通过判断 showType 是否为闪避，以及攻击者 source 是英雄还是士兵、攻击类型是暴击还是普通攻击等来实现各自不同的表现。

当 BattleInformationComponent 类的对象无须再处理收到的通知时（例如单位死亡），就可以取消对 OnSubHp 事件的订阅。BattleInformationComponent 类的 RemoveListener 方法演示了如何取消对一个事件的订阅。该方法和 AddListener 方法十分类似，唯一的不同就是操作符由“+=”变为了“-=”，代码如下。

```
this.unit.OnSubHp -= new BaseUnit.SubHpHandler(this.OnSubHp);
```

当然，同样是由于 C#内部的支持，也可以直接使用“-=”操作符取消回调方法对事件的订阅，所以上面这行代码可以改为如下所示内容。

```
this.unit.OnSubHp -= this.OnSubHp;
```

上面的两行代码的内部其实都等效于如下所示内容。

```
this.unit.remove_OnSubHp(new BaseUnit.SubHpHandler(this.OnSubHp));
```

关于编译器自动生成的 remove_OnSubHp 方法，在前面的章节中已经介绍了，各位读者如果想深入了解 remove_OnSubHp 方法，可以回顾一下之前的内容。

既然观察者也已经有了，下面再添加一个 Unity 3D 的测试脚本，模拟一次游戏单位被攻击而掉血的过程，如图 6-3 所示。

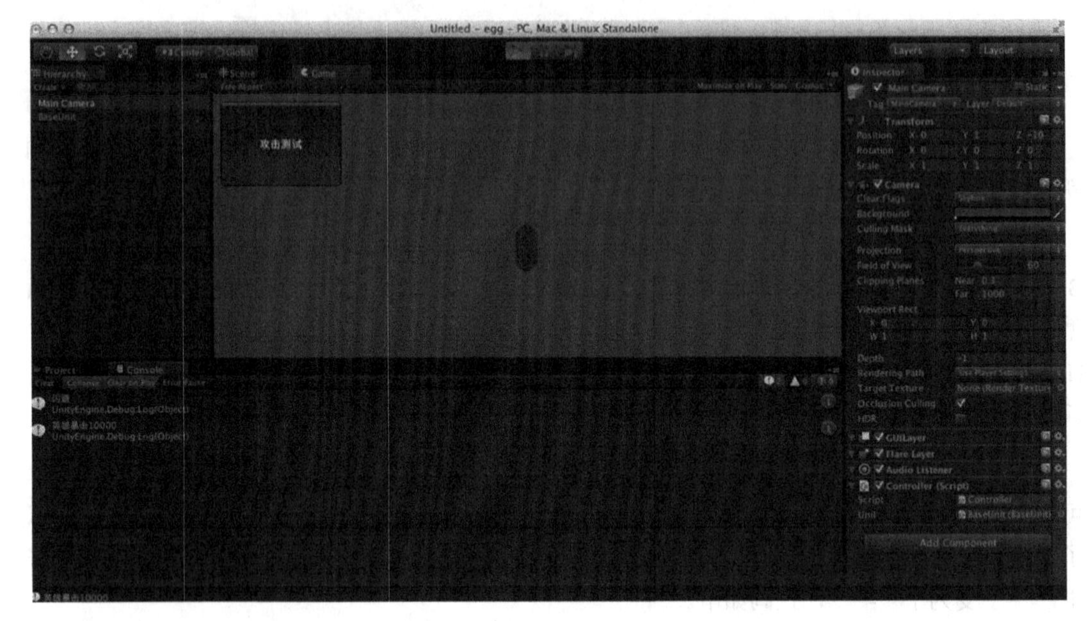

图 6-3 事件测试

控制脚本的代码如下。

```
using System;
using UnityEngine;
//实现控制攻击发生，测试事件响应
public class Controller : MonoBehaviour
{
    public BaseUnit unit;
    private void Start()
    {
    }

    private void Update()
    {
    }

    private void OnGUI()
    {
        if ( GUI.Button ( new Rect (10,10,150,100), "攻击测试"))
            this.unit.BeAttacked();
    }
}
```

6.8 委托的简化语法

实现了使用委托和事件来构建我们自己的消息系统的过程。但是在日常的开发中，仍然有很多开发者因为这样或那样的原因而选择疏远委托，而其中最常见的一个原因便是因为委托的语法奇怪而对委托产生抗拒感。

因此本节主要介绍一些委托的简化语法，为有这种心态的开发者们减轻对委托的抗拒心理。

6.8.1 不必构造委托对象

委托的一种常见的使用方式，就像下面的这行代码一样。

```
this.unit.OnSubHp += new BaseUnit.SubHpHandler(this.OnSubHp);
```

其中括号中的OnSubHp是方法，该方法的定义的代码如下。

```
    private void OnSubHp (BaseUnit source, float subHp, DamageType
damageType, HpShowType showType)
    {
        string unitName = string.Empty;
        string missStr = "闪避";
        string damageTypeStr = string.Empty;
        string damageHp = string.Empty;
        if(showType == HpShowType.Miss)
        {
            Debug.Log(missStr);
            return;
        }

        if(source.IsHero)
        {
            unitName = "英雄";
        }
        else
        {
            unitName = "士兵";
        }
        damageTypeStr = damageType == DamageType.Critical ? "暴击" : "普通
攻击" ;
        damageHp = subHp.ToString();
        Debug.Log(unitName + damageTypeStr + damageHp);
    }
```

上面列出的第一行代码的意思是向this.unit的OnSubHp事件登记方法OnSubHp的地址，

当 OnSubHp 事件被触发时通知调用 OnSubHp 方法。而这行代码的意义在于，通过构造 SubHpHandler 委托类型的实例来获取一个将回调方法 OnSubHp 进行包装的包装器，以确保回调方法只能以类型安全的方式调用。同时通过这个包装器，我们还获得了对委托链的支持。但是，更多的程序员显然更倾向于简单的表达方式，他们无须真正了解创建委托实例以获得包装器的意义，而只需要为事件注册相应的回调方法即可。例如下面的这行代码。

```
this.unit.OnSubHp += this.OnSubHp;
```

虽然"+="操作符期待的是一个 SubHpHandler 委托类型的对象，而 this.OnSubHp 方法应该被 SubHpHandler 委托类型对象包装起来。但是由于 C#的编译器能够自行推断，因此可以将构造 SubHpHandler 委托实例的代码省略，使得代码对程序员来说可读性更强。不过，编译器在幕后却并没有什么变化，虽然开发者的语法得到了简化，但是编译器生成 CIL 代码仍然会创建新的 SubHpHandler 委托类型实例。

简而言之，C#允许通过指定回调方法的名称而省略构造委托类型实例的代码。

6.8.2 匿名方法

在谈到 Lambda 表达式之前，先介绍一下关于匿名方法的内容。通常在使用委托时，往往要声明相应的方法，例如参数和返回类型必须符合委托类型确定的方法原型。而且，在实际的游戏开发过程中，往往也需要委托的这种机制来处理十分简单的逻辑，但对应的，必须要创建一个新的方法和委托类型匹配，这样做看起来将会使代码变得十分臃肿。因此，在 C#2 的版本中，引入了匿名方法这种机制。什么是匿名方法呢？下面来看一个例子，代码如下。

```
using UnityEngine;
using System.Collections;
using System.Collections.Generic;
using System;

public class DelegateTest : MonoBehaviour {

 // Use this for initialization
 void Start () {
     //将匿名方法用于Action<T>委托类型
     Action<string> tellMeYourName = delegate(string name) {
         string intro = "My name is ";
         Debug.Log(intro + name);
     };

     Action<int> tellMeYourAge = delegate(int age) {
         string intro = "My age is ";
         Debug.Log(intro + age.ToString());
```

```
        };

        tellMeYourName("chenjiadong");
        tellMeYourAge(26);

    }

    // Update is called once per frame
    void Update () {

    }
}
```

将这个 DelegateTest 脚本挂载在某个游戏场景中的物体上，运行编辑器，可以看到在调试窗口输出的内容如下所示。

```
My name is chenjiadong
UnityEngine.Debug:Log(Object)
My age is 26
UnityEngine.Debug:Log(Object)
```

在解释这段代码之前，需要先为各位读者介绍一下常见的两个泛型委托类型，即 Action<T>和 Func<T>。它们的表现形式如下所示。

```
public delegate void Action();
public delegate void Action<T1>(T1 arg1);
public delegate void Action<T1, T2>(T1 arg1, T2 arg2);
public delegate void Action<T1, T2, T3>(T1 arg1, T2 arg2, T3 arg3);
public delegate void Action<T1, T2, T3, T4>(T1 arg1, T2 arg2, T3 arg3,
T4 arg4);
public delegate void Action<T1, T2, T3, T4, T5>(T1 arg1, T2 arg2, T3
arg3, T4 arg4, T5 arg5);
```

```
public delegate TResult Func<TResult>();
public delegate TResult Func<T1, TResult>(T1 arg1);
public delegate TResult Func<T1, T2, TResult>(T1 arg1, T2 arg2);
public delegate TResult Func<T1, T2, T3, TResult>(T1 arg1, T2 arg2, T3
arg3);
public delegate TResult Func<T1, T2, T3, T4, TResult>(T1 arg1, T2 arg2,
T3 arg3, T4 arg4);
public delegate TResult Func<T1, T2, T3, T4, T5, TResult>(T1 arg1, T2
arg2, T3 arg3, T4 arg4, T5 arg5);
```

从 Action<T>的定义形式上可以看到，Action<T>是没有返回值的。适用于任何没有返回值的方法。

Func<T>委托的定义是相对于 Action<T>来说。Action<T>是没有返回值的方法委托，Func<T>是有返回值的委托。返回值的类型，由泛型中定义的类型进行约束。

各位读者对 C#的这两个常见的泛型委托类型有了初步了解之后，就来看一看上面那段使用了匿名方法的代码。首先可以看到匿名方法的语法：先使用 delegate 关键字后，如果有参数则是参数部分，最后便是一个代码块定义对委托实例的操作。而通过这段代码，也可以看出一般方法体中可以做到的事情，匿名函数同样可以做到。而匿名方法的实现，同样要感谢编译器在幕后隐藏了很多复杂度。因为在 CIL 代码中，编译器为源代码中的每一个匿名方法都创建了一个对应的方法，并且采用了和创建委托实例时相同的操作，将创建的方法作为回调函数由委托实例包装。而正是由于是编译器创建的和匿名方法对应的方法，因此这些方法名都是编译器自动生成的，为了不和开发者自己声明的方法名冲突，编译器生成的方法名的可读性很差。

当然，如果乍一看上面的那段代码似乎仍然很臃肿，那么能否不赋值给某个委托类型的实例而直接使用呢？答案是肯定的，同样也是最常用的匿名方法的一种方式，那便是将匿名方法作为另一个方法的参数使用，因为这样才能体现出匿名方法的价值——简化代码。下面就来看一个例子，还记得 List<T>列表吗？它有一个获取 Action<T>作为参数的方法——ForEach，该方法对列表中的每个元素执行 Action<T>所定义的操作。下面的代码将演示这一点，使用匿名方法对列表中的元素（向量 Vector3）执行获取 normalized 的操作，代码如下。

```
using UnityEngine;
using System.Collections;
using System.Collections.Generic;

public class ActionTest : MonoBehaviour {

 // Use this for initialization
 void Start () {
     List<Vector3> vList = new List<Vector3>();
     vList.Add(new Vector3(3f, 1f, 6f));
     vList.Add(new Vector3(4f, 1f, 6f));
     vList.Add(new Vector3(5f, 1f, 6f));
     vList.Add(new Vector3(6f, 1f, 6f));
     vList.Add(new Vector3(7f, 1f, 6f));

     vList.ForEach(delegate(Vector3 obj) {
         Debug.Log(obj.normalized.ToString());
     });
 }
```

```
    // Update is called once per frame
    void Update () {

    }
}
```

可以看到一个参数为 Vector3 的匿名方法，代码如下。

```
delegate(Vector3 obj) {
 Debug.Log(obj.normalized.ToString());
}
```

实际上作为参数传入到了 List 的 ForEach 方法中。这段代码执行后，可以在 Unity 3D 的调试窗口观察输出的结果，输出的内容如下所示。

```
(0.4, 0.1, 0.9)
UnityEngine.Debug:Log(Object)
(0.5, 0.1, 0.8)
UnityEngine.Debug:Log(Object)
(0.6, 0.1, 0.8)
UnityEngine.Debug:Log(Object)
(0.7, 0.1, 0.7)
UnityEngine.Debug:Log(Object)
(0.8, 0.1, 0.6)
UnityEngine.Debug:Log(Object)
```

那么，匿名方法的表现形式能否更加极致地简洁呢？当然可以，如果不考虑可读性，还可以将匿名方法写成如下所示的形式。

```
vList.ForEach(delegate(Vector3 obj)
{Debug.Log(obj.normalized.ToString());});
```

当然，这里仅仅是给各位读者们一个参考，事实上这种可读性很差的形式是不推荐的。

除了 Action<T>这种返回类型为 void 的委托类型之外，上文还提到了另一种委托类型，即 Func<T>。所以上面的代码可以修改为如下所示的形式，使得匿名方法可以有返回值。

```
using UnityEngine;
using System;
using System.Collections;
using System.Collections.Generic;

public class DelegateTest : MonoBehaviour {

 // Use this for initialization
 void Start () {
     Func<string, string> tellMeYourName = delegate(string name) {
```

```
            string intro = "My name is ";
            return intro + name;
        };

        Func<int, int, int> tellMeYourAge = delegate(int currentYear, int
birthYear) {
            return currentYear - birthYear;
        };

        Debug.Log(tellMeYourName("chenjiadong"));
        Debug.Log(tellMeYourAge(2015, 1989));
    }

    // Update is called once per frame
    void Update () {

    }
}
```

在匿名方法中，使用了 return 来返回指定类型的值，并且将匿名方法赋值给了 Func<T>委托类型的实例。将上面这个 C#脚本运行，在 Unity 3D 的调试窗口输出了如下所示的内容。

```
My name is chenjiadong
UnityEngine.Debug:Log(Object)
26
UnityEngine.Debug:Log(Object)
```

可以看到通过 tellMeYourName 和 tellMeYourAge 这两个委托实例分别调用了我们定义的匿名方法。

当然，在 C#语言中，除了刚刚提到过的 Action<T>和 Func<T>之外，还有一些在实际的开发中可能会遇到的预置的委托类型，例如返回值为 bool 型的委托类型 Predicate<T>。它的签名如下所示。

```
public delegate bool Predicate<T> (T Obj);
```

而 Predicate<T>委托类型常常会在过滤和匹配目标时发挥作用。下面再来看一个例子，代码如下。

```
using UnityEngine;
using System;
using System.Collections;
using System.Collections.Generic;
```

```
public class DelegateTest : MonoBehaviour {
    private int heroCount;
    private int soldierCount;

    // Use this for initialization
    void Start () {
        List<BaseUnit> bList = new List<BaseUnit>();
        bList.Add(new Soldier());
        bList.Add(new Hero());
        bList.Add(new Soldier());
        bList.Add(new Soldier());
        bList.Add(new Soldier());
        bList.Add(new Soldier());
        bList.Add(new Hero());
        Predicate<BaseUnit> isHero = delegate(BaseUnit obj) {
            return obj.IsHero;
        };

        foreach(BaseUnit unit in bList)
        {
            if(isHero(unit))
                CountHeroNum();
            else
                CountSoldierNum();
        }
        Debug.Log("英雄的个数为: " + this.heroCount);
        Debug.Log("士兵的个数为: " + this.soldierCount);
    }

    private void CountHeroNum()
    {
        this.heroCount++;
    }

    private void CountSoldierNum()
    {
        this.soldierCount++;
    }

    // Update is called once per frame
    void Update () {

    }
}
```

上面这段代码通过使用 Predicate 委托类型判断基础单位（BaseUnit）到底是士兵（Soldier）还是英雄（Hero），进而统计列表中士兵和英雄的数量。正如刚刚所说，Predicate 主要用来做匹配和过滤，那么上述代码运行后，输出的内容如下所示。

```
英雄的个数为：2
UnityEngine.Debug:Log(Object)
士兵的个数为：5
UnityEngine.Debug:Log(Object)
```

当然，除了过滤和匹配目标，常常还会碰到对列表按照某一种条件进行排序的情况。例如要对按照英雄的最大血量进行排序，或者按照英雄的战斗力来进行排序等，可以说是按照要求排序是游戏系统开发过程中最常见的需求之一。那么是否也可以通过委托和匿名方法来方便的实现排序功能呢？C#又是否预置了一些便利的“工具”呢？答案仍然是肯定的。可以通过 C#提供的 Comparison<T>委托类型结合匿名方法来为列表进行排序。

Comparison<T>的签名如下所示。

```
public delegate int Comparison(in T)(T x, T y)
```

由于 Comparison<T>委托类型是 IComparison<T>接口的委托版本，因此可以进一步来分析一下它的两个参数以及返回值，相关内容如表 6-5 和表 6-6 所示。

表 6-5 Comparison<T>的参数

参　数	类　型	作　用
x	T	要比较的第一个对象
y	T	要比较的第二个对象

表 6-6 Comparison<T>的返回值

返 回 值	含　义
小于 0	x 小于 y
等于 0	x 等于 y
大于 0	x 大于 y

现在已经明确了 Comparison<T>委托类型的参数和返回值的意义。那么下面就通过定义匿名方法来使用它对英雄（Hero）列表按指定的标准进行排序。

首先重新定义 Hero 类，提供英雄的属性数据，代码如下。

```
using UnityEngine;
using System.Collections;
```

```
public class Hero : BaseUnit{
 public int id;
 public float currentHp;
 public float maxHp;
 public float attack;
 public float defence;

 public Hero()
 {
 }

 public Hero(int id, float maxHp, float attack, float defence)
 {
     this.id = id;
     this.maxHp = maxHp;
     this.currentHp = this.maxHp;
     this.attack = attack;
     this.defence = defence;
 }

 public float PowerRank
 {
     get
     {
         return 0.5f * maxHp + 0.2f * attack + 0.3f * defence;
     }
 }

 public override bool IsHero
 {
     get
     {
         return true;
     }
 }

}
```

然后使用 Comparison<T>委托类型和匿名方法来对英雄列表进行排序，代码如下。

```
using System;
using System.Collections;
using System.Collections.Generic;
```

```
public class DelegateTest : MonoBehaviour {
    private int heroCount;
    private int soldierCount;

    // Use this for initialization
    void Start () {
        List<Hero> bList = new List<Hero>();
        bList.Add(new Hero(1, 1000f, 50f, 100f));
        bList.Add(new Hero(2, 1200f, 20f, 123f));
        bList.Add(new Hero(5, 800f, 100f, 125f));
        bList.Add(new Hero(3, 600f, 54f, 120f));
        bList.Add(new Hero(4, 2000f, 5f, 110f));
        bList.Add(new Hero(6, 3000f, 65f, 105f));

        //按英雄的 ID 排序
        this.SortHeros(bList, delegate(Hero Obj, Hero Obj2){
            return Obj.id.CompareTo(Obj2.id);
        },"按英雄的 ID 排序");
        //按英雄的 maxHp 排序
        this.SortHeros(bList, delegate(Hero Obj, Hero Obj2){
            return Obj.maxHp.CompareTo(Obj2.maxHp);
        },"按英雄的 maxHp 排序");
        //按英雄的 attack 排序
        this.SortHeros(bList, delegate(Hero Obj, Hero Obj2){
            return Obj.attack.CompareTo(Obj2.attack);
        },"按英雄的 attack 排序");
        //按英雄的 defense 排序
        this.SortHeros(bList, delegate(Hero Obj, Hero Obj2){
            return Obj.defence.CompareTo(Obj2.defence);
        },"按英雄的 defense 排序");
        //按英雄的 powerRank 排序
        this.SortHeros(bList, delegate(Hero Obj, Hero Obj2){
            return Obj.PowerRank.CompareTo(Obj2.PowerRank);
        },"按英雄的 powerRank 排序");

    }

    public void SortHeros(List<Hero> targets ,Comparison<Hero> sortOrder,
string orderTitle)
    {
    //        targets.Sort(sortOrder);
        Hero[] bUnits = targets.ToArray();
        Array.Sort(bUnits, sortOrder);
        Debug.Log(orderTitle);
```

```
        foreach(Hero unit in bUnits)
        {
            Debug.Log("id:" + unit.id);
            Debug.Log("maxHp:" + unit.maxHp);
            Debug.Log("attack:" + unit.attack);
            Debug.Log("defense:" + unit.defence);
            Debug.Log("powerRank:" + unit.PowerRank);
        }
    }


    // Update is called once per frame
    void Update () {

    }
}
```

这样就可以通过匿名函数来实现按英雄的 ID 排序、按英雄的 maxHp 排序、按英雄的 attack 排序、按英雄的 defense 排序，以及按英雄的 powerRank 排序的要求，而无须为每一种排序都单独写一个独立的方法。

通过上面的分析，可以看到使用了匿名方法后的确简化了在使用委托时还要单独声明对应的回调函数的烦琐。那么是否可能更加极致一些，比如用在前面介绍的事件中，甚至是省略参数中呢？下面来修改一下在事件的部分所完成的代码，看看如何通过使用匿名方法来简化它。

在上文的例子中，定义了 AddListener 来为 BattleInformationComponent 的 OnSubHp 方法订阅 BaseUnit 的 OnSubHp 事件，代码如下。

```
    private void AddListener()
    {
        this.unit.OnSubHp += this.OnSubHp;
    }
```

其中 this.OnSubHp 方法是为了响应事件而单独定义的一个方法，如果不定义这个方法而改由匿名方法直接订阅事件是否可以呢？答案是肯定的。

```
    private void AddListener()
    {
        this.unit.OnSubHp   +=   delegate(BaseUnit   source,   float   subHp,
DamageType damageType, HpShowType showType) {
            string unitName = string.Empty;
            string missStr = "闪避";
            string damageTypeStr = string.Empty;
            string damageHp = string.Empty;
            if(showType == HpShowType.Miss)
```

```
            {
                Debug.Log(missStr);
                return;
            }

            if(source.IsHero)
            {
                unitName = "英雄";
            }
            else
            {
                unitName = "士兵";
            }
            damageTypeStr = damageType == DamageType.Critical ? "暴击" : "普
通攻击" ;
            damageHp = subHp.ToString();
            Debug.Log(unitName + damageTypeStr + damageHp);

        };
    }
```

这里直接使用了 delegate 关键字定义了一个匿名方法来作为事件的回调方法，而无须再单独定义一个方法。但是由于在这里要实现掉血的信息显示功能，因此看上去需要所有传入的参数。那么在少数情况下，不需要使用事件所要求的参数时，是否可以通过匿名方法在不提供参数的情况下订阅那个事件呢？答案也是肯定的，也就是说在不需要使用参数的情况下，通过匿名方法可以省略参数。在触发 OnSubHp 事件时，只需要告诉开发者事件触发即可，所以可以将 AddListener 方法改为如下所示的内容。

```
private void AddListener()
{
 this.unit.OnSubHp += this.OnSubHp;
 this.unit.OnSubHp += delegate {
     Debug.Log("呼救呼救，我被攻击了！");
 };
}
```

然后运行修改后的脚本，可以在 Unity 3D 的调试窗口看到输出的内容如下所示。

```
英雄暴击 10000
UnityEngine.Debug:Log(Object)
呼救呼救，我被攻击了！
UnityEngine.Debug:Log(Object)
```

当然，在使用匿名方法时另一个值得开发者注意的一个知识点便是闭包情况。所谓的闭包指的是：一个方法除了能和传递给它的参数交互之外，还可以同上下文进行更大程度的互动。

首先要指出闭包的概念并非 C#语言独有的。事实上闭包是一个很早的概念，而目前很多主流的编程语言都接纳了这个概念，当然也包括 C#语言。而如果要真正理解 C#中的闭包，首先要掌握另外两个概念，即外部变量和捕获的外部变量。

- 外部变量：或者称为匿名方法的外部变量，指的是定义了一个匿名方法的作用域内（方法内）的局部变量或参数，对匿名方法来说是外部变量。

下面举个例子，使各位读者能够更加清晰的明白外部变量的含义，代码如下。

```
int n = 0;
Del d = delegate() {
Debug.Log(++n);
};
```

这段代码中的局部变量 n 对匿名方法来说就是外部变量。

- 捕获的外部变量：即在匿名方法内部使用的外部变量。也就是上例中的局部变量 n 在匿名方法内部便是一个捕获的外部变量。

了解了外部变量和捕获的外部变量概念后，再结合闭包的定义，可以发现在闭包中出现的方法在 C#中便是匿名方法，而匿名方法能够使用在声明该匿名方法内部的方法内部定义的局部变量和它的参数。而这么做有什么好处呢？想象一下，在游戏开发的过程中不必专门设置额外的类型来存储已经知道的数据，便可以直接使用上下文信息，这便提供了很大的便利性。那么下面就通过一个例子，来看看各种变量和匿名方法的关系，代码如下。

```
using UnityEngine;
using System;
using System.Collections;
using System.Collections.Generic;

public class EnclosingTest : MonoBehaviour {

 // Use this for initialization
 void Start () {
     this.EnclosingFunction(999);
 }

 // Update is called once per frame
 void Update () {

 }
```

```
public void EnclosingFunction(int i)
{
    //对匿名方法来说的外部变量，包括参数 i
    int outerValue = 100;
    //被捕获的外部变量
    string capturedOuterValue = "hello world";

    Action<int> anonymousMethod = delegate(int obj) {
        //str 是匿名方法的局部变量
        //capturedOuterValue 和 i
        //是匿名方法捕获的外部变量
        string str = "捕获外部变量" + capturedOuterValue + i.ToString();
        Debug.Log(str);
    };
    anonymousMethod(0);

    if(i == 100)
    {
        //由于在这个作用域内没有声明匿名方法
        //因此 notOuterValue 不是外部变量
        int notOuterValue = 1000;
        Debug.Log(notOuterValue.ToString());
    }
 }
}
```

接下来分析一下这段代码中的变量：参数 i 是一个外部变量，因为在它的作用域内声明了一个匿名方法，并且由于在匿名方法中使用了它，因此它是一个被捕捉的外部变量；变量 outerValue 是一个外部变量，这是由于在它的作用域内声明了一个匿名方法，但是和 i 不同的一点是，outerValue 并没有被匿名方法使用，因此它是一个没有被捕捉的外部变量；变量 capturedOuterValue 同样是一个外部变量，这也是因为在它的作用域内同样声明了一个匿名方法，但是 capturedOuterValue 和 i 一样被匿名方法所使用，因此它是一个被捕捉的外部变量；变量 str 不是外部变量，同样也不是 EnclosingFunction 这个方法的局部变量，相反它是一个匿名方法内部的局部变量；变量 notOuterValue 同样不是外部变量，这是因为在它所在的作用域中，并没有声明匿名方法。

明白了上面这段代码中各个变量的含义后，就可以继续探索匿名方法究竟是如何捕捉外部变量，以及捕捉外部变量的意义了。

首先要明确一点，所谓的捕捉变量的背后所发生的的确是针对变量而言的，而不是仅仅获取变量所保存的值。这将导致什么后果呢？不错，这样做的结果是被捕捉的变量的存活周期可能要比它的作用域长（关于这点在之后的内容中再详细讨论），现在要清楚的是匿名方法是如何捕捉外部变量的，代码如下。

```
using UnityEngine;
using System;
using System.Collections;
using System.Collections.Generic;

public class EnclosingTest : MonoBehaviour {

 // Use this for initialization
 void Start () {
     this.EnclosingFunction(999);
 }

 // Update is called once per frame
 void Update () {

 }

 public void EnclosingFunction(int i)
 {
     int outerValue = 100;
     string capturedOuterValue = "hello world";

     Action<int> anonymousMethod = delegate(int obj) {
         string str = "捕获外部变量" + capturedOuterValue + i.ToString();
         Debug.Log(str);
         capturedOuterValue = "你好世界";
     };
     capturedOuterValue = "hello world 你好世界";

     anonymousMethod(0);

     Debug.Log(capturedOuterValue);
 }
}
```

将这个脚本挂载在游戏物体上，运行 Unity 3D 可以在调试窗口看到输出的内容如下所示。

```
捕获外部变量hello world 你好世界999
UnityEngine.Debug:Log(Object)
你好世界
UnityEngine.Debug:Log(Object)
```

可这究竟有什么特殊的意义呢？看上去程序很自然地打印出了我们想要打印的内容。不错，这段代码向我们展示的不是打印出的内容究竟是什么，而是我们这段代码从始自终都是在对同一个变量 capturedOuterValue 进行操作，无论是匿名方法内部，还是正常的 EnclosingFunction 方法内部。接下来看看这一切究竟是如何发生的。首先在 EnclosingFunction 方法内部声明了一个局部变量 capturedOuterValue，并且为它赋值为 hello world。然后又声明了一个委托实例 anonymousMethod，同时将一个内部使用了 capturedOuterValue 变量的匿名方法赋值给委托实例 anonymousMethod，并且这个匿名方法还会修改被捕获的变量的值。需要注意的是，声明委托实例的过程并不会执行该委托实例。因此可以看到匿名方法内部的逻辑并没有立即执行。下面这段代码的核心部分要来了，在匿名方法的外部修改了 capturedOuterValue 变量的值，接下来调用 anonymousMethod。通过打印的结果可以看到 capturedOuterValue 的值已经在匿名方法的外部被修改为了“hello world 你好世界”，并且被反映在了匿名方法的内部，同时在匿名方法内部，同样将 capturedOuterValue 变量的值修改为了“你好世界”。委托实例返回后，代码继续执行，接下来会直接打印 capturedOuterValue 的值，结果为“你好世界”。这便证明了通过匿名方法创建的委托实例不是读取变量，并且将它的值再保存起来，而是直接操作该变量。可这究竟有什么意义呢？那么下面举一个例子，来看看这一切究竟会在开发中带来什么好处。

仍然回到开发游戏的情景下，假设需要将一个英雄列表中攻击力低于 10000 的英雄筛选出来，并且将筛选出的英雄放到另一个新的列表中。如果使用 List<T>，则通过它的 FindAll 方法便可以实现这一切。但是在匿名方法出现之前，使用 FindAll 方法是一件十分烦琐的事情，这是由于要创建一个合适的委托，而这个过程十分烦琐，已经使 FindAll 方法失去了简洁的意义。因此随着匿名方法的出现，我们可以十分方便地通过 FindAll 方法来实现过滤攻击力低于 10000 的英雄的逻辑，代码如下。

```
using UnityEngine;
using System;
using System.Collections;
using System.Collections.Generic;

public class DelegateTest : MonoBehaviour {
 private int heroCount;
 private int soldierCount;

 // Use this for initialization
 void Start () {
     List<Hero> list1 = new List<Hero>();
     list1.Add(new Hero(1, 1000f, 50f, 100f));
     list1.Add(new Hero(2, 1200f, 20f, 123f));
     list1.Add(new Hero(5, 800f, 100f, 125f));
     list1.Add(new Hero(3, 600f, 54f, 120f));
```

```
        list1.Add(new Hero(4, 2000f, 5f, 110f));
        list1.Add(new Hero(6, 3000f, 65f, 105f));

        List<Hero> list2 = this.FindAllLowAttack(list1, 50f);
        foreach(Hero hero in list2)
        {
            Debug.Log("hero's attack :" + hero.attack);
        }
    }

    private List<Hero> FindAllLowAttack(List<Hero> heros, float limit)
    {
        if(heros == null)
            return null;
        return heros.FindAll(delegate(Hero obj) {
            return obj.attack < limit;
        });
    }

    // Update is called once per frame
    void Update () {

    }
}
```

看到了吗？在 FindAllLowAttack 方法中传入的 float 类型的参数 limit 被在匿名方法中捕获了。正是由于匿名方法捕获的是变量本身，因此我们才获得了使用参数的能力，而不是在匿名方法中写死一个确定的数值来和英雄的攻击力做比较。这样在经过设计后，代码结构会变得十分精巧。

当然，之前还说过将匿名方法赋值给一个委托实例时，并不会立刻执行这个匿名方法内部的代码，而是当这个委托被调用时才会执行匿名方法内部的代码。那么一旦匿名方法捕获了外部变量，就有可能面临一个会发生的问题。如果创建了这个被捕获的外部变量的方法返回后，一旦再次调用捕获了这个外部变量的委托实例，那会出现什么情况呢？也就是说，这个变量的生存周期是会随着创建它的方法的返回而结束呢？还是继续保持着自己的生存呢？下面还是通过一个例子来看看，代码如下。

```
using UnityEngine;
using System;
using System.Collections;
using System.Collections.Generic;

public class DelegateTest : MonoBehaviour {
```

```
    // Use this for initialization
    void Start () {
        Action<int> act = this.TestCreateActionInstance();
        act(10);
        act(100);
        act(1000);
    }

    private Action<int> TestCreateActionInstance()
    {
        int count = 0;
        Action<int> action = delegate(int number) {
            count += number;
            Debug.Log(count);
        };
        action(1);
        return action;
    }

    // Update is called once per frame
    void Update () {

    }
}
```

将这个脚本挂载在 Unity 3D 场景中的某个游戏物体上，然后启动游戏，可以看到在 Unity 3D 的调试窗口输出的内容如下所示。

```
1
UnityEngine.Debug:Log(Object)
11
UnityEngine.Debug:Log(Object)
111
UnityEngine.Debug:Log(Object)
1111
UnityEngine.Debug:Log(Object)
```

如果看到这个输出结果，各位读者是否会感到不解呢？因为第一次打印出 1 这个结果，十分好理解，因为在 TestCreateActionInstance 方法内部调用了一次 action 这个委托实例，而其局部变量 count 此时当然是可用的。但是之后当 TestCreateActionInstance 已经返回，我们又 3 次调用了 action 这个委托实例，却看到输出的结果依次是 11、111、111，是在同一个变量的基础上累加而得到的结果。但是局部变量不是应该和方法一样分配在栈上，一旦方法返回便会随着 TestCreateActionInstance 方法对应的栈帧一起被销毁吗？但是，当再次调用委托实例的结果却表示，事实并非如此。TestCreateActionInstance 方法的局部变量 count 并没有被分配在栈上，相反，编译器事实上在幕后创建了一个临时的类用来保存这个变量。如果查看编译后的 CIL 代码，可能会更加直观一些，C#代码对应的 CIL 代码如下。

```
  .class   nested   private   auto   ansi   sealed   beforefieldinit
'<TestCreateActionInstance>c__AnonStorey0'
       extends [mscorlib]System.Object
    {
      .custom instance void class [mscorlib]System.Runtime.
CompilerServices.CompilerGeneratedAttribute::'.ctor'() =  (01 00 00 00 )
// ....

      .field  assembly  int32 count

      // method line 5
      .method public hidebysig specialname rtspecialname
             instance default void '.ctor' ()  cil managed
      {
          // Method begins at RVA 0x20c1
    // Code size 7 (0x7)
    .maxstack 8
    IL_0000:  ldarg.0
    IL_0001:  call instance void object::'.ctor'()
    IL_0006:  ret
      } // end of method <TestCreateActionInstance>c__AnonStorey0::.ctor

     ...

   } // end of class <TestCreateActionInstance>c__AnonStorey0
```

可以看到这个编译器生成的临时类的名字叫作'<TestCreateActionInstance>c__AnonStorey0'，这是一个让人看上去十分奇怪，但是识别度很高的名字。仔细分析这个类，可以发现 TestCreateActionInstance 这个方法中的局部变量 count 此时是编译器生成的类'<TestCreateActionInstance>c__AnonStorey0'的一个字段。

```
  .field  assembly  int32 count
```

这也就证明了 TestCreateActionInstance 方法的局部变量 count 此时被存放在另一个临时的类中，而不是被分配在了 TestCreateActionInstance 方法对应的栈帧上。那么 TestCreateActionInstance 方法又是如何来对它的局部变量 count 执行操作的呢？答案其实十分简单，那就是 TestCreateActionInstance 方法保留了对那个临时类的一个实例的引用，通过类型的实例进而操作 count 变量。为了证明这一点，同样可以查看一下 TestCreateActionInstance 方法对应的 CIL 代码，代码如下。

```
  .method private hidebysig
            instance  default  class  [mscorlib]System.Action`1<int32>
TestCreateActionInstance ()  cil managed
        {
            // Method begins at RVA 0x2090
    // Code size 35 (0x23)
    .maxstack 2
    .locals init (
        class DelegateTest/'<TestCreateActionInstance>c__AnonStorey0'V_0,
        class [mscorlib]System.Action`1<int32>   V_1)
    IL_0000:  newobj instance void class DelegateTest/
'<TestCreateActionInstance>c__AnonStorey0'::'.ctor'()
    IL_0005:  stloc.0
    IL_0006:  ldloc.0
    IL_0007:  ldc.i4.0
    IL_0008:  stfld int32 DelegateTest/ '<TestCreateActionInstance>c__
AnonStorey0'::count
    IL_000d:  ldloc.0
    IL_000e:  ldftn instance void class DelegateTest/
'<TestCreateActionInstance>c__AnonStorey0'::'<>m__0'(int32)
    IL_0014:  newobj instance void class [mscorlib]System.Action`1<int32>::
'.ctor'(object, native int)
    IL_0019:  stloc.1
    IL_001a:  ldloc.1
    IL_001b:  ldc.i4.1
   IL_001c:  callvirt instance void class [mscorlib]System.Action`1<int32>::
Invoke(!0)
    IL_0021:  ldloc.1
    IL_0022:  ret
        } // end of method DelegateTest::TestCreateActionInstance
```

可以发现在“IL_0000”这行，CIL 代码创建了 DelegateTest/'<TestCreateActionInstance>c__AnonStorey0'类的实例，而之后使用 count 则全部要通过这个实例。同样，委托实例之所以可以在 TestCreateActionInstance 方法返回之后仍然可以使用 count 变量，也是由于委托实例同样引用了那个临时类的实例，而 count 变量也和这个临时类的实例一起被分配在了托管堆上，而不是像一般的局部变量一样被分配在栈上。因此，并非所有的局部变量都是随方法一起被分配在栈上的，在使用闭包和匿名方法时一定要注意这个很容易让人忽视的知识点。

6.8.3 Lambda 表达式

虽然匿名方法已经大大简化了委托的语法，但是使用 C#的开发者是否仅仅满足于此呢？

在 C#3 中，获得了 C#对 Lambda 表达式的支持。从很多方面来看，Lambda 表达式和 C#2 中的匿名方法十分类似，因为匿名方法能做到的，使用 Lambda 表达式同样能够实现。而且和匿名方法一样的一点是，Lambda 表达式的类型本身并非委托类型，不过它可以通过多种方式隐式或显式地转换成一个委托实例。进一步说，Lambda 表达式是匿名方法的进一步演化和简化，因为在近乎所有的情况下，Lambda 表达式都更加易读，也更加简洁紧凑。

下面通过修改在上一节匿名方法部分的例子，使用 Lambda 表达式来完成匿名方法的功能，代码如下。

```
using UnityEngine;
using System.Collections;
using System.Collections.Generic;

public class ActionTest : MonoBehaviour {

 // Use this for initialization
 void Start () {
      List<Vector3> vList = new List<Vector3>();
      vList.Add(new Vector3(3f, 1f, 6f));
      vList.Add(new Vector3(4f, 1f, 6f));
      vList.Add(new Vector3(5f, 1f, 6f));
      vList.Add(new Vector3(6f, 1f, 6f));
      vList.Add(new Vector3(7f, 1f, 6f));

      Debug.Log("使用匿名方法");
      vList.ForEach(delegate(Vector3 obj) {
          Debug.Log(obj.normalized.ToString());
      });

      Debug.Log("使用 lambda 表达式");
      vList.ForEach(
          obj => Debug.Log(obj.normalized.ToString())
      );
 }

 // Update is called once per frame
 void Update () {

 }
}
```

在 Unity 3D 中执行这个游戏脚本，在 Unity 3D 的调试窗口可以看到输出的内容如下所示。

```
使用匿名方法
```

```
UnityEngine.Debug:Log(Object)
(0.4, 0.1, 0.9)
UnityEngine.Debug:Log(Object)
(0.5, 0.1, 0.8)
UnityEngine.Debug:Log(Object)
(0.6, 0.1, 0.8)
UnityEngine.Debug:Log(Object)
(0.7, 0.1, 0.7)
UnityEngine.Debug:Log(Object)
(0.8, 0.1, 0.6)
UnityEngine.Debug:Log(Object)
使用 lambda 表达式
UnityEngine.Debug:Log(Object)
(0.4, 0.1, 0.9)
UnityEngine.Debug:Log(Object)
(0.5, 0.1, 0.8)
UnityEngine.Debug:Log(Object)
(0.6, 0.1, 0.8)
UnityEngine.Debug:Log(Object)
(0.7, 0.1, 0.7)
UnityEngine.Debug:Log(Object)
(0.8, 0.1, 0.6)
UnityEngine.Debug:Log(Object)
```

注意，在第二次调用 vList 的 ForEach 方法时，它的参数是一行代码，更准确地说是一个 C#的 Lambda 表达式，通过 Lambda 表达式的操作符“=>”可以十分容易地区分出它。可以看到，Lambda 表达式实现了和匿名方法相同的功能，这是因为和匿名方法十分类似，编译器在看到这个 Lambda 表达式时会在类中自动定义一个新的私有方法。由于是编译器自动定义的方法，因此该方法的方法名同样是不易读的形式。下面来查看一下在上面的那段 C#代码中，Lambda 表达式所对应的 CIL 代码，代码如下。

```
.method private static hidebysig
        default void '<Start>m__0' (Vector3 obj)  cil managed
    {
        .custom   instance   void   class   [mscorlib]System.Runtime.
CompilerServices.CompilerGeneratedAttribute::'.ctor'() =  (01 00 00 00 )
// ....

        // Method begins at RVA 0x20de
    // Code size 19 (0x13)
    .maxstack 8
    IL_0000:  ldarga.s 0
    …
```

```
IL_0012:  ret
    } // end of method ActionTest::<Start>m__0
```

可以看到编译器为 Lambda 表达式定义的方法的方法名为'<Start>m__0'，它会获取一个 Vector3 类型的参数并返回 void。这里再次重申一下编译器为方法起名的方式：因为在 C#语言中，开发者无法使用“<”符号作为标识符，所以编译器为了确保它起的名字不会和开发者起的名字冲突，因此编译器会选择使用“<”符号作为方法名的开头。而且需要注意的是，不要试图使用反射的方式来访问编译器生成的方法，这是因为每次编译代码，编译器都可能为方法生成一个不同的名字。

当然，除了这种特殊的方法名能够告诉开发者这是由编译器所生成的代码之外，还可以注意到在 CIL 代码中，编译器使用了 [mscorlib]System.Runtime.CompilerServices.CompilerGeneratedAttribute 特性，以指出该方法是编译器生成的。

明白了编译器会在幕后重新定义一个匹配 Lambda 表达式的方法这一点，就可以将目光再次投向 Lambda 表达式本身。Lambda 表达式需要匹配其对应的委托实例。在上个例子中，它获取一个 Vector3 类型的变量并返回 void。而在指定参数名称时，则可以十分简单的将 obj 放在“=>”操作符的左侧，而将操作逻辑放在“=>”操作符的右侧。和匿名方法类似，Lambda 表达式同样存在闭包的情况，同样也可以捕获外部变量。例如下面的例子，代码如下。

```
using UnityEngine;
using System;
using System.Collections;
using System.Collections.Generic;

public class DelegateTest : MonoBehaviour {

 // Use this for initialization
 void Start () {
     Action<int> act = this.TestCreateActionInstance();
     act(10);
     act(100);
     act(1000);
 }

 private Action<int> TestCreateActionInstance()
 {
     int count = 0;
     Action<int> action = (int number) => {
         count+= number;
         Debug.Log(count);
```

```
        };
        action(1);
        return action;
    }

    // Update is called once per frame
    void Update () {

    }
}
```

可以看到在这个闭包的例子中，通过“=>”操作符定义了一个 Lambda 表达式，代码如下。

```
(int number) => {
            count+= number;
            Debug.Log(count);
        };
```

它和匿名方法一样，可以赋值给委托的实例，同样可以捕获外部变量 count，形成了闭包。

所以下面就总结一下 Lambda 表达式使用的一些规则，如表 6-7 所示。

表 6-7 Lambda 表达式使用规则

情　　景	例　　子
如果委托实例不获取任何参数，则直接使用 ()	Func<string> engineName = () => "Unity3D";
如果委托实例需要获取 1 个或 1 个以上的参数，可显式指定参数类型	Func<int, string> myAge = (int age) => age.ToString(); Func<int, int, string> myAge = (int currentYear, int birthYear) => (currentYear - birthYear).ToString();
如果委托实例需要获取 1 个或 1 个以上的参数，让编译器推断类型，而不显式指定参数类型	Func<int, string> myAge = (age) => age.ToString(); Func<int, int, string> myAge = (currentYear, birthYear) => (currentYear - birthYear).ToString();
如果委托实例获取 1 个参数，则可省略括号“()”	Func<int, string> engineName = n => n.ToString();
如果委托实例有 ref/out 参数，则必须显式指定 ref/out 和参数类型	delegate void DelTest(out int number); DelTest delTest = (out int number) => number = 0;

当 Lambda 表达式的函数主体由两个或两个以上的语句构成时，必须使用大括号将语句封闭，就像示例中的代码一样，如果需要返回值，则必须使用 return	Action<int> action = (int number) => {
	count+= number;
	Debug.Log(count);
	};

关于 Lambda 表达式的内容就介绍到这里。通过学习 3 种委托的简化语法的内容，各位读者是否能够接受委托这种 C#为我们提供的高效的机制了呢？掌握委托和事件，在 Unity 3D 开发中是十分必要的。在此也希望各位读者能够认真学习并掌握这部分内容。

6.9 本章总结

本章开篇通过介绍 Unity 3D 的消息机制引出了委托和事件的使用。实现了使用委托和事件来构建我们自己的消息系统的过程。使各位读者进一步加深了对委托的内部结构的实现，以及事件的实现。但是在日常开发中，仍然有很多开发者因为这样或那样的原因而选择疏远委托，其中最常见的一个原因便是因为委托的语法奇怪而对委托产生抗拒感。因此本章的后半部分还介绍了一些委托的简化语法，为有这种心态的开发者们减轻对委托的抗拒心理。

第 7 章 Unity 3D 中的定制特性

定制特性不是 Unity 3D 中特有的功能，而是 C#语言所提供的一个十分具有创意的功能。利用定制特性，我们可以很方便地通过对代码添加“注解”来实现特殊的功能。而在 Unity 3D 中，最常见的一个使用定制特性的部分便是对 Unity 3D 的 Editor（编辑器）的拓展了，利用定制特性，可以很方便地打造专属于自己的 Unity 3D 编辑器。那么下面就开始学习 C#语言的定制特性吧！

7.1 初识特性——Attribute

在定义一个类型或类型内部的成员时，往往会通过 public、private、protected 或者 static 等特性来描述它们。不可否认这些特性能够为我们提供很多帮助，但是否有一些死板或者适用范围有限呢？当然有，那么我们是否可以自己来定义特性呢？比如指定某个类型是用来生成 Editor（编辑器）的、某个类型是可以被序列化的，或者某个方法是依赖某个类型的等。

思考一下，如果要将上面所说的变成现实是否需要什么前提条件呢？答案是需要的，因为编译器必须理解这些特性才会对这些特性作出正确的反应。而一个现实而又棘手的问题就是，编译器的代码对普通开发者而言可能门槛过高，因此为了降低开发者定义自己特性的技术门槛，C#提供了一种机制用来支持开发者们自定义特性，这种机制便是定制特性。它的功能强大，任何人都可以借助它来定义和使用定制特性。而更加重要的是，它在程序的设计时以及运行时都能发挥作用。与此同时，刚刚谈到的编译器必须理解这些特性这一点就可以实现了，因为所有编译器都必须识别定制特性，同时能在元数据中生成特性信息。

从本质上来说，自定义特性只是为某个目标元素提供了和一些额外的附加信息的关联。编译器会在托管模块的元数据中嵌入这些额外的信息。事实上，大多数的特性对编译器来说并没有意义。相反，编译器只是机械地检测源码中的特性，并生成对应的元数据。

在 Unity 3D 的 C#脚本之外，.Net 的类库就已经定义了数百个定制特性了，其中很多在开发中是经常会遇到的。

7.1.1 DllImport 特性

DllImport 特性应用于方法，告诉运行时该方法的定义位于指定的 DLL 的非托管代码中。需要注意的是，DllImport 是在 DLL 为非托管代码时才会使用的，在 Unity 3D 中引用外部 DLL 的一个主要目的是方便集成一些外部插件，以便调用现有的动态链接库。

如果外部 DLL 是用托管语言也就是 C#编译而来，则无需什么特殊的操作，一般只需要将目标 DLL 放在 Assets 目录下的 Plugins 目录即可在游戏脚本中调用。例如下面的例子，代码如下。

```
//DLL 部分代码
using System;
using UnityEngine;

namespace DLLTest {

 public class MyUtilities {

      public int c;

      public void AddValues(int a, int b) {
          c = a + b;
      }

      public static int GenerateRandom(int min, int max) {
          System.Random rand = new System.Random();
          return rand.Next(min, max);
      }
 }
}
```

由于是托管代码生成的 DLL 文件，所以将目标 DLL 文件引入之后就可以直接在代码中使用 DLL 中所定义的方法了，代码如下。

```
//使用 DLL 中定义的方法
using UnityEngine;
 using System.Collections;
```

```
using DLLTest;

void Start () {
    //可以直接使用 DLL 文件中定义的方法
MyUtilities utils = new MyUtilities();
    utils.AddValues(2, 3);
    print("2 + 3 = " + utils.c);
}

void Update () {
    print(MyUtilities.GenerateRandom(0, 100));
}
```

但如果目标 DLL 是使用非托管代码，例如 C/C++生成的呢？那么在 Unity 3D 的 C#脚本语言中便无法直接使用 DLL 中定义的方法了，此时 DllImport 特性便要“登场”了。

假设我们的非托管代码是一个十分简单的方法，代码如下。

```
float FooPluginFunction () { return 5.0F; }
```

当要在 Unity 3D 中使用 FooPluginFunction 这个方法时，首先需要使用 DllImport 特性，告诉运行时该方法定义在外部 DLL 文件中。就像下面的这个例子，代码如下。

```
using UnityEngine;
using System.Runtime.InteropServices;

class SomeScript : MonoBehaviour {

    #if UNITY_IPHONE || UNITY_XBOX360

    // On iOS and Xbox 360 plugins are statically linked into
    // the executable, so we have to use __Internal as the
    // library name.
    [DllImport ("__Internal")]

    #else

    // Other platforms load plugins dynamically, so pass the name
    // of the plugin's dynamic library.
    [DllImport ("PluginName")]

    #endif

    private static extern float FooPluginFunction ();

    void Awake () {
```

```
        // Calls the FooPluginFunction inside the plugin
        // And prints 5 to the console
        print (FooPluginFunction ());
    }
}
```

7.1.2 Serializable 特性

与 DllImport 特性应用于方法不同，Serializable 特性应用于类型。使用 Serializable 特性用来告诉格式化程序一个类型的实例的字段可以进行序列化和反序列化操作。

要想将某个类型的实例序列化和反序列化，是必须要使用 Serializable 特性的。例如下面的这个例子，代码如下。

```
//需要被序列化的目标类
using System;
using System.Collections;
[Serializable]//使用了 [Serializable]来告诉编译器，该类实例可以被序列化
public class SerializableClass{
 public string name;
 public int age;
 public bool isHero;

 public SerializableClass(string name, int age, bool isHero)
 {
     this.name = name;
     this.age = age;
     this.isHero = isHero;
 }
}
```

供我们进行序列化的类的定义的代码如上面所示。在定义这个名为 SerializableClass 的类之前，首先加上了[Serializable]特性来告诉编译器该类的实例可以被序列化。那么然后再写一个 C#脚本来观察一下序列化和反序列的过程，代码如下。

```
using System.IO;
using System.Runtime.Serialization.Formatters.Binary;

public class SerializableTest : MonoBehaviour {
 public SerializableClass serializableClass;

 // Use this for initialization
 void Start () {
     this.serializableClass = new SerializableClass("chenjiadong", 26,
true);
```

```
    }

    // Update is called once per frame
    void Update () {

    }

    private void OnGUI()
    {
        if ( GUI.Button ( new Rect (10,10,150,100), "Serialize"))
        {
            string fileName = "/Users/fanyou/egg/Assets/serializableClass.dat";
            Stream  fStream  =  new  FileStream(fileName,  FileMode.Create,
FileAccess.ReadWrite);

            BinaryFormatter binFormat = new BinaryFormatter();//创建二进制序列
化器

            binFormat.Serialize(fStream, this.serializableClass);
            fStream.Close();
            this.serializableClass.name = "yanliang";
            Debug.Log("the class name is :" + this.serializableClass.name);
        }
        if ( GUI.Button ( new Rect (300,10,150,100), "Deserialize"))
        {
            string fileName = "/Users/fanyou/egg/Assets/
serializableClass.dat";
            Stream  fStream  =  new  FileStream(fileName,  FileMode.Open,
FileAccess.Read);
            BinaryFormatter binFormat = new BinaryFormatter();//创建二进制序列
化器
            this.serializableClass  =  binFormat.Deserialize(fStream)  as
SerializableClass;
            fStream.Close();
            Debug.Log("after  Deserialize  the  class  name  is  :"  +
this.serializableClass.name);
        }
    }
}
```

在这个脚本中，首先在 Start 方法中实例化了一个 SerializableClass 类的对象，名为 serializableClass。然后通过在 OnGUI 方法中创建两个按钮分别执行序列化和反序列的操作。在序列化的部分，将 SerializableClass 的实例序列化为二进制文件，保存为“/Users/fanyou/egg/Assets/serializableClass.dat”，此时被序列化为二进制的对象的 name 字段内容为“chenjiadong”。紧接着将该字段的内容修改为“yanliang”，因此此时变量 serializableClass 的 name 字段已经从“chenjiadong”变为了“yanliang”。然后在反序列化的部分，将“/Users/fanyou/egg/Assets/serializableClass.dat”这个二进制文件反序列化为类的实例，由于二进制中对应的类实例的 name 字段仍为“chengjiadong”，将反序列化之后得到的类实例赋值给 serializableClass 变量，此时 serializableClass 变量就成了修改 name 字段之前的 serializableClass 变量了，打印出此时的 name 字段，可以看到输出的内容为“chenjiadong”。详细的结果如图 7-1 所示。

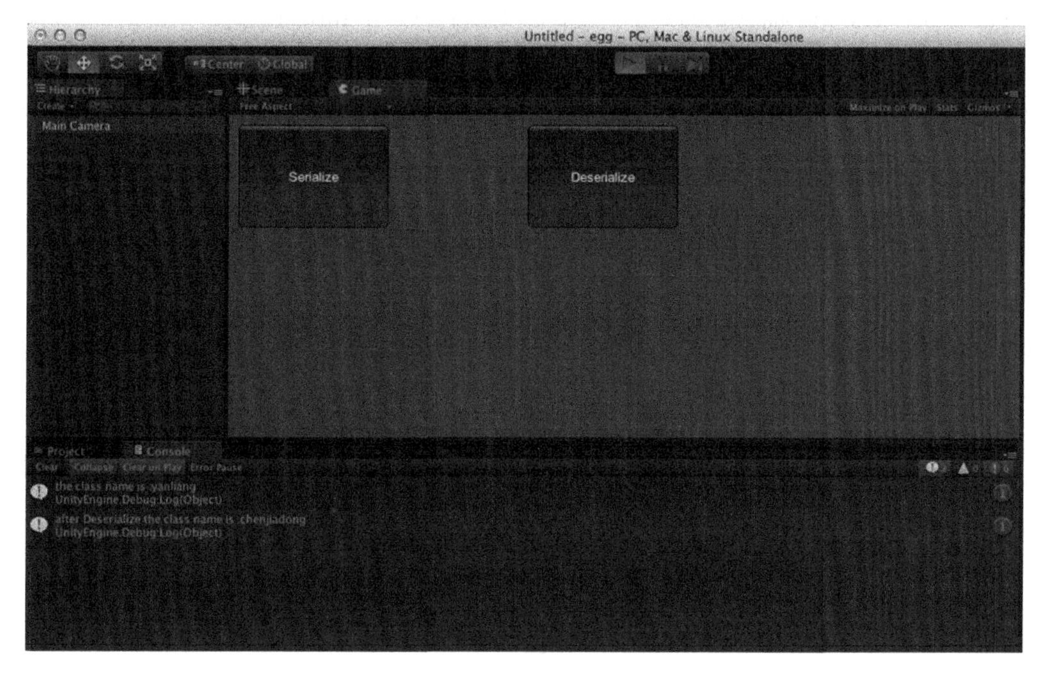

图 7-1 Serialize 和 Deserialize

关于序列化和反序列化的话题，之后还会更深一步地讨论。这里仅仅是为了向各位读者演示[Serializable]特性的作用，如果要将某个类的实例序列化，那么在定义该类时，必须使用[Serializable]特性。

7.1.3 定制特性到底是谁

7.1.1 和 7.1.2 两个小节介绍了两个定义在基础类库中的，比较有代表性的特性，各位读者也对到底如何使用特性有了一个初步的印象。但是，特性自己到底是如何定义的呢？

简单地说，定制特性其实是一个类型的实例。Mono 之所以能够跨平台的一个原因便是其符合“公共语言规范（Common Language Specification，CLS）”的要求，而根据公共语言规范定制特性类必须直接或者间接从公共抽象类 System.Attribut 派生。如果平日里留心观察，会发现 System.Runtime.InteropServices.DllImportAttribute、System.Runtime.InteropServices.FieldOffsetAttribute、System.Runtime.InteropServices.GuidAttribute、System.Runtime.InteropServices.IdispatchImplAttribute、System.Runtime.InteropServices.ImportedFromTypeLibAttribute、System.Runtime.InteropServices.InAttribute、System.Runtime.InteropServices.InterfaceTypeAttribute、System.Runtime.InteropServices.LCIDConversionAttribute、System.Runtime.InteropServices.ManagedToNativeComInteropStubAttribute、System.Runtime.InteropServices.MarshalAsAttribute、System.Runtime.InteropServices.OptionalAttribute 等特性都是派生自 System.Attribut 类。

而正如前文所述，定制特性其实是一个类型的实例，因此一个最直观的需求便是特性类必须有公共构造器来创建它的实例。因此，当一个特性要作用于目标元素时，从语法上看十分类似调用类的实例构造器。例如之前所说的 DllImport 特性。

```
[DllImport ("PluginName")]
```

查阅 System.Runtime.InteropServices.DllImportAttribute 类的文档，可以发现它的构造函数需要一个 string 型的参数，在上面的例子中，将字符串 PluginName 作为参数传入了 DllImportAttribute 类的构造函数中，进而创建了 DllImportAttribute 类的一个实例。当然，如果特性类的构造函数无须额外的参数，可以省略括号，例如[Serializable]特性。

当然，多个特性也可以应用于同一个目标元素。而如果多个特性同时应用于同一个目标元素时，既可以将每个特性都封闭到一对方括号中，也可以在一对方括号中封闭多个以逗号作为分隔的特性。

7.2 Unity 3D 中提供的常用定制特性

现在已经知道了在 C#语言中的特性是从 System.Attribute 派生而来的一个类的实例，那么在 Unity 3D 游戏引擎中的 C#游戏脚本中是否也有派生自 System.Attribute 类的一些特性呢？当然是有的。Unity 3D 中将特性分别定义在了 UnityEngine 和 UnityEditor 这两个命名空间中。假定你是 Unity 3D 的设计人员，负责为 Unity 3D 的编辑器添加供游戏开发者自定义编辑器菜单的功能，那么要做的第一件事便是要定义一个 AddComponentMenu 类，代码如下。

```
namespace  UnityEngine
{
 public class AddComponentMenu : System.Attribute
 {
     public AddComponentMenu(string componentName)
     {
```

```
        ...
    }
  }
}
```

需要注意的是，AddComponentMenu 类从 System.Attribute 类派生而来，这样 AddComponentMenu 类便符合了公共语言规范（Common Language Specification，CLS）中关于定制特性的要求。然后该特性还需要至少一个公共构造器，以用来实例化一个实例。如上面的代码所示，AddComponentMenu 类的构造器十分简单，获取一个 string 类型的参数 componentName。

当然，Unity 3D 中是真实存在 AddComponentMenu 这个特性的。AddComponentMenu 属性允许你在“Component”菜单中放置一个脚本，而无须在意这个脚本在哪里。

下面通过一个例子来看看它的作用，代码如下。

```
using UnityEngine;
using System.Collections;
[AddComponentMenu("Transform/DebugLogYourPlatform")]
public class AttributeTest : MonoBehaviour {

 // Use this for initialization
 void Start () {
     Application.platform.ToString();
 }

 // Update is called once per frame
 void Update () {

 }
}
```

创建一个脚本，名称为 AttributeTest。此时回到 Unity 3D 的编辑器，可以在菜单栏里发现定义的“Transform/DebugLogYourPlatform”菜单项已经加入了，单击此菜单项便可以向目标 GameObject 添加 AttributeTest 脚本，如图 7-2 所示。

图 7-2 AddComponentMenu 特性的使用

Unity 3D 的特性类分别定义在两个命名空间中——UnityEngine 和 UnityEditor。AddComponentMenu 特性位于 UnityEngine 中，而在 Unity 3D 中更常用的一些特性则定义在 UnityEditor 中。

讲到 UnityEditor 中的特性，首先会想到的肯定是和编辑器相关的一些功能。例如 MenuItem 特性。首先要说明的是这是一个编辑器类，如果想使用它，你需要把它放到工程目录下的 Assets/Editor 文件夹下。编辑器类在 UnityEditor 命名空间下。所以当使用 C#脚本时，你需要在脚本前面加上“using UnityEditor”引用。

MenuItem 特性允许你添加菜单项到主菜单和检视面板上下文菜单，并且 MenuItem 特性会将所有的静态方法转变为菜单命令。所以说，MenuItem 特性是作用于静态方法的。下面通过一个例子来演示一下 MenuItem 特性的使用方法，代码如下。

```
using UnityEditor;
using UnityEngine;
public class MenuTest : MonoBehaviour {

 //为菜单栏增加一个名为 Do Something 的菜单项
 [MenuItem ("MyMenu/Do Something")]
 static void DoSomething () {
     Debug.Log ("Doing Something...");
 }


 // 被激活的菜单项
 //在菜单栏中增加一个叫作“Log Selected Transform Name”的菜单项
 //我们使用下面的静态方法 ValidateLogSelectedTransformName 来激活该菜单项
 //因此，只有当我们选择了一个 transform 时，该菜单项才可用
```

```
    [MenuItem ("MyMenu/Log Selected Transform Name")]
    static void LogSelectedTransformName ()
    {
        Debug.Log ("Selected Transform is on " + Selection.activeTransform.
gameObject.name + ".");
    }

    //激活上面的静态方法所定义的菜单项
    //如果该方法返回的 false，则菜单项不激活
    [MenuItem ("MyMenu/Log Selected Transform Name", true)]
    static bool ValidateLogSelectedTransformName () {
        // Return false if no transform is selected.
        return Selection.activeTransform != null;
    }


    //在菜单栏中增加一个叫作“Log Selected Transform Name”的菜单项
    //并且为它增加一个快捷键（在 Windows 操作系统是“Ctrl+g”，在 OS X
   //操作系统上是“cmd+g”）
    [MenuItem ("MyMenu/Do Something with a Shortcut Key %g")]
    static void DoSomethingWithAShortcutKey () {
        Debug.Log ("Doing something with a Shortcut Key...");
    }

    //为 Rigidbody 的 context 菜单增加一个名为 Double Mass 的菜单项
    [MenuItem ("CONTEXT/Rigidbody/Double Mass")]
    static void DoubleMass (MenuCommand command) {
        Rigidbody body = (Rigidbody)command.context;
        body.mass = body.mass * 2;
        Debug.Log ("Doubled Rigidbody's Mass to " + body.mass + " from
Context Menu.");
    }


    //增加一个菜单项用来创建自定义的 GameObjects
    [MenuItem("GameObject/MyCategory/Custom Game Object", false, 10)]
    static void CreateCustomGameObject(MenuCommand menuCommand) {
        GameObject go = new GameObject("Custom Game Object");
        GameObjectUtility.SetParentAndAlign(go, menuCommand.context as
GameObject);
        Undo.RegisterCreatedObjectUndo(go, "Create " + go.name);
        Selection.activeObject = go;
    }
   }
```

在上面例子的代码中，可以发现分别使用了 MenuItem 类的 3 种构造函数。

（1）public MenuItem(string itemName)。

只需要一个 string 类型作为参数的构造函数，将会创建一个菜单项，并且该菜单项被选中时会触发 MenuItem 特性所修饰的那个静态方法，而参数 itemName 则是菜单项在编辑器中展示给开发者的文字内容，例如“GameObject/Do Something”。

（2）public MenuItem(string itemName, bool isValidateFunction)。

同时需要一个 string 类型和一个 bool 类型作为参数的构造函数，将会创建一个菜单项，并且该菜单项被选中时会触发 MenuItem 特性所修饰的那个静态方法，而参数 itemName 则是菜单项在编辑器中展示给开发者的文字内容，例如“GameObject/Do Something”。当参数 isValidateFunction 为 true 时，修饰的方法为一个被激活的方法，并且在单击时触发。

（3）public MenuItem(string itemName, bool isValidateFunction, int priority)。

相比于 MenuItem 之前的两个构造函数，该构造函数又增加了一个 int 类型的参数 Priority，该参数定义了菜单项在菜单栏中出现的顺序。

解释完了 MenuItem 的 3 个构造函数，再来看看使用了它之后，Unity 3D 编辑器发生了什么变化。

可以看到在编辑器顶部的菜单栏中出现了一个新的菜单项——MyMenu，并且下拉菜单中有 3 个我们定义的子菜单项——Do Something、Log Selected Transform Name、Do Something with a Shortcut Key cmd+G，如图 7-3 所示。到此，我们就能理解特性机制的作用，以及在 Unity 3D 中是如何使用特性的。那么接下来，让我们自己动手来定义一个属于我们自己的特性吧。

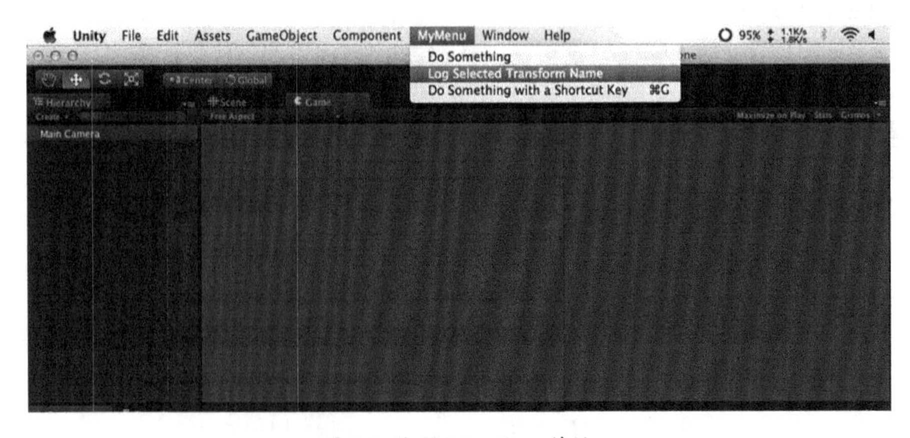

图 7-3 使用 MenuItem 特性

7.3 定义自己的定制特性类

我们已经知道了所有特性都是从 System.Attribute 派生而来的一个特性类的实例，因此为了定义我们自己的定制特性，首先要做的便是定义一个类——CustomAttribute，代码如下。

```
using System;
using System.Collections;
using System.Collections.Generic;

public class CustomAttribute : System.Attribute{

    public CustomAttribute()
    {

    }
}
```

可以看到，在定义 CustomAttribute 这个类时，显式的指出了 CustomAttribute 继承自 System.Attribute。这样 CustomAttribute 类便和公共语言规范（Common Language Specification，CLS）中关于定制特性的要求相符了。而 CustomAttribute 同样也需要一个公共构造器来实例化一个特性实例，在我们的代码中，CustomAttribute 类的构造器十分简单，无需额外的参数，也不做任何事情。

不过通过上例中那段简单的代码所定义的特性类的实例能够应用于任何的目标元素，有时候我们显然希望某种特性只对应某种类型，例如希望上述的 CustomAttribute 特性只能适用于引用类型，而不必应用于值类型或方法，或者是属性。那么应该如何告诉编译器 CustomAttribute 特性的适用范围呢？此时就会用到另一个在基础类库中定义的特性类——System.AttributeUsageAttribute 类的实例了。除此之外，还想为 CustomAttribute 特性加入一些简单的功能，例如为它的构造函数增加一个额外的 string 型的参数，并且为 CustomAttribute 类中的某个字段赋值并打印出其内容。再引入 System.AttributeUsageAttribute 类的实例，以及增加了这些小功能后，CustomAttribute 特性类的代码如下。

```
using System;
using System.Collections;
using System.Collections.Generic;

[AttributeUsage(AttributeTargets.Class, Inherited = false)]
public class CustomAttribute : System.Attribute{
 string name;
    public CustomAttribute(string name)
    {
```

```
            this.name = name;
        }
    }
```

面对例子中的这段代码，最吸引我们眼球的莫过于 AttributeUsageAttribute 类的使用了。AttributeUsageAttribute 类是指定另一特性类的用法的简单的类。正是由于特性类型的本质仍然是类，而类是可以应用特性的，这也是为什么我们可以使用 AttributeUsageAttribute 类来告诉编译器我们的定制特性类适用范围的原因。AttributeUsageAttribute 类的定义的代码如下。

```
    namespace System {

        using System.Reflection;
        /* By default, attributes are inherited and multiple attributes are
not allowed */
    [Serializable]
        [AttributeUsage(AttributeTargets.Class, Inherited = true)]
    [System.Runtime.InteropServices.ComVisible(true)]
        public sealed class AttributeUsageAttribute : Attribute
        {
            internal    AttributeTargets    m_attributeTarget    =
AttributeTargets.All; // Defaults to all
            internal bool m_allowMultiple = false; // Defaults to false
            internal bool m_inherited = true; // Defaults to true

            internal   static   AttributeUsageAttribute   Default   =   new
AttributeUsageAttribute(AttributeTargets.All);

           //Constructors
            public AttributeUsageAttribute(AttributeTargets validOn) {
                m_attributeTarget = validOn;
            }
           internal  AttributeUsageAttribute(AttributeTargets  validOn,  bool
allowMultiple, bool inherited) {
                m_attributeTarget = validOn;
                m_allowMultiple = allowMultiple;
                m_inherited = inherited;
           }


           //Properties
            public AttributeTargets ValidOn
            {
               get{ return m_attributeTarget; }
```

```
        }

        public bool AllowMultiple
        {
            get { return m_allowMultiple; }
            set { m_allowMultiple = value; }
        }

        public bool Inherited
        {
            get { return m_inherited; }
            set { m_inherited = value; }
        }
    }
}
```

可以看到它的构造函数的代码如下。

```
public AttributeUsageAttribute(AttributeTargets validOn) {
            m_attributeTarget = validOn;
        }

internal    AttributeUsageAttribute(AttributeTargets    validOn,    bool
allowMultiple, bool inherited) {
            m_attributeTarget = validOn;
            m_allowMultiple = allowMultiple;
            m_inherited = inherited;
        }
```

它需要一个 AttributeTargets 类型的参数 validOn 来指明特性的适用范围。关于 AttributeTargets 枚举的定义的代码如下

```
//AttributeTargets 这个枚举值的定义如下
public enum AttributeTargets
{
  Assembly = 0x0001,
  Module = 0x0002,
  Class = 0x0004,
  Struct = 0x0008,
  Enum = 0x0010,
  Constructor = 0x0020,
  Method = 0x0040,
  Property = 0x0080,
  Field = 0x0100,
  Event = 0x200,
```

```
    Interface = 0x400,
    Parameter = 0x800,
    Delegate = 0x1000,
    All = Assembly | Module | Class | Struct | Enum | Constructor| Method
| Property|     Filed| Event| Interface | Parameter | Deleagte ,
    ClassMembers = | Class | Struct | Enum | Constructor | Method |
Property | Field |     Event | Delegate | Interface
  }
```

在上面例子中对 CustomAttribute 的定义实例化的 AttributeUsageAttribute 实例时，将 AttributeTargets.Class 作为参数传入了 AttributeUsageAttribute 类的构造函数，因此 CustomAttribute 特性只能作用于引用类型。

下面通过一个例子看看如何使用我们定义的这个特性吧，代码如下。

```
using System;

[CustomAttribute("ChenClass")]
class ChenClass {

   public static void Main() {
   }
}
```

这样，我们就自己定义了一个属于自己的定制特性。各位读者是否觉得原来定制特性并不难呢？但是上面的那个脚本如果运行之后，我们能看到输入的参数“ChenClass”被打印出来了吗？答案是不能，不是已经定义完成了 CustomAttribute 这个特性类，并且也实例化了这个类了吗？可为什么应用了 CustomAttribute 特性的类并没有实现相应的功能呢？为了回答这个问题，接下来的这一节就来学习一下检测定制特性的相关内容。

7.4 检测定制特性

在 7.3 节我们定义了自己的特性类 CustomAttribute，但仅仅定义特性类并没有什么用处。这是因为我们虽然定义了自己想要的特性类，并且实例化这个类，从而得到了所需要的特性类实例，但是这样做充其量仅仅是在程序集中生成额外的元数据，应用程序代码的行为不会有什么改变，也不会有什么其他意义。

在前面的章节中，介绍 Unity 3D 所提供的 AddComponentMenu 特性类时，它的确作用在了目标类的身上，并且的确在 Unity 3D 的编辑器中生成了所需的菜单项。这又是为什么呢？代码的行为之所以改变，是由于它们会在运行时检查自己操作的类型是否和

AddComponentMenu 特性类产生了关联。运行时会利用一种称为反射的技术来检测特性的存在。现在让我们回到使用了 CustomAttribute 特性的类的定义，实现当添加了 CustomAttribute 特性时便输出 CustomAttribute 的实例中的 name 字段内容的功能。

那么 ChenClass 类的相关代码如下。

```
[CustomAttribute("ChenClass")]
class ChenClass {

    public static void Main() {
          ChenClass c = new ChenClass();
    }

    public ChenClass()
    {
 //判断 ChenClass 类是否应用了 CustomAttribute 特性，如果是则打印
 //出 ChenClass
      if(this.GetType().IsDefined(typeof(CustomAttribute), false))
      {
          System.Console.WriteLine("ChenClass");
      }
    }
}
```

这次 ChenClass 类与之前的什么都不做不同，这次在它的构造函数中增加了对 Type 的 IsDefined 方法的调用，IsDefined 方法会要求运行时查看 ChenClass 类的元数据，检查是否和 CustomAttribute 特性类的实例已经进行关联。若 IsDefined 方法返回的结果为 true，则证明 ChenClass 类已经和 CustomAttribute 特性类的实例进行了关联，则打印出“ChenClass”这个字符串；如果 IsDefined 方法返回的结果为 false，则证明 ChenClass 类还没有和 CustomAttribute 特性类的实例进行关联，这种情况下就无须额外的逻辑功能。

所以，要想让一个定制特性真正发挥作用，不能仅仅是定义一个定制特性类，还需要在特性类作用的目标中增加一些代码来检测这些目标是否和对应的特性类的实例进行过关联，并且根据检测的结果来执行一些逻辑分支代码，这样定制特性才能真正发挥它的作用。

7.5 亲手拓展 Unity 3D 的编辑器

Unity 3D 游戏引擎提供了十分丰富的拓展编辑器的接口。使用这些接口，再配合 Unity 3D 中定义的一些特性，可以十分方便的按照自己的想法来自定义 Unity 3D 的编辑器窗口。所以本节就通过拓展自己的 Unity 3D 的编辑器来将本章之前讲述的内容进一步深化。

首先新建一个新的 C#游戏脚本，代码如下。

```
using UnityEngine;
using System.Collections;

public class EditorTest : MonoBehaviour
{
    public Rect mRectValue ;
 public Texture texture;
}
```

然后将该脚本挂载在游戏场景中的摄像机之上，如图 7-4 所示。

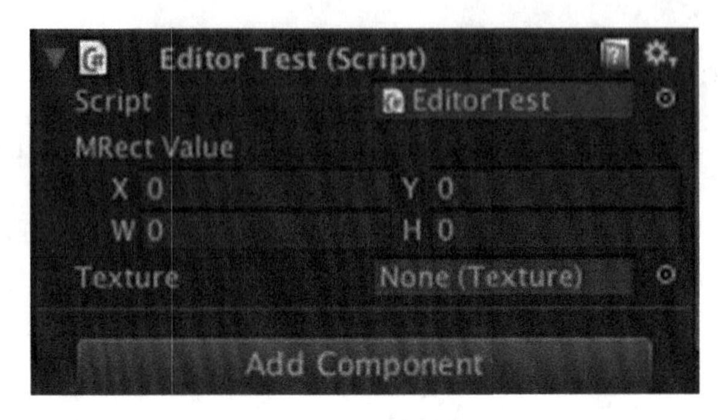

图 7-4 EditorTest 脚本

为了能够在动态编辑它，需要在编辑器中增加对应的功能。首先再创建一个 C#游戏脚本，命名为 MyEditor.cs，代码如下。

```
using UnityEditor;
using UnityEngine;

[CustomEditor(typeof(EditorTest))]
[ExecuteInEditMode]
//需要继承 Editor 类
public class MyEditor : Editor
{
 //重载 OnInspectorGUI 方法，来绘制控件
    public override void OnInspectorGUI()
 {
     //获取 EditorTest 类的实例
     EditorTest editorTest = (EditorTest) target;
     //绘制一个窗口
     editorTest.mRectValue = EditorGUILayout.RectField("窗口坐标",
            editorTest.mRectValue);
     //绘制一个贴图槽
```

```
        editorTest.texture =    EditorGUILayout.ObjectField(" 增 加 一 个 贴 图
",editorTest.texture,typeof(Texture),true) as Texture;

    }
  }
```

所以接下来要在 Project 视图中创建一个 Editor 文件夹，然后再把脚本 MyEditor 放进 Editor 文件夹中。再看刚刚的面板，已经发生了变化，如图 7-5 所示。

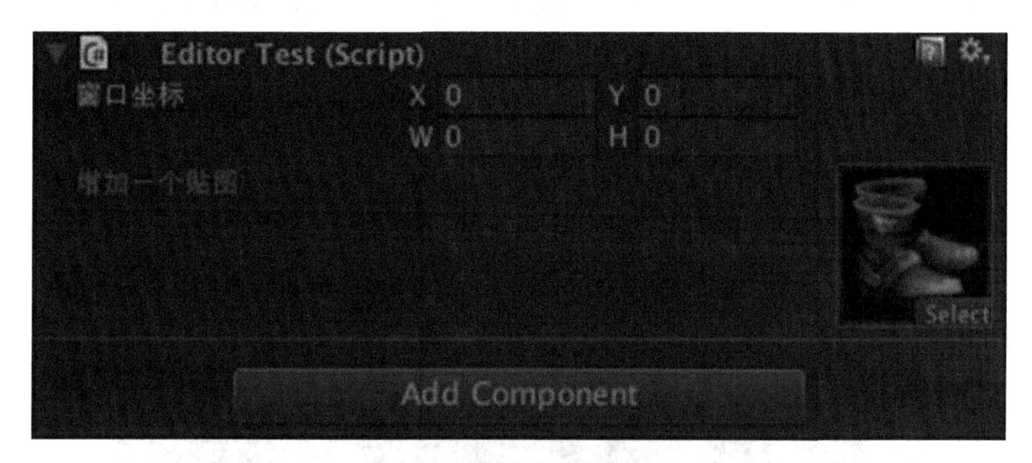

图 7-5　修改后的编辑器的窗口

回过头再去看一看 MyEditor 脚本，可以看到在这段代码中使用了两个定制特性，分别是 [CustomEditor(typeof(EditorTest))]和[ExecuteInEditMode]。然后又重载了 OnInspectorGUI 方法来进行对控件的绘制，在 OnInspectorGUI 方法内部，还用到了 EditorGUILayout 类的两个静态方法 RectField 和 ObjectField 来实现具体的创建逻辑。

除了能够为 Unity 3D 的编辑器中的控件进行绘制，还可以为编辑器自行创建一个新的窗口，并且设置它的窗口布局。下面我们仍然要在 Editor 文件夹中创建一个脚本，命名为 EditorWindowTest.cs，该脚本的代码如下。

```
using UnityEngine;
using UnityEditor;
public class EditorWindowTest : EditorWindow
{

    [MenuItem ("MyMenu/OpenWindow")]
    static void OpenWindow ()
  {
     //创建窗口
     Rect  wr = new Rect (0,0,500,500);
```

```
        EditorWindowTest window =
(EditorWindowTest)EditorWindow.GetWindowWithRect (typeof (EditorWindowTest),
wr,true,"测试创建窗口");
        window.Show();

    }
}
```

可以注意到此处使用了之前介绍过的[MenuItem ("MyMenu/OpenWindow")]特性，将创建窗口的方法作为菜单项添加到了菜单栏中。单击“MyMenu/OpenWindow”菜单项，便可以创建出一个最基本的测试窗口，如图 7-6 所示。

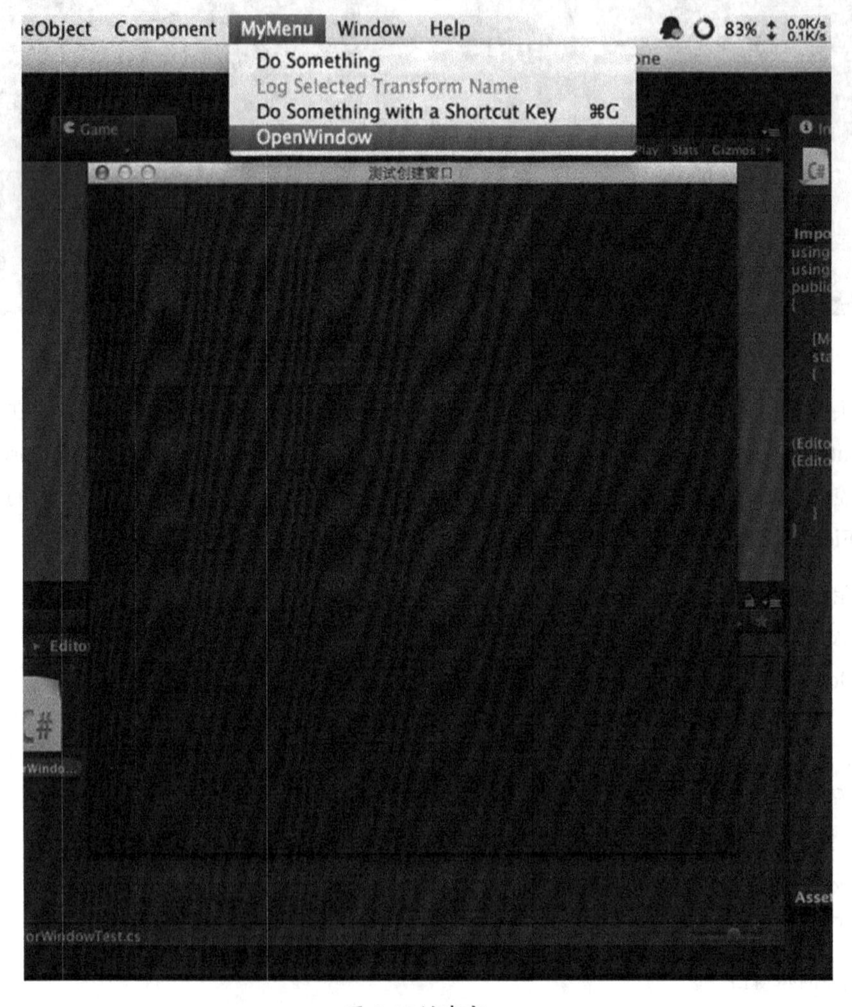

图 7-6 创建窗口

当然，这仅仅是一个最基本的窗口，可以看到在这个窗口中什么内容都没有，那么如何才能丰富一个窗口的内容呢？下面就来修改一下 EditorWindowTest 这个脚本，在 EditorWindowTest 脚本中增加一些能够丰富窗口内容的方法。

修改后的 EditorWindowTest 脚本的代码如下。

```
using UnityEngine;
using UnityEditor;
public class EditorWindowTest : EditorWindow
{

 [MenuItem ("MyMenu/OpenWindow")]
 static void OpenWindow ()
 {
      //创建窗口
      Rect  wr = new Rect (0,0,500,500);
      EditorWindowTest window = (EditorWindowTest)EditorWindow.
GetWindowWithRect (typeof (EditorWindowTest),wr,true,"测试创建窗口");
      window.Show();

 }

 //输入文字的内容
 private string text;
 //选择贴图的对象
 private Texture texture;

 public void Awake ()
 {
      //在资源中读取一张贴图
      texture = Resources.Load("1") as Texture;
 }

 //绘制窗口时调用
 void OnGUI ()
 {
      //输入框控件
      text = EditorGUILayout.TextField("输入文字:",text);

      if(GUILayout.Button("打开通知",GUILayout.Width(200)))
      {
          //打开一个通知栏
         this.ShowNotification(new GUIContent("This is a Notification"));
      }
```

```
        if(GUILayout.Button("关闭通知",GUILayout.Width(200)))
        {
            //关闭通知栏
            this.RemoveNotification();
        }

        //文本框显示鼠标在窗口的位置
        EditorGUILayout.LabelField ("鼠标在窗口的位置", Event.current.
mousePosition.ToString ());

        //选择贴图
        texture = EditorGUILayout.ObjectField("添加贴图",texture,
typeof(Texture),true) as Texture;

        if(GUILayout.Button("关闭窗口",GUILayout.Width(200)))
        {
            //
            this.Close();
        }

    }

    //
    void Update()
    {

    }

    void OnFocus()
    {
        Debug.Log("当窗口获得焦点时调用一次");
    }

    void OnLostFocus()
    {
        Debug.Log("当窗口丢失焦点时调用一次");
    }

    void OnHierarchyChange()
    {
        Debug.Log("当 Hierarchy 视图中的任何对象发生改变时调用一次");
    }
```

```
    void OnProjectChange()
    {
        Debug.Log("当 Project 视图中的资源发生改变时调用一次");
    }

    void OnInspectorUpdate()
    {
        //Debug.Log("窗口面板的更新");
        //这里开启窗口的重绘，不然窗口信息不会刷新
        this.Repaint();
    }

    void OnSelectionChange()
    {
        //当窗口处于开启状态，并且在 Hierarchy 视图中选择某游戏对象时调用
        foreach(Transform t in Selection.transforms)
        {
            //有可能是多选，这里开启一个循环打印选中游戏对象的名称
            Debug.Log("OnSelectionChange" + t.name);
        }
    }

    void OnDestroy()
    {
        Debug.Log("当窗口关闭时调用");
    }
}
```

修改后的窗口内容，如图 7-7 所示。

当然，在 Unity 3D 的编辑器区域中，还有一个十分重要的区域便是场景（Scene）区域。那么是否可以拓展 Scene 区域呢？答案是肯定的，下面就让我们来尝试一下拓展 Scene 区域吧。

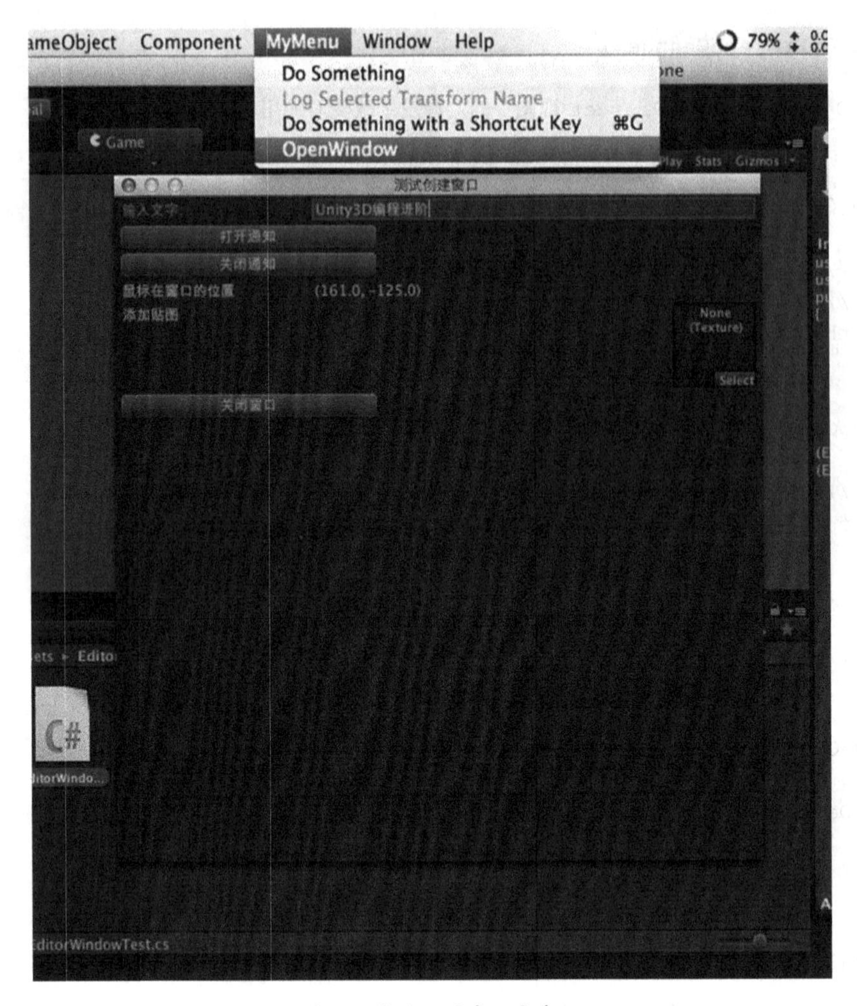

图 7-7 修改后的窗口内容

事实上，对 Scene 区域的拓展要基于一个基础，那便是对象。也就是说作为开发者，必须在 Hierarchy 视图中选中一个当前 Scene 区域中的游戏对象才行。而 Hierarchy 视图中选择不同的游戏对象，也可以有不一样的 Scene 视图，下面来新建一个游戏脚本，命名为 SceneTest，代码如下。

```
using UnityEngine;
using System.Collections;

public class SceneTest : MonoBehaviour {

 // Use this for initialization
 void Start () {
```

```
    }

    // Update is called once per frame
    void Update () {

    }
}
```

一个没有实现具体逻辑的脚本，之后我们在 Hierarchy 视图中添加一个新建的游戏物体，并将该脚本挂载在刚刚新建的游戏物体之上。选中该游戏物体后，如图 7-8 所示。

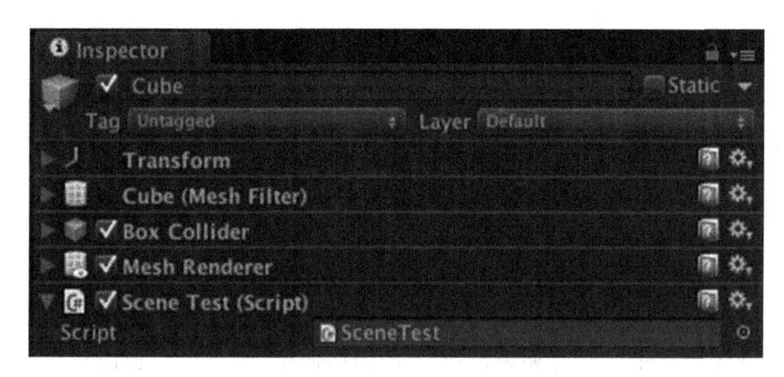

图 7-8　选中 Hierarchy 视图中的游戏物体

为了在 Scene 视图中能编辑游戏物体，还需要创建另一个脚本来实现这个功能，这个脚本的名字叫 SceneEditor，代码如下。

```
using UnityEditor;
using UnityEngine;

[CustomEditor(typeof(SceneTest))]
//继承 Editor
public class SceneEditor : Editor
{

 void OnSceneGUI()
 {
     //得到 test 脚本的对象
     SceneTest test = (SceneTest) target;

     //绘制文本框
     Handles.Label(test.transform.position + Vector3.up*2,
                   test.transform.name          +"            :            "+
```

```
test.transform.position.ToString() );

        //开始绘制 GUI
        Handles.BeginGUI();

        //规定 GUI 显示区域
        GUILayout.BeginArea(new Rect(100, 100, 100, 100));

        //GUI 绘制一个按钮
        if(GUILayout.Button("这是一个按钮!"))
        {
            Debug.Log("SceneTest");
        }
        //GUI 绘制文本框
        GUILayout.Label("我在编辑 Scene 视图");

        GUILayout.EndArea();

        Handles.EndGUI();
    }

    }
```

将该脚本仍然放入 Editor 文件夹内，再次选中刚刚的游戏物体，此时可以看到在 Scene 视图中已经变为了可编辑的状态，如图 7-9 所示。

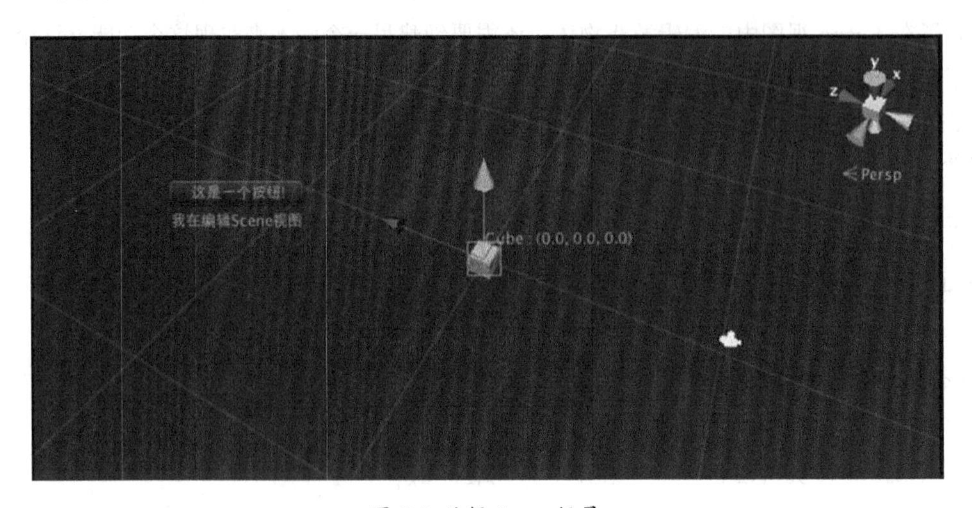

图 7-9 编辑 Scene 场景

拓展 Editor 的实践已经完成了，在此过程中使用了很多定制特性，以及 Unity 3D 中针对编辑器提供的一些有用的接口。通过这几个例子，各位读者应该更加加深了对定制特性以及编辑器拓展的理解。

7.6 本章总结

本章通过介绍 C#语言中的定制特性的机制，引出了利用这些定制特性来实现对 Unity 3D 编辑器自定义的内容。

第 8 章 Unity 3D 协程背后的迭代器

协程（英文为 coroutine）的概念存在于很多编程语言中，例如 Lua、ruby 等。而由于 Unity 3D 是单线程的，因此它同样实现了协程机制来实现一些类似于多线程的功能，但是要明确的一点就是协程不是进程或线程，其执行过程更类似于子例程，或者说不带返回值的函数调用。那么下面就来学习一下 Unity 3D 中的协程，以及 Unity 3D 实现这种协程背后隐藏的机制。

8.1 初识 Unity 3D 中的协程

假设需要调用一个方法，那么正常的执行逻辑是该方法一定会在返回之前全部执行完毕。这便意味着该方法内部的逻辑必须在一个帧更新的过程中执行完毕，因此直接调用一个方法是不可能实现逻辑在一段时间内逐步执行的。一个很好的例子便是使一个游戏对象的透明度随着时间逐渐降低，直至完全无法看到，我们是无法通过直接调用一个方法来实现随着时间而逐渐减小一个对象的 alpha 值的。例如下面的这段代码。

```
void Fade() {
    for (float f = 1f; f >= 0; f -= 0.1f) {
        Color c = renderer.material.color;
        c.a = f;
        renderer.material.color = c;
    }
}
```

如果直接调用 Fade 方法，那么最终的结果显然是目标游戏物体瞬间变成透明的。因为如果要使游戏物体的透明度减小的过程能够让人观察到，那么其 alpha 值必须随着时间而逐渐减小，以使得引擎在每帧渲染时获取的是 alpha 递减的值，从而在视觉上实现逐渐变为透明的功能。但是如果直接调用 Fade 方法，那么该方法内部的逻辑会在一个帧更新中完成，那么 alpha 的值就会在一帧内从 255 变成 0。因此该游戏对象会立刻变为透明的物体。

那么面对这种情况，应该如何实现一个游戏对象逐渐变成透明物体的逻辑呢？一种思路是在游戏脚本的 Update 方法中来实现，因为 Update 方法是基于帧的，因此可以实现按帧来逐渐减少 alpha 值的逻辑。但是是否还有更加高效和方便的解决思路呢？答案是使用协程。可以说协程机制在处理类似的逻辑任务时，都是应该首先被考虑到的。那么下面就来看看如何使用协程来处理刚刚的那个问题吧。使用协程的代码如下。

```
IEnumerator Fade() {
    for (float f = 1f; f >= 0; f -= 0.1f) {
        Color c = renderer.material.color;
        c.a = f;
        renderer.material.color = c;
        yield return null;
    }
}
```

可以看到，协程的基本形式如上面例子中的这段代码。可以说协程就像是一个方法，只不过它除了普通方法能实现的逻辑之外，还有自己的“超能力”，那就是它可以暂停逻辑的执行，并且将控制权移交给 Unity 3D 引擎，但是之后它还可以从暂停的位置继续开始执行余下的逻辑。其次，我们还可以注意到它的返回类型为 IEnumerator，并且在方法内部使用了 yield return 语句。直观地讲，yield return 语句所在的位置便是协程暂停，并且将控制权移交给 Unity 3D 引擎以及之后继续执行余下逻辑的地方。一个最基本的协程就已经定义好了，但是应该如何调用它呢？这便要使用 Unity 3D 中的 StartCoroutine 方法了。

8.1.1 使用 StartCoroutine 方法开启协程

StartCoroutine 方法是 MonoBehaviour 中定义的一个静态方法，它的签名如下所示。

```
Coroutine StartCoroutine(IEnumerator routine);
Coroutine StartCoroutine(string methodName, object value = null);
```

通过观察 StartCoroutine 方法，可以发现它有两个重载的版本。既可以将一个 IEnumerator 类型的变量作为参数，也可以使用一个 string 型以及一个 object 型作为参数。下面分别使用 StartCoroutine 方法的这两个不同的重载版本来看看 StartCoroutine 方法究竟如何正确使用，代码如下。

```
//使用 StartCoroutine(IEnumerator routine);
using UnityEngine;
using System.Collections;
```

```
public class ExampleClass : MonoBehaviour {
    IEnumerator Start() {
        print("Starting " + Time.time);
        yield return StartCoroutine(WaitAndPrint(2.0F));
        print("Done " + Time.time);
    }
    IEnumerator WaitAndPrint(float waitTime) {
        yield return new WaitForSeconds(waitTime);
        print("WaitAndPrint " + Time.time);
    }
}
```

在上面的这段代码中，使用了 StartCoroutine(IEnumerator routine);这个版本，直接使用协程方法 WaitAndPrint(2.0F)返回的 IEnumerator 对象作为 StartCoroutine 的参数，进而开启了一个协程，每重复 2 秒执行一次打印任务。

接下来再来使用 StartCoroutine 的另一个重载，即传入一个 string 型参数以及一个 object 型参数来开启一个协程，代码如下。

```
// 使用 StartCoroutine(string methodName, object value = null);
using UnityEngine;
using System.Collections;

public class ExampleClass : MonoBehaviour {
    IEnumerator Start() {
        StartCoroutine("DoSomething", 2.0F);
        yield return new WaitForSeconds(1);
        StopCoroutine("DoSomething");
    }
    IEnumerator DoSomething(float someParameter) {
        while (true) {
            print("DoSomething Loop");
            yield return null;
        }
    }
}
```

在这段代码中，通过字符串“DoSomething”来和目标协程方法匹配，可以看到 DoSomething 方法同样需要一个 float 类型的参数，这个参数如何在开启协程的时候传入呢？答案便是 StartCoroutine 方法的第二 object 型的参数 value，由于一切类型都派生自 object，因此在“StartCoroutine("DoSomething", 2.0F);”这行代码中，float 型的值 2.0F 便可以作为 StartCoroutine 的第二个 object 型的参数传入 StartCoroutine 方法，并且为 DoSomething 提供参数的值。由于 StartCoroutine 方法的签名中，value 有一个默认值 null。因此在使用

StartCoroutine 方法时也可以省略第二参数，而只需要传入一个 string 型的参数，所以这行代码“StartCoroutine ("DoSomething");”也可以正常执行。

StartCoroutine 方法的主要作用是开启一个协程。需要注意的是 StartCoroutine 方法是立刻返回的，所以不要把它和真正的协程混淆。下面就通过 StartCoroutine 方法来开启定义协程 Fade，代码如下。

```
using UnityEngine;
using System.Collections;
using System;

public class CoroutineTest : MonoBehaviour {

 // Use this for initialization
 void Start () {

 }

 // Update is called once per frame
 void Update () {
     if (Input.GetKeyDown("f")) {
         StartCoroutine("Fade");
     }
 }

 IEnumerator Fade() {
     for (float f = 1f; f >= 0; f -= 0.1f) {
         Color c = renderer.material.color;
         c.a = f;
         renderer.material.color = c;
         yield return null;
     }
 }
}
```

将该脚本挂载在某个游戏对象上，开始运行游戏，在游戏运行期间按下 F 键便开启了一个协程 Fade，也就实现了游戏对象随着时间而逐渐变得透明的功能。

但是执行过该脚本之后会发现一个问题，那就是该协程是每帧都会恢复执行的，如果想要实现一个延时的效果，经过一段时间之后再恢复执行是否有可能呢？答案是可以。这里又会引入一个新的类——WaitForSeconds。通过它可以实现延时恢复执行逻辑的需求。首先看一下 WaitForSeconds 类的构造函数，便能了解它的使用方法了。

```
// WaitForSeconds 的构造函数
```

```
WaitForSeconds(float seconds);
```

可以看到 WaitForSeconds 的构造函数需要一个 float 类型的参数，用来作为延时的时间。下面来看看它的用法，代码如下。

```
using UnityEngine;
using System.Collections;

using UnityEngine;
using System.Collections;

public class ExampleClass : MonoBehaviour {
 void Start()
 {
     StartCoroutine("Example");
 }
 IEnumerator Example() {
     print(Time.time);
     yield return new WaitForSeconds(5);
     print(Time.time);
 }
}
```

将该脚本挂载在场景内某个游戏物体上，然后运行游戏，可以在 Unity 3D 的输出窗口看到打印出了如下所示的内容。

```
0
UnityEngine.MonoBehaviour:print(Object)
5.00993
UnityEngine.MonoBehaviour:print(Object)
```

可以看到使用 WaitForSeconds 使协程 Example 推迟了 5 秒才恢复执行之后的逻辑。

再回到使游戏物体的透明度递减的例子中，通过使用 WaitForSeconds 使游戏物体的透明度不是按帧递减，而是有一个小小的延时，代码如下。

```
using UnityEngine;
using System.Collections;
using System;

public class CoroutineTest : MonoBehaviour {

 // Use this for initialization
 void Start () {

 }
```

```
    // Update is called once per frame
    void Update () {
        if (Input.GetKeyDown("f")) {
            StartCoroutine("Fade");
        }
    }

    IEnumerator Fade() {
        for (float f = 1f; f >= 0; f -= 0.1f) {
            Color c = renderer.material.color;
            c.a = f;
            renderer.material.color = c;
            yield return new WaitForSeconds(.1f);
        }
    }
}
```

这样就实现了一个使物体的透明度逐渐减小，同时还有一个小小的延时效果的功能。可是除了能够在 Unity 3D 中开启一个协程外，是否同样能够停止一个协程的执行呢？相信有的读者一定想到了，既然 Unity 3D 为我们提供了 StartCoroutine 方法，那么一定也会有一个与之对应的方法 StopCoroutine。所以下面就来学习如何使用 StopCoroutine 方法停止一个协程吧。

8.1.2 使用 StopCoroutine 方法停止一个协程

首先查看 StopCoroutine 方法的签名，代码如下。

```
void StopCoroutine(string methodName);
void StopCoroutine(IEnumerator routine);
```

通过上面的代码可以看到和 StartCoroutine 方法类似，StopCoroutine 同样也有两个重载，既可以将协程方法的方法名作为一个 string 型的参数传入，也可以将 IEnumerator 类型的参数传入 StopCoroutine 方法。下面就通过一个例子来演示一下如何停止一个已经开启的协程，代码如下。

```
using UnityEngine;
using System.Collections;
using System;

public class CoroutineTest : MonoBehaviour {

 IEnumerator Start() {
     StartCoroutine("DoSomething", 2.0F);
     yield return new WaitForSeconds(1);
```

```
        StopCoroutine("DoSomething");
    }

    IEnumerator DoSomething(float someParameter) {
        while (true) {
            print("DoSomething Loop");
            yield return null;
        }
    }
}
```

在这段代码中，开启了一个协程 DoSomething，这个协程如果一直运行则会不断地打印出“DoSomething Loop”这句话。因此在等待了 1 秒钟之后，代码执行到了 StopCoroutine("DoSomething");，这行代码的作用是停止方法名是 DoSomething 的协程的运行。将这个游戏脚本挂载在一个游戏对象上之后运行游戏，可以看到 Unity 3D 的调试窗口在循环打印出了若干次“DoSomething Loop”之后停止了继续打印，换言之，此时的协程已经被终止了。

StopCoroutine 方法只能停止在同一个游戏脚本中方法名和传入的 string 型参数相同的协程，而无法影响别的脚本中开启的协程。同时还需要注意的一点是，StopCoroutine 方法只能用来停止那些使用了 StartCoroutine 的 string 型参数的重载版本开启的协程。

8.2 使用协程实现延时效果

首先需要了解在 Unity 3D 游戏脚本中，凡是使用 yield 语句的类都派生自 UnityEngine.YieldInstruction 类，也就是说 Unity 3D 游戏脚本中的协程类 Coroutine 同样也是 YieldInstruction 类的派生类。那么除了 Coroutine 类派生自 YieldInstruction 类之外，YieldInstruction 类是否还有别的派生类呢？答案是有。同样派生自 YieldInstruction 类的还有 WaitForSeconds 类、WaitForFixedUpdate 类以及 WaitForEndOfFrame 类。

WaitForSeconds 类的作用已经有过了解，它会暂停协程的执行，具体暂停的时间由它的构造函数接受到的参数为准。刚刚已经说了，凡是派生自 YieldInstruction 类的类都必须配合 yield 语句使用。所以如果想使用 Unity 3D 自己的延时机制，就必须使用协程同时配合 WaitForSeconds 类。下面是一个使用过的例子，通过这个例子可以看到如何正确使用 WaitForSeconds 类来实现延时的效果，代码如下。

```
using UnityEngine;
using System.Collections;
using System;
```

```
public class CoroutineTest : MonoBehaviour {
 void Start()
 {
     StartCoroutine("Example");
 }

 IEnumerator Example() {
     print(Time.time);
     yield return new WaitForSeconds(5);
     print(Time.time);
 }
}
```

这段代码在刚刚进入协程时，首先执行第一次“print(Time.time);”打印出当前的运行时间，然后执行到“yield return new WaitForSeconds(5)”这行代码，此时遇到 yield return 因此协程暂停执行，并且将控制权重新交回给 Unity 3D 引擎。并且需要注意的是，yield return 返回的并不是 null，而是一个 WaitForSeconds 类的对象，并且将 5 作为其构造函数的参数。由于 WaitForSeconds 类的实例，协程会在 5 秒后才会再次回到上次暂停的地方继续执行之后的代码，也就是第二次“print(Time.time);”打印出当前的运行时间。

WaitForFixedUpdate 同样继承自 YieldInstruction 类，因此它也必须配合 yield 语句使用。从它的类名上就可以知道它的功能，暂停协程直到下一次 FixedUpdate 时才会继续执行协程。因此它的构造函数也十分简单，并不需要额外的参数。

下面来看一个例子，代码如下。

```
using UnityEngine;
using System.Collections;
using System;

public class CoroutineTest : MonoBehaviour {
 void Start()
 {
     StartCoroutine("Example");
 }

 IEnumerator Example() {
     while (true)
     {
         Debug.Log(Time.frameCount);
         Debug.Log(Time.time);
         yield return new WaitForFixedUpdate();
```

```
        }
    }
}
```

使用 WaitForFixedUpdate 类暂停的时间取决于 Unity 3D 的编辑器中的 TimeManager 的 FixedTimestep 中的值。

当然，还有一个处理延时的类——WaitForEndOfFrame 类，我们常用它来处理等待帧结束再恢复执行的逻辑。它的作用是等到所有的摄像机和 GUI 被渲染完成后，再恢复协程的执行。下面通过一个例子来看看 WaitForEndOfFrame 类的使用方法，代码如下。

```
using UnityEngine;
using System.Collections;
using System.IO;

public class CoroutineTest : MonoBehaviour {

    void Start() {
        StartCoroutine(ScreenShotPNG());
    }
    IEnumerator ScreenShotPNG () {
        yield return new WaitForEndOfFrame();
        int width = Screen.width;
        int height = Screen.height;
        Texture2D tex = new Texture2D(width, height, TextureFormat.RGB24, 
false);
        tex.ReadPixels(new Rect(0, 0, width, height), 0, 0);
        tex.Apply();
        byte[] bytes = tex.EncodeToPNG();
        Destroy(tex);
        File.WriteAllBytes(Application.dataPath + "/../SavedScreen.png", 
bytes);
    }
}
```

这个游戏脚本中的代码实现的功能是截取当前屏幕的画面，并且保存为 PNG 图片。那么为了能够实现这个功能，十分重要的一点便是截取画面操作的发生时间必须是整个画面被引擎渲染完成之后。因此在脚本的 Start 方法中，使用 StartCoroutine 方法开启了协程，而使用协程的目的是要等待帧结束，也就是整个画面渲染完成之后，再执行协程之后的截图逻辑。因此在协程方法中的第一行代码便是一个延时功能“yield return new WaitForEndOfFrame();”等待渲染完成后再读取屏幕缓存。然后通过创建一个 Texture2D 类的实例，来获取屏幕范围内的画面信息，并且将信息转化为一个 byte 数组，然后使用 File.WriteAllBytes 方法将图片保存在本地，并命名为 SavedScreen，如图 8-1 和图 8-2 所示（图 8-1 为游戏在编辑器中运行的画面；图 8-2 为截图并保存在磁盘上的图片内容）。

下面执行整个脚本，来看看它所实现的功能。

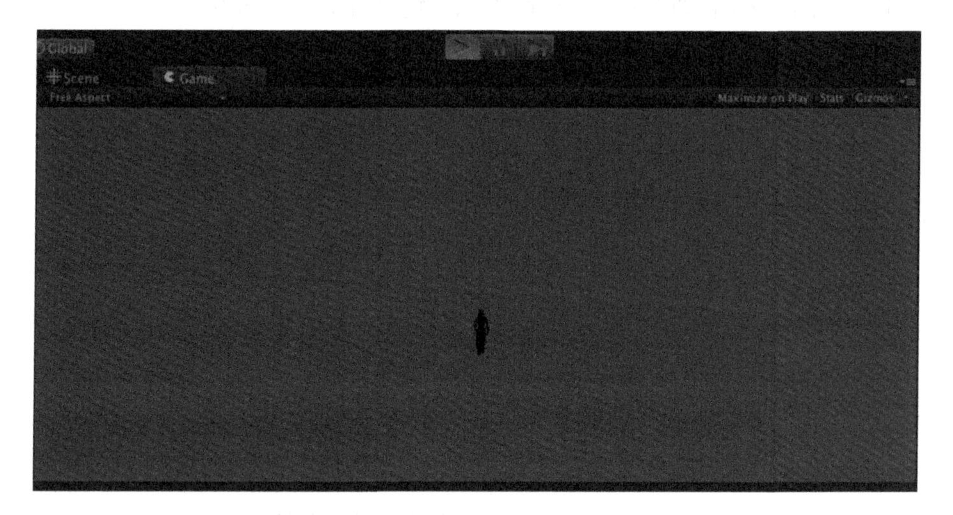

图 8-1 游戏画面

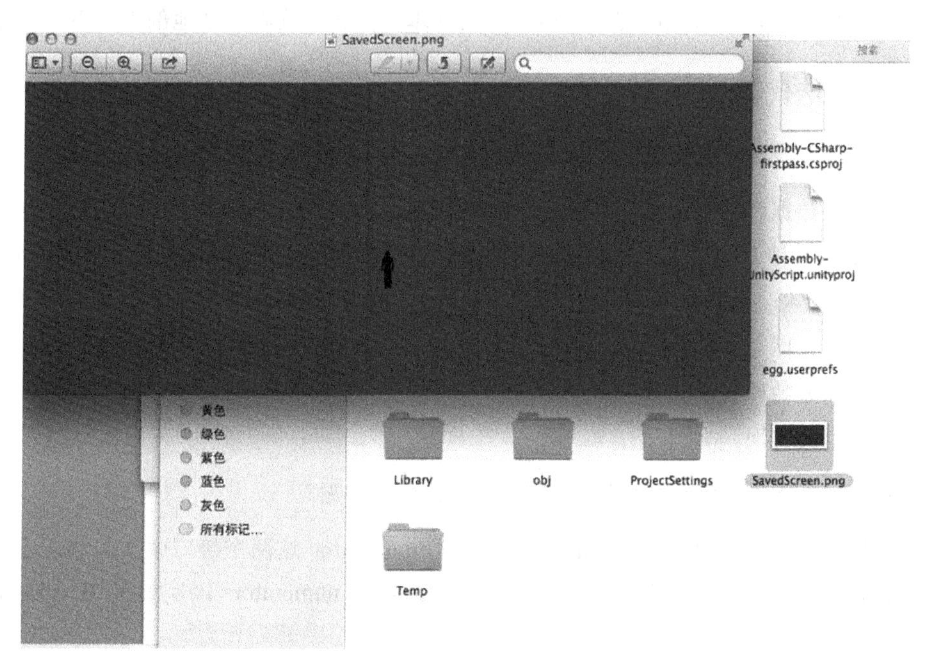

图 8-2 使用 File.WriteAllBytes 方法将图片保存在本地

8.3 Unity 3D 协程背后的秘密——迭代器

各位读者通过阅读前面几节的内容，可能已经发现了在 Unity 3D 中使用协程时，总是会有 C#语言中迭代器的身影伴随左右。例如在 8.2 节的示例中，代码如下。

```
    IEnumerator ScreenShotPNG () {
        yield return new WaitForEndOfFrame();
        int width = Screen.width;
        int height = Screen.height;
        Texture2D  tex  =  new  Texture2D(width,  height,  TextureFormat.RGB24,
false);
        tex.ReadPixels(new Rect(0, 0, width, height), 0, 0);
        tex.Apply();
        byte[] bytes = tex.EncodeToPNG();
        Destroy(tex);
        File.WriteAllBytes(Application.dataPath   +   "/../SavedScreen.png",
bytes);
    }
```

该协程返回的便是一个 IEnumerator 对象，而且在方法内部还会用到 yield return 语句。因此为了搞清楚 Unity 3D 中协程的秘密，就有必要在本节向各位读者详细地剖析一下迭代器。

8.3.1 你好，迭代器

首先思考一下，在什么情景下我们需要使用到迭代器呢？

假设有一个数据容器（可能是 Array、List、Tree 等），对使用者来说，显然希望这个数据容器能够提供一种无须了解它的内部实现就可以获取其元素的方法，无论它是 Array 还是 List，或者别的什么，我们希望可以通过相同的方法达到我们的目的。

此时，迭代器模式（iterator pattern）便应运而生，它通过持有迭代状态追踪当前元素，并且识别下一个需要被迭代的元素，从而可以让使用者通过特定的界面巡访容器中的每一个元素而不用了解底层的实现。

那么在 C#中，迭代器到底是以一个怎样的面目出现的呢？

如我们所知，它们被封装在 IEnumerable 和 IEnumerator 这两个接口中（当然，还有它们的泛型形式，要注意的是泛型形式显然是强类型的。且 IEnumerator<T>实现了 IDisposable 接口）。

IEnumerable 非泛型形式，代码如下。

```
//IEnumerable 非泛型形式
[ComVisibleAttribute(True)]
[GuidAttribute("496B0ABE-CDEE-11d3-88E8-00902754C43A")]
public interface IEnumerable
{
    IEnumerator GetEnumerator();
}
```

IEnumerator 非泛型形式，代码如下。

```
//IEnumerator 非泛型形式
[ComVisibleAttribute(true)]
[GuidAttribute("496B0ABF-CDEE-11d3-88E8-00902754C43A")]
public interface IEnumerator
{
    Object Current {get;}
    bool MoveNext();
    void Reset();
}
```

IEnumerable 泛型形式，代码如下。

```
//IEnumerable 泛型形式
public interface IEnumerable<out T> : IEnumerable
{
    IEnumerator<T> GetEnumerator();
    IEnumerator GetEnumerator();
}
```

IEnumerator 泛型形式，代码如下。

```
//IEnumerator 泛型形式
public interface IEnumerator<out T> : IDisposable, IEnumerator
{

    void Dispose();
    Object Current {get;}
    T Current {get;}
    bool MoveNext();
    void Reset();
}

[ComVisibleAttribute(true)]
public interface IDisposable
{
    void Dispose();
}
```

IEnumerable 接口定义了一个可以获取 IEnumerator 的方法——GetEnumerator()。

而 IEnumerator 则在目标序列上实现循环迭代（使用 MoveNext()方法，以及 Current 属性来实现），直到你不再需要任何数据或者没有数据可以被返回。使用这个接口，可以保证我们能够实现常见的 foreach 循环。

为什么会有 2 个接口呢？各位读者是否会产生一个疑惑呢？那就是为何 IEnumerable 自己不直接实现 MoveNext()方法、提供 Current 属性呢？为何还需要额外的一个接口 IEnumerator 来专门做这个工作？

假设有两个不同的迭代器要对同一个序列进行迭代。当然，这种情况很常见，比如使用两个嵌套的 foreach 语句。我们自然希望两者相安无事，不要互相影响彼此。所以自然而然地，我们需要保证这两个独立的迭代状态能够被正确地保存、处理。这也正是 IEnumerator 要做的工作。而为了不违背单一职责原则，不使 IEnumerable 拥有过多职责从而陷入分工不明的窘境，所以 IEnumerable 自己并没有实现 MoveNext()方法。

为了更直观地了解一个迭代器的执行步骤，提供一个例子进行演示，代码如下。

```
using System;
using System.Collections.Generic;

class Class1
{
    static void Main()
    {
        foreach (string s in GetEnumerableTest())
        {
            Console.WriteLine(s);
        }
    }

     static IEnumerable<string> GetEnumerableTest()
    {
        yield return "begin";

        for (int i=0; i < 10; i++)
        {
            yield return i.ToString();
        }

        yield return "end";
    }
}
```

输出结果如图 8-3 所示。

```
FanYoudeMacBook-Pro:chenjd fanyou$ mcs HelloWorld.cs
FanYoudeMacBook-Pro:chenjd fanyou$ mono HelloWorld.exe
begin
0
1
2
3
4
5
6
7
8
9
end
```

图 8-3 迭代器示例图

这段代码的执行过程如下所示。

（1）Main 调用 GetEnumerableTest()方法。

（2）GetEnumerableTest()方法会为我们创建一个编译器生成的新的类“Class1/'<GetEnumerableTest>c__Iterator0'”（本例中）的实例。注意，此时 GetEnumerableTest()方法中，我们自己的代码尚未执行。

（3）Main 调用 MoveNext()方法。

（4）迭代器开始执行，直到它遇到第一个 yield return 语句。此时迭代器会获取当前的值是“begin”，并且返回 true 以告知此时还有数据。

（5）Main 使用 Current 属性以获取数据，并打印出来。

（6）Main 再次调用 MoveNext()方法。

（7）迭代器继续从上次遇到 yield return 的地方开始执行，并且和之前一样，直到遇到下一个 yield return 语句。

（8）迭代器按照这种方式循环，直到 MoveNext()方法返回 false，以告知此时已经没有数据了。

这个例子中迭代器的执行过程，已经简单描述了一下。但是还有几点需要关注的。

（1）在第一次调用 MoveNext()方法之前，我们自己在 GetEnumerableTest 中的代码不会执行。

（2）之后调用 MoveNext()方法时，会从上次暂停（yield return）的地方开始。

（3）编译器会保证 GetEnumerableTest 方法中的局部变量能够被保留，换句话说，虽然本例中的 i 是值类型实例，但是它的值其实是被迭代器保存在堆上的，这样才能保证每次调用 MoveNext 时，它是可用的。这也是说明迭代器块中的局部变量会被分配在堆上的原因。

简单总结了 C#中迭代器的外观。那么接下来看看迭代器究竟是如何实现的。

8.3.2 原来是状态机

我们已经从外部看到了 IEnumerable 和 IEnumerator 这两个接口的用法了，但是它们的内部到底是如何实现的呢？两者之间又有何区别呢？

既然要深入迭代器的内部，这就是一个不得不面对的问题。

写一个小程序，然后再通过反编译的方式，看看在我们自己手动写的代码背后，编译器究竟又做了哪些工作吧。

为了简便起见，这个程序仅仅实现了一个按顺序返回 0~9 这 10 个数字的功能。

8.3.2.1 IEnumerator 的内部实现

首先定义一个返回 IEnumerator<T>的方法 TestIterator()，代码如下。

```
//IEnumerator<T>测试
using System;
using System.Collections;

class Test
{
    static IEnumerator<int> TestIterator()
    {
        for (int i = 0; i < 10; i++)
        {
            yield return i;
        }
    }
}
```

接下来看看反编译之后的代码，探查一下编译器到底做了什么，代码如下。

```
internal class Test
{
    // Methods 注，此时还没有执行任何我们写的代码
    private static IEnumerator<int> TestIterator()
    {
        return new <TestIterator>d__0(0);
```

```
        }

        // Nested Types 编译器生成的类，用来实现迭代器。
        [CompilerGenerated]
        private sealed class <TestIterator>d__0 : IEnumerator<int>, IEnumerator,
IDisposable
        {
            // Fields 字段：state 和 current 是默认出现的
            private int <>1__state;
            private int <>2__current;
            public int <i>5__1;//<i>5__1 来自我们迭代器块中的局部变量，匹夫上一篇文
章中提到过

            // Methods 构造函数，初始化状态
            [DebuggerHidden]
            public <TestIterator>d__0(int <>1__state)
            {
                this.<>1__state = <>1__state;
            }
            // 几乎所有的逻辑在这里
            private bool MoveNext()
            {
                switch (this.<>1__state)
                {
                    case 0:
                        this.<>1__state = -1;
                        this.<i>5__1 = 0;
                        while (this.<i>5__1 < 10)
                        {
                            this.<>2__current = this.<i>5__1;
                            this.<>1__state = 1;
                            return true;
                        Label_0046:
                            this.<>1__state = -1;
                            this.<i>5__1++;
                        }
                        break;

                    case 1:
                        goto Label_0046;
                }
                return false;
            }
```

```
            [DebuggerHidden]
            void IEnumerator.Reset()
            {
                throw new NotSupportedException();
            }

            void IDisposable.Dispose()
            {
            }

            // Properties
            int IEnumerator<int>.Current
            {
                [DebuggerHidden]
                get
                {
                    return this.<>2__current;
                }
            }

            object IEnumerator.Current
            {
                [DebuggerHidden]
                get
                {
                    return this.<>2__current;
                }
            }
        }
    }
```

先全面看一下反编译之后的代码，可以发现几乎所有的逻辑都发生在 MoveNext()方法中。之后再详细地介绍它，现在先从上到下把代码捋一遍。

（1）这段代码给人的第一印象就是命名似乎很不雅观。的确，这种在正常的 C#代码中不会出现的命名，在编译器生成的代码中却常常出现。因为这样就可以避免和已经存在的正常名字发生冲突的可能性。

（2）调用 TestIterator()方法的结果仅仅是调用了<TestIterator>d__0（编译器生成的用来实现迭代器的类）的构造函数。而这个构造函数会设置迭代器的初始状态，此时的参数为 0，而构造函数会将 0 赋值给记录迭代器状态的字段：this.<>1__state = <>1__state;。注意，此时我们自己的代码并没有执行。

（3）<TestIterator>d__0 这个类实现了 3 个接口：IEnumerator<int>、IEnumerator、IDisposable。

（4）IDisposable 的实现十分重要。因为 foreach 语句会在它自己的 finally 代码块中调用实现了 IDisposable 接口的迭代器的 Dispose 方法。

（5）<TestIterator>d__0 类有 3 个字段：<>1__state、<>2__current、<i>5__1。其中<>1__state 私有字段标识迭代器的状态；<>2__current 私有字段则追踪当前的值；而<i>5__1 共有字段则是我们在迭代器块中定义的局部变量 i。

（6）MoveNext()方法的实现则依托于 switch 语句。根据状态机的状态，执行不同的代码。

（7）在本例中 Dispose 方法什么都没有做。

（8）在 IEnumerator 和 IEnumerator<int>的实现中，Current 都是单纯的返回<>2__current 的值。

介绍完 IEnumerator 接口，下面再来看看另一个接口 IEnumerable。

8.3.2.2 IEnumerator 与 IEnumerable

这次仍然是写一个实现按顺序返回 0~9 这 10 个数字功能的程序，只不过返回类型变为 IEnumerable<T>，代码如下。

```
using System;
using System.Collections.Generic;

class Test
{
    static IEnumerable<int> TestIterator()
    {
        for (int i = 0; i < 10; i++)
        {
            yield return i;
        }
    }
}
```

然后同样通过反编译，看看编译器做了什么，代码如下。

```
internal class Test
{
    private static IEnumerable<int> TestIterator()
    {
        return new <TestIterator>d__0(-2);
```

```
    }

        private   sealed   class   <TestIterator>d__0   :   IEnumerable<int>,
IEnumerable, IEnumerator<int>, IEnumerator, IDisposable
        {
            // Fields
            private int <>1__state;
            private int <>2__current;
            private int <>l__initialThreadId;
            public int <count>5__1;

            public <TestIterator>d__0(int <>1__state)
            {
                this.<>1__state = <>1__state;
                this.<>l__initialThreadId = Thread.CurrentThread.ManagedThreadId;
            }

            private bool MoveNext()
            {
                switch (this.<>1__state)
                {
                    case 0:
                        this.<>1__state = -1;
                        this.<count>5__1 = 0;
                        while (this.<count>5__1 < 10)
                        {
                            this.<>2__current = this.<count>5__1;
                            this.<>1__state = 1;
                            return true;
                        Label_0046:
                            this.<>1__state = -1;
                            this.<count>5__1++;
                        }
                        break;

                    case 1:
                        goto Label_0046;
                }
                return false;
            }

            IEnumerator<int> IEnumerable<int>.GetEnumerator()
            {
                if   ((Thread.CurrentThread.ManagedThreadId   ==   this.<>l__
```

```
initialThreadId) && (this.<>1__state == -2))
            {
                this.<>1__state = 0;
                return this;
            }
            return new Test.<TestIterator>d__0(0);
        }

        IEnumerator IEnumerable.GetEnumerator()
        {
            return ((IEnumerable<Int32>) this).GetEnumerator();
        }

        void IEnumerator.Reset()
        {
            throw new NotSupportedException();
        }

        void IDisposable.Dispose()
        {
        }

        int IEnumerator<int>.Current
        {
            get
            {
                return this.<>2__current;
            }
        }

        object IEnumerator.Current
        {
            get
            {
                return this.<>2__current;
            }
        }
    }
}
```

看到反编译出的代码，就很容易能对比出区别。

（1）<TestIterator>d__0 类不仅实现了 IEnumerable<int> 接口，而且还实现了 IEnumerator<int>接口。

（2）IEnumerator 和 IEnumerator<int>的实现都和上面一样。IEnumerator 的 Reset 方法会抛出 NotSupportedException 异常，而 IEnumerator 和 IEnumerator<int>的 Current 仍旧会返回<>2__current 字段的值。

（3）TestIterator()方法调用<TestIterator>d__0 类的构造函数时，传入的参数由上面的 0 变成了-2："new <TestIterator>d__0(-2);"。也就是说此时的初始状态是-2。

（4）又多了一个新的私有字段"<>l__initialThreadId"，且会在<TestIterator>d__0 的构造函数中被赋值，用来标识创建该实例的线程。

（5）实现 IEnumerable 的 GetEnumerator 方法，在 GetEnumerator 方法中要么将状态置为 0，并返回 this："this.<>1__state = 0；return this；"要么就返回一个新的<TestIterator>d__0 实例，且初始状态置为 0："return new Test.<TestIterator>d__0(0)。"

所以，从这些对比中能发现些什么吗？思考一下我们经常使用的一些用法，没错，我们会创建一个 IEnumerable<T>的实例，然后一些语句（例如 foreach）会去调用 GetEnumerator 方法获取一个 Enumerator<T>的实例，然后迭代数据，最终结束后释放掉迭代器的实例（这一步 foreach 会帮我们做）。而最初我们得到的 IEnumerable<T>实例，在第一次调用 GetEnumerator 方法获得了一个 Enumerator<T>实例之后就再没有用到了。

分析 IEnumerable 的 GetEnumerator 方法，代码如下。

```
IEnumerator<int> IEnumerable<int>.GetEnumerator()
{
    if ((Thread.CurrentThread.ManagedThreadId == this.<>l__
initialThreadId) && (this.<>1__state == -2))
    {
        this.<>1__state = 0;
        return this;
    }
    return new Test.<TestIterator>d__0(0);
}
```

我们可以发现-2 这个状态，也就是此时的初始状态，表明了 GetEnumerator()方法还没有执行。而 0 这个状态，则表明已经准备好了迭代，但是 MoveNext()尚未调用过。

当在不同的线程上调用 GetEnumerator 方法或者是状态不是-2（证明已经不是初始状态了），则 GetEnumerator 方法会返回一个<TestIterator>d__0 类的新实例用来保存不同的状态。

8.3.3. 状态管理

深入了解了迭代器的内部，发现原来它的实现主要依靠的是一个状态机。那么下面就学习一下状态机是如何管理状态的。

8.3.3.1 状态切换

根据 Ecma-334 标准，也就是 C#语言标准的第 26.2（Enumerator objects）小节，可以知道迭代器有 4 种可能状态，即 Before 状态、Running 状态、Suspended 状态、After 状态。而其中 before 状态是作为初始状态出现的。

在讨论状态如何切换之前，还要回想一下上面提到的，也就是在调用一个使用了迭代器块，返回类型为一个 IEnumerator 或 IEnumerable 接口的方法时，这个方法并非立刻执行我们自己写的代码。而是会创建一个编译器生成的类的实例，然后当调用 MoveNext()方法时（当然如果方法的返回类型是 IEnumerable，则要先调用 GetEnumerator()方法），我们的代码才会开始执行，直到遇到第一个 yield return 语句或 yield break 语句，此时会返回一个布尔值来判断迭代是否结束。当下次再调用 MoveNext()方法时，我们的方法会继续从上一个 yield return 语句处开始执行。

为了能够直观地观察状态的切换，下面提供一个例子，代码如下。

```
    class Test
    {

        static IEnumerable<int> TestStateChange()
        {
            Console.WriteLine("----我 TestStateChange 是第一行代码");
            Console.WriteLine("----我是第一个 yield return 前的代码");
            yield return 1;
            Console.WriteLine("----我是第一个 yield return 后的代码");

            Console.WriteLine("----我是第二个 yield return 前的代码");
            yield return 2;
            Console.WriteLine("----我是第二个 yield return 前的代码");
        }

        static void Main()
        {
            Console.WriteLine("调用 TestStateChange");
            IEnumerable<int> iteratorable = TestStateChange();
            Console.WriteLine("调用 GetEnumerator");
            IEnumerator<int> iterator = iteratorable.GetEnumerator();
            Console.WriteLine("调用 MoveNext()");
            bool hasNext = iterator.MoveNext();
            Console.WriteLine(" 是 否 有 数 据 ={0}; Current={1}", hasNext,
iterator.Current);
```

```
            Console.WriteLine("第二次调用 MoveNext");
            hasNext = iterator.MoveNext();
            Console.WriteLine(" 是 否 还 有 数 据 ={0};  Current={1}",  hasNext,
iterator.Current);

            Console.WriteLine("第三次调用 MoveNext");
            hasNext = iterator.MoveNext();
            Console.WriteLine("是否还有数据={0}", hasNext);
        }
    }
```

运行该脚本后，输出的内容如下所示。

```
调用 TestStateChange
调用 GetEnumerator
调用 MoveNext()
----我 TestStateChange 是第一行代码
----我是第一个 yield return 前的代码
是否有数据=True; Current=1
第二次调用 MoveNext
----我是第一个 yield return 后的代码
----我是第二个 yield return 前的代码
是否还有数据=True; Current=2
第三次调用 MoveNext
----我是第二个 yield return 前的代码
是否还有数据=False
```

可见，代码的执行顺序就是刚刚总结的那样。那么将这段编译后的代码再反编译回 C#，看看编译器到底是如何处理这里的状态切换的。

这里只关心两个方法，首先是 GetEnumerator 方法。其次是 MoveNext 方法，代码如下。

```
    [DebuggerHidden]
    IEnumerator<int> IEnumerable<int>.GetEnumerator()
    {
        if  ((Environment.CurrentManagedThreadId == this.<>1__initialThreadId)
&& (this.<>1__state == -2))
        {
            this.<>1__state = 0;
            return this;
        }
        return new Test.<TestStateChange>d__0(0);
    }
```

看 GetEnumerator 方法可以发现以下两点。

（1）此时的初始状态是-2。

（2）不过一旦调用 GetEnumerator 方法，则会将状态置为 0。也就是状态从最初的-2，在调用过 GetEnumerator 方法后变成了 0。

再看看 MoveNext 方法，代码如下。

```
private bool MoveNext()
{
    switch (this.<>1__state)
    {
        case 0:
            this.<>1__state = -1;
            Console.WriteLine("----我 TestStateChange 是第一行代码");
            Console.WriteLine("----我是第一个 yield return 前的代码");
            this.<>2__current = 1;
            this.<>1__state = 1;
            return true;

        case 1:
            this.<>1__state = -1;
            Console.WriteLine("----我是第一个 yield return 后的代码");
            Console.WriteLine("----我是第二个 yield return 前的代码");
            this.<>2__current = 2;
            this.<>1__state = 2;
            return true;

        case 2:
            this.<>1__state = -1;
            Console.WriteLine("----我是第二个 yield return 前的代码");
            break;
    }
    return false;
}
```

由于第一次调用 MoveNext 方法发生在调用 GetEnumerator 方法之后，所以此时状态已经变成了 0。

可以清晰地看到此时从“0→1→2→-1”这样的状态切换过程。而且还要注意，在每个分支中，this.<>1__state 都会首先被置为-1：“this.<>1__state = -1”。然后才会根据不同的阶段赋不同的值。而这些不同的值也就用来标识代码从哪里恢复执行。

再拿之前实现了按顺序返回 0~9 这 10 个数字的程序的状态管理作为例子，来让我们更加深刻地理解迭代器除了刚才的例子外，还有什么手段可以用来实现“当下次再调用 MoveNext()

方法时，我们的方法会继续从上一个 yield return 语句处开始执行。” 这个功能，代码如下。

```
private bool MoveNext()
{
    switch (this.<>1__state)
    {
        case 0:
            this.<>1__state = -1;
            this.<i>5__1 = 0;
            while (this.<i>5__1 < 10)
            {
                this.<>2__current = this.<i>5__1;
                this.<>1__state = 1;
                return true;
            Label_0046:
                this.<>1__state = -1;
                this.<i>5__1++;
            }
            break;

        case 1:
            goto Label_0046;
    }
    return false;
}
```

此时如果认真观察这段代码，就可以发现状态机是靠着 goto 语句实现半路插入，进而实现了从 yield return 语句处继续执行的功能。

总结一下关于迭代器内部状态机的状态切换。

-2 状态：只有 IEnumerable 才有，表明在第一次调用 GetEnumerator 之前的状态；

-1 状态：即之前提到的 C#语言标准中规定的 Running 状态，表明此时迭代器正在执行。当然，也会用于 After 状态，例如上例中的 case 2，this.<>1__state 被赋值为-1，但是此时迭代结束了；

0 状态：即之前提到的 Before 状态，表明 MoveNext()还一次都没有调用过。

正数（1，2，3，…）主要用来标识从遇到 yield 关键字之后，代码从哪里恢复执行。

通过分析可以看出迭代器的实现的确十分复杂。不过值得庆幸的是很多工作都由编译器在幕后为我们做好了。

8.4 WWW 和协程

我们已经了解了 Unity 3D 中的协程是如何使用的，也了解了协程背后的秘密——C#语言中的迭代器是如何工作的。

除了在前几节的例子中所提到的协程的使用情景之外，协程还有一个十分常见的使用场景，即配合 Unity 3D 中的 WWW 类一起使用。

UnityEngine.WWW 类是 Unity 3D 所提供的一个用来从提供的 URL 获取内容的工具类。通过实例化一个新的 WWW 类的实例，并且返回该实例来下载 URL 的内容。它的构造函数签名如下所示。

```
WWW(string url);
```

如上面的代码所示，如果要构造一个新的 WWW 类的实例，需要为它的构造函数提供一个 string 类型的参数 url。然后它会返回一个新的 WWW 类的实例，当内容下载完成后，被下载的内容便可以从刚刚创建的 WWW 类实例中获取。因此，可以发现 WWW 类的构造函数除了创建一个新的实例之外，还会创建和发送一个 GET 请求，并且会自动开启一个流（stream）来下载从 URL 获取的内容。一旦一个流被创建，就必须等待直到它结束。然后就可以通过刚刚创建的 WWW 实例来访问那些下载的内容了。而此时协程机制便能够发挥自己的作用，通过 yield 语句可以确保 Unity 3D 引擎会等到下载流的结束。

下面通过一个例子看看如何实例化一个 WWW 类的实例，以及如何通过协程来保证 WWW 类的实例能够完成从所提供的 URL 处下载得到所需要的内容，代码如下。

```
using UnityEngine;
using System.Collections;

public class ExampleClass : MonoBehaviour {
    public string url = "http://images.earthcam.com/ec_metros/ourcams/
fridays.jpg";
    IEnumerator Start() {
        WWW www = new WWW(url);
        yield return www;
        renderer.material.mainTexture = www.texture;
    }
}
```

这段代码展示了如何通过 WWW 类和协程配合，来确保从目标地址（http://images.earthcam.com/ec_metros/ourcams/fridays.jpg）正确地下载资源。分析这段代码，可以发现创建了一个 WWW 类的实例之后，通过 yield return 语句将该实例返回，此时该实例在进行下载操作，一旦完成下载操作，便接着协程上次暂停的地方继续执行。也就是从“yield return www”这行代码之后继续执行，由于此时下载已经完成，所以可以通过 WWW 类的实例 www 来访问下载得到的资源，并且将该资源赋值给 renderer.material.mainTexture。

通过刚才的分析，相信各位读者应该已经了解了 WWW 类是如何配合协程来实现自己的机制的了。但是直接使用 WWW 类毕竟让人感觉单薄，例如通信成功或是失败时，我们想要有不同的回调方法来响应，但是如果不对 WWW 类进行二次封装，而是每次需要使用时再临时处理，往往会十分麻烦。因此下面就利用 WWW 类来封装一个自己的网络模块吧。

该脚本命名为 HttpWrapper，同时也是它的类名。该脚本的代码如下。

```
using System;
using UnityEngine;
using System.Collections;
using System.Collections.Generic;

public class HttpWrapper : MonoBehaviour
{
    public void GET(string url, Action<WWW> onSuccess, Action<WWW> onFail = null)
    {
        WWW www = new WWW(url);
        StartCoroutine(WaitForResponse(www, onSuccess, onFail));
    }

    public void POST(string url, Dictionary<string, string> post, Action<WWW> onSuccess, Action<WWW> onFail = null)
    {
        WWWForm form = new WWWForm();
        foreach (KeyValuePair<string, string> post_arg in post)
        {
            form.AddField(post_arg.Key, post_arg.Value);
        }
        WWW www = new WWW(url, form);

        StartCoroutine(WaitForResponse(www, onSuccess, onFail));
    }

    private IEnumerator WaitForResponse(WWW www, Action<WWW> onSuccess, Action<WWW> onFail = null)
    {
        yield return www;
        if (www.error == null)
```

```
        {
            onSuccess(www);
        }
        else
        {
            Debug.LogError("WWW Error: " + www.error);
            if (onFail != null) onFail(www);
        }
    }
}
```

通过该脚本可以看到在脚本中定义了两个主要的方法：GET 和 POST。其中 GET 的方法签名的代码如下。

```
    public void GET(string url, Action<WWW> onSuccess, Action<WWW> onFail =
null)
```

共需要 3 个参数，分别是 string 型的参数 url 来提供目标 URL，以及两个委托类型 Action<WWW>的参数 onSuccess 和 onFail 来作为成功或失败的回调方法。

并且在 GET 方法的内部，会通过 StartCoroutine 方法来开启一个名为 WaitForResponse 的协程，用来等待资源下载结束。如果下载成功则触发 onSuccess 的委托；如果下载失败则触发 onFail 的委托，以实现在下载成功或失败时分别调用不同的回调函数的目的。

POST 方法的签名的代码如下。

```
    public void POST(string url, Dictionary<string, string> post, Action<WWW>
onSuccess, Action<WWW> onFail = null)
```

与 GET 方法不同的是，POST 方法多出了一个 Dictionary<string, string>型的参数 post 用来提供 post 的信息。

和 GET 方法相比，POST 方法会创建一个 WWWForm 类型的实例 form 来获取 POST 所需要的键值。之后的逻辑与 GET 方法类似。

下面通过一个脚本来使用 HttpWrapper 类，从互联网上获取一张图片来加载进入我们的游戏场景之中，代码如下。

```
    using UnityEngine;
    using System;
    using System.Collections;
    using System.Collections.Generic;

    public class httpTest : MonoBehaviour {
     private Action<WWW> onSuccess;
```

```
    // Use this for initialization
    private void Start () {
        this.onSuccess += this.SuccessMethod;
        HttpWrapper hw = GetComponent<HttpWrapper>();
        hw.GET("http://images0.cnblogs.com/blog2015/686199/201505/
311920537358907.jpg", this.onSuccess);
    }

    private void SuccessMethod(WWW www)
    {
        if(www == null)
            return;
        Texture tex = www.texture;
        renderer.material.mainTexture = tex;
    }


    // Update is called once per frame
    void Update () {

    }
}
```

首先分析一下 httpTest 这个游戏脚本，可以看到在 httpTest 这个类中，声明了一个使用WWW类作为参数的方法，它的定义的代码如下。

```
private void SuccessMethod(WWW www)
{
    if(www == null)
        return;
    Texture tex = www.texture;
    renderer.material.mainTexture = tex;
}
```

将 SuccessMethod 方法通过委托包装后，用来作为 HttpWrapper 的 GET 方法完成之后的回调函数。

当 HttpWrapper 类的实例的 GET 方法成功地从目标 URL 下载得到了所需的资源后，便会调用上面的这个回调方法，即从下载得到的资源中获取贴图（texture），并且将下载得到的贴图赋值给游戏物体的材质，作为游戏物体材质的贴图。

将 HttpWrapper 和 httpTest 这两个脚本捆绑在场景中的一个物体（例如一个 Cube）上，运行 Unity 3D 引擎，可以看到 Cube 的贴图变成了从网上下载的一张图片，如图 8-4 和图 8-5 所示。

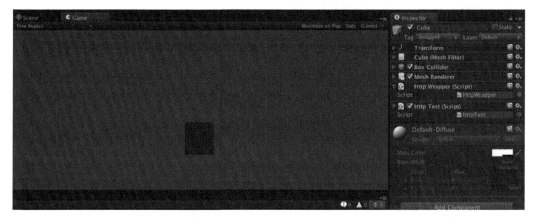

图 8-4 下载资源前的游戏物体

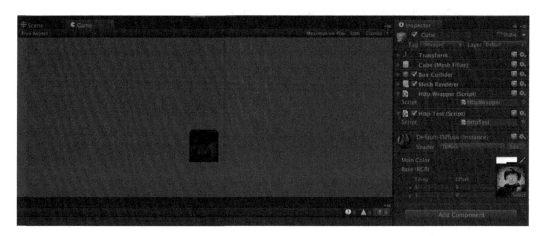

图 8-5 下载资源后的游戏物体

通过对比下载资源前后游戏物体的截图，可以发现下载资源后，正确触发了 OnSuccess 回调函数，将游戏物体材质的贴图换成了从网上下载的照片。这样就利用 WWW 类和协程 Coroutines 封装了一个与互联网交互的脚本。

8.5 Unity 3D 协程代码实例

```
using UnityEngine;
using System.Collections;
```

```
public class CoroutinesExample : MonoBehaviour
{
    public float smoothing = 1f;
    public Transform target;


    void Start ()
    {
        StartCoroutine(MyCoroutine(target));
    }


    IEnumerator MyCoroutine (Transform target)
    {
        while(Vector3.Distance(transform.position, target.position) > 0.05f)
        {
            transform.position    =    Vector3.Lerp(transform.position,
target.position, smoothing * Time.deltaTime);

            yield return null;
        }

        print("Reached the target.");

        yield return new WaitForSeconds(3f);

        print("MyCoroutine is now finished.");
    }
}
```

```
using UnityEngine;
using System.Collections;

public class PropertiesAndCoroutines : MonoBehaviour
{
    public float smoothing = 7f;
    public Vector3 Target
    {
        get{ return target; }set
        {
            target = value;
```

```
                StopCoroutine("Movement");
                StartCoroutine("Movement", target);
            }
        }


        private Vector3 target;


        IEnumerator Movement (Vector3 target)
        {
            while(Vector3.Distance(transform.position, target) > 0.05f)
            {
                transform.position = Vector3.Lerp(transform.position, target,
smoothing * Time.deltaTime);

                yield return null;
            }
        }
    }
```

8.6 本章总结

本章通过 C#语言中迭代器的内部结构，揭示了 Unity 3D 脚本系统中的协程机制实现的背后逻辑，指出协程其实并非多线程，而仅仅是利用了 C#语言中的迭代器实现的一种类似于多线程的机制。并且在本章的最后，使用 WWW 类配合协程作为演示代码介绍了协程的使用方法。

第 9 章 在 Unity 3D 中使用可空型

C#语言是一种强调类型的语言，而 C#作为 Unity 3D 中的游戏脚本主流语言，在开发工作中能够驾驭好它的这个特点便十分重要。事实上，怎么强调 C#的这个特点都不为过，因为它牵涉到编程的很多方面。一个很好的例子便是本章将要介绍的内容——可空型（Nullable），它是因何出现的，而它的出现又有什么意义呢？以及如何在 Unity 3D 游戏的开发中使用它呢？

9.1 如果没有值

了解 C#基础知识的人都知道，值类型的变量永远不会为 null，因为值类型的值是其本身。而对于一个引用类型的变量来说，它的值则是对一个对象的引用。那么空引用是表示一个值呢，还是表示没有值呢？如果表示没有值，那么没有值可以算是一种有效的值吗？如果我们根据相关标准中关于引用类型的定义，其实很容易就可以发现，一个非空的引用值事实上提供了访问一个对象的途径，而空引用（null）当然也表示一个值，只不过它是一个特殊的值，即意味着该变量没有引用任何对象。但 null 在本质上和其他的引用的处理方式是一样的，通过相同的方式在内存中存储，只不过内存会全部使用 0 来表示 null，因为这种操作的开销最低，仅仅需要将一块内存清除，这也是为何所有的引用类型的实例默认值都是 null 的原因。

但是，正如在本节一开始说的，值类型的值永远不能是 null，但是在开发工作中是否会恰巧遇到一个必须让值类型变量的值既不是负数也不是 0，而是真正的不存在的情况呢？答案是是的，并且很常见。

一种最常见的情况是在设计数据库时，是允许将一列的数据类型定义为一个 32 位整数，同时映射到 C#中的 Int32 这个数据类型。但是，数据库中的一列值中是存在为空的可能性的。

换句话说，在该列的某一行上有可能是没有任何值的，既不是 0 也不是负无穷，而是实实在在的空。这样会带来很多隐患，也使 C#在处理数据库时变得十分困难，因为在 C#中无法将值类型表示为空。

当然还有很多种可能的情况，例如在开发手机游戏时需要通过移动手指来滑动选择一块区域内的游戏单位，一次拖动完成后，显然应该将本次拖动的数据清空，以作为开始下一次拖动的开始条件。而往往这些拖动数据在 Unity 3D 的脚本语言中都是作为值类型出现的，因此无法直接设为空，所以也会给开发带来些许不便。

那么如果没有一个可以让值类型直接表示空的方法出现，是否还有别的手段来实现类似的功能呢？下面就学习一下如果没有可空类型，应该如何在逻辑上近似实现值类型表示空的功能。

9.2 表示空值的一些方案

假设如果真的没有一种可以直接表示空值的方案出现，那么是否能想到一些替代方案呢？

9.2.1 使用魔值

首先要知道值类型的值都是它本身，换句话说就是每个值我们都希望是有意义的。而魔值这个概念或者说方案的出现，恰恰是违背这一原则的，即放弃一个有意义的值，并且使用它来表示空值，这个值在我们的逻辑中与别的值不同，这便是魔值。因为它让一个有意义的值消失了，例如魔值选为-1000，那么-1000 这个值便不再表示-1000 了。相反，它意味着空。

回到刚才的例子中，在数据库中如果有映射成 Int32 类型的某列值中恰好有一个是空，那么可以选择（牺牲）一个恰当的值来表示空。这样做的好处在于不会浪费内存，同样也不需要定义新的类型。但牺牲哪个值来作为魔值便成为了一个需要慎重考虑的事情。因为一旦作出选择，就意味着一个有意义的值的消失。

当然，使用魔值这种方案在实际的开发中也显得不太好，这是因为问题并没有被真正的解决，只是耍了一个小聪明暂时蒙混过关。

9.2.2 使用标志位

如果不想浪费或者说牺牲掉一个有意义的值来让它作为魔值表示空的话，那么只用一个值类型的实例是不够的。这时能想到的一个解决方案就是使用额外的 bool 型变量作为一个标识，来判定对应的值类型实例是否是空值。这种方案具体操作起来有很多种方式。例如可以保留两个实例，一个是表示所需的普通的值的变量，另一个则是标识它是否为空值的 bool 类型的变量，代码如下。

```
//使用 bool 型变量作为标识
using UnityEngine;
using System;
using System.Collections.Generic;

public class Example : MonoBehaviour {
  private float _realValue;
  private bool _nullFlag;

  private void Update()
  {
    this._realValue = Time.time;
    this._nullFlag = false;
    this.PrintNum(this._realValue);
  }

  private void LateUpdate()
  {
    this._nullFlag = true;
    this.PrintNum(this._realValue);
  }

  // Use this for initialization
  private void Start () {

  }

  private void PrintNum(float number)
  {
    if(this._nullFlag)
    {
      Debug.Log("传入的数字为空值");
        return;
      }
      Debug.Log("传入的数字为: " + number);
  }
}
```

在这段代码中，维护了两个变量，分别是 float 型的_realValue，用来表示所需的值和 bool 型的_nullFlag，用来标识此时_realValue 所代表的值是否为空值（当然_realValue 本身不可能为空）。

这种使用额外标识的方法要比 9.2.1 节中介绍的魔值方案好一些，因为没有牺牲任何有意义的值。但同时维护两个变量，而且这两个变量的关联性很强，因此稍有不慎可能就会造成 bug。那么除了同时维护两个变量之外，还有别的具体方案可以用来实现标识是否为空值这个需求的吗？答案是有的，一个自然而然的想法便是使用结构将这两个值类型封装到一个新的值类型中。为这个新的值类型取名为 NullableValueStruct。下面看看 NullableValueStruct 值类型的定义，代码如下。

```
//值类型 NullableValueStruct 的定义
using System;
using System.Collections;
using System.Collections.Generic;
public struct NullableValueStruct
{
  private float _realValue;
  private bool _nullFlag;

  public NullableValueStruct(float value, bool isNull)
  {
    this._realValue = value;
    this._nullFlag = isNull
  }

  public float Value
  {
    get
    {
      return this._realValue;
    }
    set
    {
      this._realValue = value;
    }
  }

  public bool IsNull
  {
    get
    {
      return this._nullFlag;
    }
    set
    {
      this._nullFlag = value;
```

```
        }
    }
}
```

这样就将刚刚要单独维护的两个变量封装到了一个新的类型中。而且由于这个新的类型是struct，换句话说它是一个值类型，因此也无须担心会产生装箱和拆箱的操作。下面通过一段代码在游戏中使用一下这个新的值类型，代码如下。

```
using UnityEngine;
using System;
using System.Collections.Generic;

public class Example : MonoBehaviour {
    private NullableValueStruct number = new NullableValueStruct(0f, false);

    private void Update()
    {
        this.number.Value = Time.time;
        this.number.IsNull = false;
        this.PrintNum(this.number);
    }

    private void LateUpdate()
    {
        this.number.IsNull = true;
        this.PrintNum(this.number);
    }

    // Use this for initialization
    private void Start () {

    }

    private void PrintNum(NullableValueStruct number)
    {
        if(number.IsNull)
        {
            Debug.Log("传入的数字为空值");
                return;
        }
        Debug.Log("传入的数字为: " + number.Value);
    }
}
```

除了这种方式，是否还有别的方案呢？当然有另一种方案，即借助引用类型来辅助值类型表示空值。

9.2.3 借助引用类型来表示值类型的空值

既然值类型不能是 null，而引用类型却可以是 null，那么是否可以借助引用类型来辅助值类型表示 null 呢？事实上，借助引用类型来帮助表示值类型的空值，是一个很好的方向，具体而言又可以分成两种解决思路。

C#语言中的所有类型（引用类型和值类型）都是自 System.Object 类派生而来，虽然值类型不能为 null，但是 System.Object 类却可以为 null。因此在所有使用值类型，同时有可能需要值类型表示空值的地方使用 System.Object 类来代替，便可以直接使用 null 来表示空值了。下面来看一个例子，代码如下。

```
using UnityEngine;
using System;
using System.Collections.Generic;

public class Example : MonoBehaviour {


  private void Update()
  {
    this.PrintNum(Time.time);
  }

  // Use this for initialization
  private void Start () {

  }

  private void PrintNum(object number)
  {
    if(number == null)
    {
      Debug.Log("传入的数字为空值");
      return;
    }
    float realNumber = (float)number;
    Debug.Log("传入的数字为：" + realNumber);
  }
}
```

当然，使用这种方式由于会频繁地在引用类型（System.Object）和值类型之间转换，因此会涉及到十分频繁地装箱和拆箱的操作，进而产生很多垃圾而引发垃圾回收机制，会对游戏的性能产生一些影响。那么是否还有别的方案，不需要涉及到频繁地装箱和拆箱操作呢？答案是直接使用引用类型来表示值类型，即将值类型封装成一个引用类型。

当然，这么做之后相当于重新创建了一个全新的类型，在这里假设我们创建的这个新的类型叫 NullableValueType（当然它事实上是引用类型），在 NullableValueType 类的内部保留一个值类型的实例，该值类型的实例的值便是此时 NullableValueType 类所表示的值。而当需要表示空值时，只需要让 NullableValueType 类的实例为 null 即可。下面就通过代码定义 NullableValueType 类，代码如下。

```
// NullableValueType 类定义
using System;
using System.Collections;
using System.Collections.Generic;
public class NullableValueType
{
  private float _value;

  public NullableValueType(float value)
  {
    this._value = value;
  }

  public float Value
  {
    get
    {
      return this._value;
    }
    set
    {
      this._value = value;
    }
  }
}
```

这样就将一个值类型（float）封装成了一个引用类型，所以理论上既可以使用引用类型的 null 来表示空值，也可以借助这个类内部的值类型实例来表示有意义的值。下面就使用这种封装的方式来重新实现一下上面的例子，代码如下。

```
using UnityEngine;
using System;
```

```
using System.Collections.Generic;

public class Example : MonoBehaviour {
  private NullableValueType value;


  private void Update()
  {
    this.value.Value = Time.time;
    this.PrintNum(this.value);
  }

  // Use this for initialization
  private void Start () {
    this.value = new NullableValueType(0f);
  }

  private void PrintNum(NullableValueType number)
  {
    if(number == null)
    {
      Debug.Log("传入的数字为空值");
      return;
    }
    Debug.Log("传入的数字为：" + number.Value);
  }
}
```

如刚刚所说的，在这里可以直接判断传入的值是否为 null 来确定要表达的值是否为空值，如果不是空值，则可以利用类中封装的值类型实例来表示它所要表达的值。这样做的优点是无须进行引用类型和值类型之间的转换，换句话说就是能够缓解装箱和拆箱操作的频率、减少垃圾的产生速度。但是缺点同样十分明显，使用引用类型对值类型进行封装，本质上是重新定义了一个新的类型，因此代码量将会增加，同时增加维护成本。

9.3 使用可空值类型

我们自己用来解决值类型的空值问题的方案都存在着这样或者是那样的问题。因此，为了解决这个问题，C#引入了可空值类型的概念。在介绍究竟应该如何使用可空值类型之前，先来看看在基础类库中定义的结构——System.Nullable<T>。System.Nullable<T>的定义，代码如下。

```
using System;

namespace System
{
    using System.Globalization;
    using System.Reflection;
    using System.Collections.Generic;
    using System.Runtime;
    using System.Runtime.CompilerServices;
    using System.Security;
    using System.Diagnostics.Contracts;


    [TypeDependencyAttribute("System.Collections.Generic.NullableComparer`1")]
    [TypeDependencyAttribute("System.Collections.Generic.
NullableEqualityComparer`1")]
    [Serializable]
    public struct Nullable<T> where T : struct
    {
        private bool hasValue;
        internal T value;

#if !FEATURE_CORECLR
        [TargetedPatchingOptOut("Performance critical to inline across
NGen image boundaries")]
#endif
        public Nullable(T value) {
            this.value = value;
            this.hasValue = true;
        }

        public bool HasValue {
            get {
                return hasValue;
                }
            }

        public T Value {
#if !FEATURE_CORECLR
            [TargetedPatchingOptOut("Performance critical to inline
across NGen image boundaries")]
#endif
            get {
                if (!HasValue) {
```

```
                        ThrowHelper.ThrowInvalidOperationException
(ExceptionResource.InvalidOperation_NoValue);
                    }
                    return value;
                }
            }

    #if !FEATURE_CORECLR
            [TargetedPatchingOptOut("Performance critical to inline across
NGen image boundaries")]
    #endif
            public T GetValueOrDefault() {
                return value;
            }

            public T GetValueOrDefault(T defaultValue) {
                return HasValue ? value : defaultValue;
            }

            public override bool Equals(object other) {
                if (!HasValue) return other == null;
                if (other == null) return false;
                return value.Equals(other);
            }

            public override int GetHashCode() {
                return HasValue ? value.GetHashCode() : 0;
            }

            public override string ToString() {
                return HasValue ? value.ToString() : "";
            }

            public static implicit operator Nullable<T>(T value) {
                return new Nullable<T>(value);
            }

            public static explicit operator T(Nullable<T> value) {
                return value.Value;
            }

                    }

            [System.Runtime.InteropServices.ComVisible(true)]
```

```
    public static class Nullable
    {
    [System.Runtime.InteropServices.ComVisible(true)]
        public static int Compare<T>(Nullable<T> n1, Nullable<T> n2)
where T : struct
        {
            if (n1.HasValue) {
                if (n2.HasValue) return Comparer<T>.Default.Compare
(n1.value, n2.value);
                return 1;
            }
            if (n2.HasValue) return -1;
                return 0;
            }

        [System.Runtime.InteropServices.ComVisible(true)]
        public static bool Equals<T>(Nullable<T> n1, Nullable<T> n2)
where T : struct
        {
            if (n1.HasValue) {
                if (n2.HasValue) return EqualityComparer<T>.Default.
Equals(n1.value, n2.value);
                return false;
                }
            if (n2.HasValue) return false;
                    return true;
                }

        // If the type provided is not a Nullable Type, return null.
        // Otherwise, returns the underlying type of the Nullable type
        public static Type GetUnderlyingType(Type nullableType) {
            if((object)nullableType == null) {
                throw new ArgumentNullException("nullableType");
            }
            Contract.EndContractBlock();
            Type result = null;
            if( nullableType.IsGenericType && !nullableType.
IsGenericTypeDefinition) {
                // instantiated generic type only
                Type genericType = nullableType.
GetGenericTypeDefinition();
                if( Object.ReferenceEquals(genericType, typeof(Nullable<>))) {
                    result = nullableType.GetGenericArguments()[0];
                }
```

```
                }
                return result;
            }
        }
}
```

通过 System.Nullable<T>结构的定义，可以看到该结构可以表示为 null 的值类型。这是由于 System.Nullable<T>本身便是值类型，所以它的实例同样不是分配在堆上，而是分配在栈上的“轻量级”实例。更重要的是该实例的大小与原始值类型基本一致，有一点不同便是 System.Nullable<T>结构多了一个 bool 型字段。如果进一步观察，可以发现 System.Nullable 的类型参数 T 被约束为结构 struct，换句话说就是 System.Nullable 无须考虑引用类型情况。这是由于引用类型的变量本身便可以是 null。

下面通过一个例子使用一下可空值类型，代码如下。

```
using UnityEngine;
using System;
using System.Collections;

public class NullableTest : MonoBehaviour {

    // Use this for initialization
    void Start () {
        Nullable<Int32> testInt = 999;
        Nullable<Int32> testNull = null;
        Debug.Log("testInt has value :" + testInt.HasValue);
        Debug.Log("testInt  value :" + testInt.Value);
      Debug.Log("testInt  value :" + (Int32) testInt);
        Debug.Log("testNull has value :" + testNull.HasValue);
        Debug.Log("testNull value :" + testNull.GetValueOrDefault());
    }

    // Update is called once per frame
    void Update () {

    }
}
```

运行这个游戏脚本，可以在 Unity 3D 的调试窗口看到输出如下所示的内容。

```
testInt has value :True
UnityEngine.Debug:Log(Object)
testInt  value :999
UnityEngine.Debug:Log(Object)
testNull has value :False
```

```
UnityEngine.Debug:Log(Object)
testNull value :0
UnityEngine.Debug:Log(Object)
```

对这个游戏脚本中的代码进行分析，可以发现上面的代码中存在两个转换。第一个转换发生在 T 到 Nullable<T>的隐式转换。转换之后，Nullable<T>的实例中 HasValue 这个属性被设置为 true，而 Value 这个属性的值便是 T 的值。第二个转换发生在 Nullable<T>显式地转换为 T，这个操作和直接访问实例的 Value 属性有相同的效果。需要注意的是，在没有真正的值可供返回时会抛出一个异常。为了避免这种情况的发生，Nullable<T>还引入了一个方法名为 GetValueOrDefault 的方法，当 Nullable<T>的实例存在值时，会返回该值；当 Nullable<T>的实例不存在值时，会返回一个默认值。该方法存在两个重载方法，其中一个重载方法不需要任何参数，另一个重载方法则可以指定要返回的默认值。

9.4 可空值类型的简化语法

虽然 C#引入了可空值类型的概念，方便了在表示值类型为空的情况时的逻辑，但是如果仅仅能够使用上面的例子中的那种形式，又似乎显得有些烦琐。好在 C#还允许使用相当简单的语法来初始化刚刚例子中的两个 System.Nullable<T>的变量 testInt 和 testNull，这么做背后的目的是 C#的开发团队的初衷是将可空值类型集成在 C#语言中。因此，可以使用相当简单和更加清晰的语法处理可空值类型，即 C#允许使用问号“?”来声明并初始化上面例子中的两个变量 testInt 和 testNull，因此上面的例子可以变成如下所示代码。

```
using UnityEngine;
using System;
using System.Collections;

public class NullableTest : MonoBehaviour {

    // Use this for initialization
    void Start () {
        Int32? testInt = 999;
        Int32? testNull = null;
        Debug.Log("testInt has value :" + testInt.HasValue);
        Debug.Log("testInt  value :" + testInt.Value);
        Debug.Log("testNull has value :" + testNull.HasValue);
        Debug.Log("testNull value :" + testNull.GetValueOrDefault());
    }

    // Update is called once per frame
```

```
    void Update () {

    }
}
```

其中 Int32？是 Nullable<Int32>的简化语法，它们之间互相等同于彼此。

除此之外，之前提到可以在 C#语言中对可空值类型的实例执行转换和转型的操作，下面通过一个例子加深一下印象，代码如下。

```
using UnityEngine;
using System;
using System.Collections;

public class NullableTest : MonoBehaviour {

    // Use this for initialization
    void Start () {
        //从正常的不可空的值类型 int 隐式转换为 Nullable<Int32>
        Int32? testInt = 999;
        //从 null 隐式转换为 Nullable<Int32>
        Int32? testNull = null;
        //从 Nullable<Int32>显式转换为不可空的值类型 Int32
        Int32 intValue = (Int32) testInt;

    }

    // Update is called once per frame
    void Update () {

    }
}
```

除此之外，C#语言还允许可空值类型的实例使用操作符。具体的例子可以参考如下所示代码。

```
using UnityEngine;
using System;
using System.Collections;

public class NullableTest : MonoBehaviour {

    // Use this for initialization
    void Start () {
        Int32? testInt = 999;
        Int32? testNull = null;
```

```
        //一元操作符  (+ ++ - -- !  ~)
        testInt ++;
        testNull = -testNull;

        //二元操作符  (+ - * / % & | ^ << >>)
        testInt = testInt + 1000;
        testNull = testNull * 1000;

        //相等性操作符  (== !=)
        if(testInt != null)
        {
            Debug.Log("testInt is not Null!");
        }
        if(testNull == null)
        {
            Debug.Log("testNull is Null!");
        }

        //比较操作符 (< > <= >=)
        if(testInt > testNull)
        {
            Debug.Log("testInt larger than testNull!");
        }


    }

    // Update is called once per frame
    void Update () {

    }
}
```

那么 C#语言到底是如何来解析这些操作符的呢？下面对 C#解析操作符来做一个总结。

对一元操作符，包括“+”、“++”、“-”、“--”、“!”、“~”而言，如果操作数是 null，则结果便是 null；对于二元操作符，包括了“+”、“-”、“*”、“/”、“%”、“&”、“|”、“^”、“<<”、“>>”来说，如果两个操作数之中有一个为 null，则结果便是 null；对于相等操作符，包括“==”、“!=”，当两个操作数都是 null，则两者相等。如果只有一个操作数是 null，则两者不相等。若两者都不是 null，就需要通过比较值来判断是否相等；最后是关系操作符，其中包括了“<”“>”“<=”“>=”，如果两个操作数之中任何一个是 null，结果为 false。如果两个操作数都不是 null，就需要比较值。

那么 C#对可空值类型是否还有更多的简化语法糖呢？例如在编程中常见的三元操作，表达式“boolean-exp ? value0 : value1”中，如果“布尔表达式”的结果为 true，就计算“value0”，而且这个计算结果也就是操作符最终产生的值。如果“布尔表达式”的结果为 false，就计算“value1”。同样，它的结果也就成为了操作符最终产生的值。答案是肯定的。C#为我们提供了一个“??”操作符，被称为“空接合操作符”。“??”操作符会获取两个操作数，左边的操作数如果不是 null，那么返回的值是左边这个操作数的值；如果左边的操作数是 null，便返回右边这个操作数的值。而空接合操作符“??”的出现，为变量设置默认值提供了便捷的语法。同时，需要注意的一点是，空接合操作符“??”既可以用于引用类型，也可以用于可空值类型，但它并非 C#为可空值类型简单的提供的语法糖。与此相反，空接合操作符“??”提供了很大的在语法上的改进。下面的代码将演示如何正确使用可空接操作符“??”，代码如下。

```
using UnityEngine;
using System;
using System.Collections;

public class NullableTest : MonoBehaviour {

 // Use this for initialization
 void Start () {
     Int32? testNull = null;
     //这行代码等价于:
     //testInt = (testNull.HasValue) ? testNull.Value : 999;
     Int32? testInt = testNull ?? 999;
     Debug.Log("testInt has value :" + testInt.HasValue);
     Debug.Log("testInt  value :" + testInt.Value);
     Debug.Log("testNull has value :" + testNull.HasValue);
     Debug.Log("testNull value :" + testNull.GetValueOrDefault());
 }

 // Update is called once per frame
 void Update () {

 }
}
```

将这个游戏脚本加载进入游戏场景中，运行游戏可以看到在 Unity 3D 编辑器的调试窗口输出了和之前相同的内容。

当然前面已经说过，空接合操作符“??”事实上提供了很大的在语法上的改进，那么都包括哪些方面呢？首先便是“??”操作符能够更好地支持表达式了，例如我们要获取一个游戏中英雄的名称，当获取不到正确的英雄名称时，则需要使用默认的英雄名称。下面这段代码演示了在这种情况下使用“??”操作符，代码如下。

```
Func<string> heroName = GetHeroName() ?? "DefaultHeroName";
string GetHeroName()
{
 //TODO
}
```

之前已经介绍过 lambda 表达式，如果不使用“??”操作符，而仅仅通过 lambda 表达式解决同样的需求就变得十分烦琐了。有可能需要对变量进行赋值，同时还需要不止一行代码，代码如下。

```
Func<string> heroName = () => { var tempName = GetHeroName();
 return tempName != null ? tempName : "DefaultHeroName";
}
string GetHeroName()
{
 //TODO
}
```

相比之下，似乎应该庆幸 C#语言的开发团队为我们提供的“??”操作符。除了能够对表达式提供更好的支持之外，空接合操作符“??”还简化了复合情景中的代码，假设我们的游戏单位包括了英雄和士兵这两种类型，如果需要获取游戏单位的名称，需要分别去查询这两个种类的名称。如果查询结果都不是可用的单位名称，则返回默认的单位名称，在这种复合操作中使用“??”操作符的代码如下。

```
string unitName = GetHeroName() ?? GetSoldierName ?? "DefaultUnitName";
string GetHeroName()
{
 //TODO
}
string GetSoldierName()
{
 //TODO
}
```

如果没有空接合操作符“??”的出现实现以上的复合逻辑，则需要用比较烦琐的代码来完成，如下面这段代码所示。

```
string unitName = String.Empty;
string heroName = GetHeroName();
if(tempName != null)
{
```

```
     unitName = tempName;
    }
    else
    {
     string soldierName = GetSoldierName();
     if(soldierName != null)
     {
         unitName = soldierName;
     }
     else
     {
         unitName = "DefaultUnitName";
     }
    }

    string GetHeroName()
    {
     //TODO
    }
    string GetSoldierName()
    {
     //TODO
    }
```

可见，空接合操作符不仅仅是简单的三元操作的简化语法糖，而是在语法逻辑上进行了重大的改进之后的产物。值得庆幸的是，不仅仅是引用类型可以使用它，可空值类型同样可以使用它。

那么是否还有之前专门供引用类型使用，而现在有了可空值类型之后，也可以被可空值类型使用的操作符呢？是有的，下面就再来介绍一个操作符，这个操作符在引入可空值类型之前是专门供引用类型使用的，而随着可空值类型的出现，它也可以作用于可空值类型。它就是“as”操作符。

在 C#2 之前，as 操作符只能作用于引用类型，而在 C#2 中，它也可以作用于可空值类型。因为可空值类型为值类型引入了空值的概念，因此符合“as”操作符的需求——它的结果可以是可空值类型的某个值，包括空值也包括有意义的值。

下面通过一个例子看看如何在代码中将“as”操作符作用于可空值类型，代码如下。

```
using UnityEngine;
using System;
using System.Collections;

public class NullableTest : MonoBehaviour {
```

```
    // Use this for initialization
    void Start () {
        this.CheckAndPrintInt(999999999);
        this.CheckAndPrintInt("九九九九九九九九九");
    }

    // Update is called once per frame
    void Update () {

    }

    void CheckAndPrintInt(object obj)
    {
        int? testInt = obj as int?;
        Debug.Log(testInt.HasValue ? testInt.Value.ToString() : "输出的参
数无法转化为 int");
    }
}
```

运行这个脚本后，可以在 Unity 3D 的调试窗口看到如下所示的输出内容。

```
999999999
UnityEngine.Debug:Log(Object)
输出的参数无法转化为 int
UnityEngine.Debug:Log(Object)
```

这样就通过“as”操作符，实现了将引用转换为值的操作。

9.5 可空值类型的装箱和拆箱

正如前面所说，可空值类型 Nullable<T>是一个结构，一个值类型。因此，如果代码中涉及到将可空值类型转换为引用类型的操作（例如转化为 object 类型），装箱便是不可避免的。

但是有一个问题，那就是普通的值类型是不能为空的，装箱之后的值自然也不是空，但是可空值类型是可以表示空值的，那么装箱之后应该如何正确表示呢？正是由于可空值类型的特殊性，Mono 运行时在涉及到可空值类型的装箱和拆箱操作时，会有一些特殊的行为：如果 Nullable<T>的实例没有值时，那么它会被装箱为空引用；相反，如果 Nullable<T>的实例有值时，会被装箱成 T 的一个已经装箱的值。

如果要将已经装箱的值进行拆箱操作，那么该值可以被拆箱成为普通类型，或者拆箱成为对应的可空值类型。换句话说，要么拆箱成 T，要么拆箱成 Nullable<T>。不过应该注意的一点是，在对一个空引用进行拆箱操作时，如果要将它拆箱成普通的值类型 T，则运行时会抛出一个 NullReferenceException 异常，这是因为普通的值类型是没有空值概念的；而如果要拆箱成为一个恰当的可空值类型，最后的结果便是拆箱成一个没有值的可空值类型的实例。

下面通过一段代码演示一下可空值类型的装箱以及拆箱操作，代码如下。

```
using UnityEngine;
using System;
using System.Collections;

public class NullableTest : MonoBehaviour {

    // Use this for initialization
    void Start () {
        //从正常的不可空的值类型 int 隐式转换为 Nullable<Int32>
        Int32? testInt = 999;
        //从 null 隐式转换为 Nullable<Int32>
        Int32? testNull = new Nullable<int>();

        object boxedInt = testInt;
        Debug.Log("不为空的可空值类型实例的装箱：" + boxedInt.GetType());

        Int32 normalInt = (int) boxedInt;
        Debug.Log("拆箱为普通的值类型 Int32：" + normalInt);

        testInt = (Nullable<int>) boxedInt;
        Debug.Log("拆箱为可空值类型：" + testInt);

        object boxedNull = testNull;
        Debug.Log("为空的可空值类型实例的装箱：" + (boxedNull == null));

        testNull = (Nullable<int>) boxedNull;
        Debug.Log("拆箱为可空值类型：" + testNull.HasValue);
    }

    // Update is called once per frame
    void Update () {

    }
}
```

在上面这段代码中，演示了如何将一个不为空的可空值类型实例装箱后的值分别拆箱为普通的值类型（如本例中的 int），以及可空值类型（如本例中的 Nullable<int>）。之后又将一个没有值的可空值类型实例 testNull 装箱为一个空引用，然后又成功拆箱为另一个没有值的可空值类型实例。如果此时直接将它拆箱为一个普通的值类型，编译器会抛出一个 NullReferenceException 异常，有兴趣的读者可以自己动手尝试一下。

9.6 本章总结

本章首先介绍了 3 种不使用可空值类型来实现值类型表示空值的方案，并由此引出了 C#语言中的可空值类型 Nullable，为各位读者在开发中需要使用值类型来表示空值提供了一种思路。

第 10 章 从序列化和反序列化看 Unity 3D 的存储机制

之前的内容已经涉及到一些序列化和反序列化的内容，但是并没有深入讲解，本章的主要内容将会为各位读者详细讲解 C#语言的序列化和反序列化的知识，并且结合 Unity 3D 的存储机制来加深各位读者的理解。

10.1 初识序列化和反序列化

所谓的序列化便是将对象转换为字节流的过程，与此相反的是反序列化。反序列化指的是将字节流转换回对象的过程。因此可以说，序列化和反序列化是在对象和字节流之间转换发挥了很大作用的机制。

下面通过一个例子看看序列化和反序列化是如何使用的，代码如下。

```
using UnityEngine;
using System;
using System.Collections;
using System.Collections.Generic;
using System.IO;
using System.Runtime.Serialization.Formatters.Binary;

public class SerializationTest : MonoBehaviour {

 // Use this for initialization
 void Start () {
```

```
        //创建一个英雄 Hero 类的实例
        //并为其基本属性赋初始值
        Hero heroInstance = new Hero();
        heroInstance.id = 10000;
        heroInstance.attack = 10000f;
        heroInstance.defence = 90000f;
        heroInstance.name = "DefaultHeroName";
        //进行序列化
        Stream stream = InstanceDataToMemory(heroInstance);

        //为了演示下面的反序列化之后的结果
        //此处将刚刚创建的英雄 Hero 类实例的
        //数据进行重置
        stream.Position = 0;
        heroInstance = null;

        //反序列化生成英雄 Hero 类的实例
        //并且打印其属性值，可以发现是
        //我们初始赋值给它的值
        heroInstance = (Hero) this.MemoryToInstanceData(stream);

        Debug.Log(heroInstance.id.ToString());
        Debug.Log(heroInstance.attack.ToString());
        Debug.Log(heroInstance.defence.ToString());
        Debug.Log(heroInstance.name);
    }
    //InstanceDataToMemory 方法用来实现将对象序列化
    //到流中的逻辑
    private MemoryStream InstanceDataToMemory(object instance)
    {
        //创建一个新的流来容纳经过序列化的对象
        MemoryStream memoStream = new MemoryStream();
        //创建一个序列化格式化器来执行具体的序列化
        //操作
        BinaryFormatter binaryFormatter = new BinaryFormatter();
        //将传入的对象 instance 序列化到流 memoStream
        //中
        binaryFormatter.Serialize(memoStream, instance);
        //返回序列化好的流
        return memoStream;
    }
    //MemoryToInstanceData 方法用来实现将流
    //反序列化为对象的逻辑
    private object MemoryToInstanceData(Stream memoryStream)
```

```
    {
        //创建一个序列化格式化器来执行具体的
        //反序列化操作
        BinaryFormatter binaryFormatter = new BinaryFormatter();
        //返回从流 memoryStream 中反序列化
        //得到的对象
        return binaryFormatter.Deserialize(memoryStream);
    }

    // Update is called once per frame
    void Update () {

    }

}
```

在这个例子中，我们通过将一个英雄 Hero 类的对象序列化和反序列化来进行数据的保存和读取的操作。看上去似乎十分简单，InstanceDataToMemory 方法通过构造一个 System.IO.MemoryStream 对象，提供了一个用来容纳经过序列化之后的字节块的容器。紧接着又创建了一个 System.Runtime.Serialization.Formatters.Binary.BinaryFormatter 对象，格式化器的主要作用是用来进行序列化和反序列化，因为它实现了 System.Runtime.Serialization.IFormatters 接口，因此知道如何对对象进行序列化和反序列化。在此处需要注意的是，C#语言中并非只有 BinaryFormatter 这一种格式化器，在 C#的基础类库中有两个格式化器是可以使用的。除了在例子中使用的 BinaryFormatter 之外，还有一个格式化器——SoapFormatter，这个格式化器定义在命名空间 System.Runtime.Serialization.Formatters.Soap 之中。当然，对对象进行序列化和反序列化并非必须使用格式化器，例如要使用 XML 序列化和反序列化时还会用到 XmlSerializer 和 DataContractSerializer 类，关于这部分内容在后面的章节中会具体介绍。

在上面例子的那段代码中，可以看到序列化对象只需要调用格式化器 BinaryFormatter 的 Serialize 方法。首先看看 Serialize 方法的签名，代码如下。

```
public void Serialize(
 Stream serializationStream,
 Object graph
)
```

可以看到 Serialize 方法只需要两个参数：一个是 System.IO.Stream 类型（也可以是派生自 System.IO.Stream 类的派生类，例如 MemoryStream、FileStream 以及 NetworkStream 等）的参数，表示对流对象的引用；另一个是 System.Object 类型的参数，表示对需要被序列化的对象的引用。如上文所说，流对象的主要作用是为序列化之后的字节提供存放的容器。而第二个参数的作用则是对需要被序列化的对象的引用，由于它是 System.Object 类型的，因此它可以是任何类型的实例（无论是引用类型还是值类型）。例如它可以是值类型 int、float，也可以是引用类型 string、List<String>、Dictionary<string, string>、Hero 等。在这里有一点需要注意的是，由于 graph 可以是一个集合或者字典，所以当集合或字典中已经引用了一组对象时，一旦调用格式化器的 Serialize 方法，则 graph 中所有的对象都会被序列化到第一个参数所指定的流中。

那么 Serialize 方法到底是如何进行序列化的呢？首先，格式化器会参考目标对象的类型的元数据，进而了解要序列化的对象的信息。具体来说，Serialize 方法会利用反射机制来查看每个对象的类型中都有哪些实例字段，而正如前面刚刚说过的一样，凡是在这些字段中引用的对象，也会被格式化器的 Serialize 方法进行序列化。其次，Serialize 方法在进行序列化时同样要保证要有分辨对象是否已经被序列化的能力，因为一旦无法确定该对象是否已经被序列化，就有可能导致同一个对象被多次序列化，如果发生这样的情况，往往会造成死循环。不过值得庆幸的一点是，C#语言中的格式化器的算法已经具备了保证每个对象只被序列化一次的能力。一个常见的情景是两个对象互相引用时，格式化器能够探测到这种情况，并且保证对每个对象只进行一次序列化操作。最后，一旦 Serialize 方法执行完毕并且返回之后，便获得了一个容纳了目标对象被序列化之后字节块的 Stream 对象。本例中是一个 MemoryStream 对象，此时我们就可以按照自己的方式来处理它了，例如比较常见的一种处理方式是可以将它保存到文件中，当然也可以将序列化之后的对象作为二进制数据，通过网络进行和服务器的通信等。下面来看一个例子，这次我们将刚刚的英雄 Hero 类的实例序列化成为二进制文件后保存在硬盘上，并且在另一个方法中将被保存到硬盘上的二进制文件反序列化为英雄 Hero 类的那个特定的实例，代码如下。

```
using UnityEngine;
using System;
using System.Collections;
using System.Collections.Generic;
using System.IO;
using System.Runtime.Serialization.Formatters.Binary;
using System.Runtime.Serialization;

public class SerializationTest : MonoBehaviour {
 private Hero heroInstance;

 // Use this for initialization
 void Start () {
      //创建一个英雄 Hero 类的实例
      //并为其基本属性赋初始值
      heroInstance = new Hero();
```

```
        heroInstance.id = 10000;
        heroInstance.attack = 10000f;
        heroInstance.defence = 90000f;
        heroInstance.name = "DefaultHeroName";
    }

    private void OnGUI ()
    {

        if(GUILayout.Button("save(Serialize)",GUILayout.Width(200)))
        {
            //将对象序列化之后生成的
            //二进制文件保存在硬盘上
           FileStream fs = new FileStream("HeroData.dat", FileMode.Create);

            BinaryFormatter formatter = new BinaryFormatter();
            try
            {
                formatter.Serialize(fs, this.heroInstance);
            }
            catch (SerializationException e)
            {
              Console.WriteLine("Failed to serialize. Reason: " + e.Message);
                throw;
            }
            finally
            {
                fs.Close();
                //为了演示下面的反序列化之后的结果,
                //此处将刚刚创建的英雄 Hero 类实例的
                //数据进行重置
                this.heroInstance = null;
            }
        }

        if(GUILayout.Button("load(Deserialize)",GUILayout.Width(200)))
        {
            //从硬盘上读取流的内容
            FileStream fs = new FileStream("HeroData.dat", FileMode.Open);
            try
            {
                BinaryFormatter formatter = new BinaryFormatter();

                this.heroInstance = (Hero) formatter.Deserialize(fs);
```

```
            }
            catch (SerializationException e)
            {
                Console.WriteLine("Failed  to  deserialize.  Reason:  "  +
e.Message);
                throw;
            }
            finally
            {
                fs.Close();
                Debug.Log(this.heroInstance.id.ToString());
                Debug.Log(this.heroInstance.attack.ToString());
                Debug.Log(this.heroInstance.defence.ToString());
                Debug.Log(this.heroInstance.name);
            }
        }

    }

  }
```

这个例子与之前的例子最大的一个区别便是我们使用了另一种流的类型 FileStream，而不是刚才的 MemoryStream。将 Hero 对象序列化之后生成的二进制文件命名为 HeroData.dat，并将其保存在硬盘上，如图 10-1 所示。

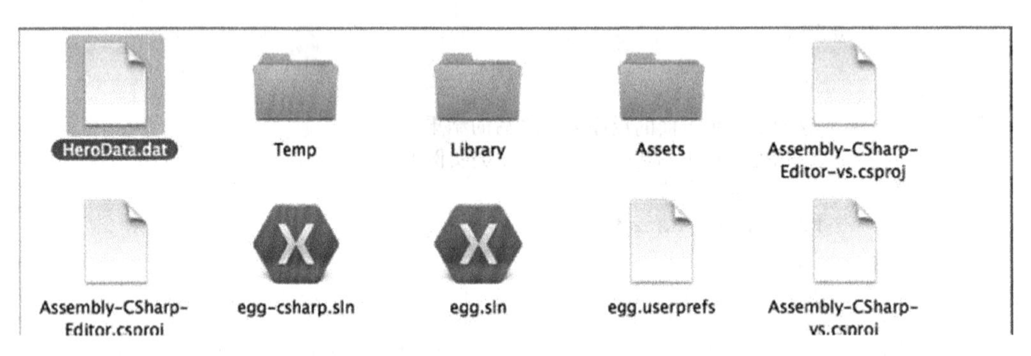

图 10-1 经过序列化后保存在硬盘上的二进制文件

了解了格式化器的 Serialize 方法是如何对对象进行序列化操作后，再让我们把目光的焦点放在格式化器的 Deserialize 方法是如何进行反序列化操作的。同样先看一下 Deserialize 方法的签名，代码如下。

```
public Object Deserialize(
 Stream serializationStream
)
```

看上去 Deserialize 方法要比 Serialize 方法简单，它仅仅只需要一个 Stream 类型的参数，而返回的则是经过反序列化后得到的对象的引用。那么 Deserialize 方法的反序列化操作究竟是怎么执行的呢？首先，它会检查流中的内容获取流中对象的信息，并且构造流中所有对象的实例。然后一旦对象的实例构造完成，便按照当初进行序列化时的对象中的字段的值为刚刚创建的实例的字段进行初始化的赋值操作，使得经过反序列化创建的实例和当初序列化的实例中的字段的值一致。最后，Deserialize 方法会返回一个 Object 类型的对象引用，我们常常需要将返回的对象引用转换为我们期望的类型。在上面的例子中可以看到 Deserialize 是如何被用来对二进制文件进行反序列化操作的。

通过以上内容的介绍，各位读者应该已经初步掌握了格式化器是如何进行序列化和反序列化操作的。不过在这里还是提醒各位读者一些需要注意的地方。

第一个需要注意的地方是，在 C#的基础类库中有两个格式化器是可以使用的，除了在例子中使用的 BinaryFormatter 之外，还有一个格式化器——SoapFormatter。因此我们在使用格式化器来实现序列化和反序列化时，必须保证在代码中进行序列化操作和反序列化操作的是相同的格式化器。如果使用 BinaryFormatter 来对一个对象进行序列化，但是却使用 SoapFormatter 来进行反序列化，很有可能会由于无法正确解释流中的内容而抛出 System.Runtime.Serialization.SerializationException 异常。

第二个需要注意的地方是，前面已经说过流的主要作用是为序列化之后的字节块提供容纳的容器，那么各位读者是否有过这样的疑问，那就是同一个流是否可以容纳多个对象序列化之后的字节块呢？答案是肯定的，在 Unity 3D 的游戏脚本语言 C#中，可以将多个对象序列化到同一个流中。在前面的例子中，我们对英雄 Hero 类的对象进行了序列化操作，现在假设我们又定义了另一个表示游戏单位的类型——士兵 Soldier 类。并且在代码中对存在的这两个对象，分别是 Hero 类型和 Soldier 类型的对象，进行序列化操作，并且都放在同一个流中。然后再从同一个流中反序列化得到这两个对象，代码如下。

```
using UnityEngine;
using System;
using System.Collections;
using System.Collections.Generic;
using System.IO;
using System.Runtime.Serialization.Formatters.Binary;
using System.Runtime.Serialization;

public class SerializationTest : MonoBehaviour {
 private Hero heroInstance;
 private Soldier soldierInstance;
```

```
    // Use this for initialization
    void Start () {
        //分别构造 Hero 类型的对象
        //和 Soldier 类型的对象，并
        //对它们的字段进行初始化
        heroInstance = new Hero();
        heroInstance.id = 10000;
        heroInstance.attack = 10000f;
        heroInstance.defence = 90000f;
        heroInstance.name = "DefaultHeroName";
        //
        soldierInstance = new Soldier();
        soldierInstance.id = 90;
        soldierInstance.attack = 90f;
        soldierInstance.defence = 100f;
        soldierInstance.name = "DefaultSoldierName";
    }

    private void OnGUI ()
    {

        if(GUILayout.Button("save(Serialize)",GUILayout.Width(200)))
        {
            FileStream   fs   =   new   FileStream("HeroAndSoldierData.dat",
FileMode.Create);

            BinaryFormatter formatter = new BinaryFormatter();
            try
            {
                //将两个对象经过序列化后的字节块
                //全都存放在同一个流中
                formatter.Serialize(fs, this.heroInstance);
                formatter.Serialize(fs, this.soldierInstance);
            }
            catch (SerializationException e)
            {
                Console.WriteLine("Failed   to   serialize.   Reason:   "   +
e.Message);
                throw;
            }
            finally
            {
                fs.Close();
                this.heroInstance = null;
```

```
            this.soldierInstance = null;
        }
    }

    if(GUILayout.Button("load(Deserialize)",GUILayout.Width(200)))
    {
        FileStream   fs   =   new   FileStream("HeroAndSoldierData.dat",
FileMode.Open);
        try
        {
            BinaryFormatter formatter = new BinaryFormatter();
            //从同一个流中分别获得两个对象
            this.heroInstance = (Hero) formatter.Deserialize(fs);
            this.soldierInstance = (Soldier) formatter.Deserialize(fs);
        }
        catch (SerializationException e)
        {
            Console.WriteLine("Failed  to  deserialize.  Reason:  "  +
e.Message);
            throw;
        }
        finally
        {
            fs.Close();
            Debug.Log(this.heroInstance.id.ToString());
            Debug.Log(this.heroInstance.attack.ToString());
            Debug.Log(this.heroInstance.defence.ToString());
            Debug.Log(this.heroInstance.name);

            Debug.Log(this.soldierInstance.id.ToString());
            Debug.Log(this.soldierInstance.attack.ToString());
            Debug.Log(this.soldierInstance.defence.ToString());
            Debug.Log(this.soldierInstance.name);
        }
    }
  }
}
```

执行这个脚本，可以看到在 Unity 3D 的调试窗口分别输出了那两个最初被序列化的对象的字段的值。证明我们的确可以将不同类型的不同对象经过序列化后在同一个流中存放。

第三个需要注意的一点，同时也是在开发中常常忽略的一点，就是序列化和反序列化与程序集的关系。当代码在对对象进行序列化时，写入流的内容之中还包括类型的全名以及类型定义程序集的全名。而在反序列化时，格式化器首先获取的也是程序集的标识信息，然后再通过调用 System.Reflection.Assembly 的 Load 方法将目标程序集加载进入当前的 AppDomain 中。只有当程序集加载完成后，格式化器才能够在程序集中查找和需要被反序列化的对象的类型相同的类型信息。一旦找到符合要求的类型，接下来便是创建该类型的实例，然后再从流中获取和该实例字段相对应的值为该实例的字段赋值。如果程序集中的类型字段和从流中读取的字段名称不能完全匹配，则会抛出 System.Runtime.Serialization.SerializationException 异常，一旦抛出异常则反序列化操作立刻终止。如果在程序集中找不到和要被反序列化的对象相同的类型，同样会抛出异常，反序列化操作同样会立刻终止，不会再对之后的对象进行反序列化操作。关于序列化、反序列化和程序集相关的内容，以及在 Unity 3D 中的具体体现，在介绍 Unity 3D 中的序列化、反序列化操作时还会具体阐述。

10.2 控制类型的序列化和反序列化

10.2.1 如何使类型可以序列化

在之前关于定制特性的章节中，已经简单地介绍过开发人员在设计类型时，如果该类型需要被序列化，则一定要注意它与不能被序列化的类型的区别。因为类型在默认状态下是无法被序列化的，例如在下面的这个例子中的 Hero 类型，代码如下。

```
using System;
using System.Collections;
public class Hero{
 public int id;
 public float currentHp;
 public float maxHp;
 public float attack;
 public float defence;
 public string name;

 public Hero()
 {
 }
}
```

这个普通的类型中有若干个实例字段，同时还有一个构造方法，看上去是一个很普通的类型的定义了。如果还按照上一节中的方式，对它进行序列化，是否可以正常的执行呢？下面就试验一下。仍旧执行在上一节中使用的那个游戏脚本，这次在 Unity 的调试窗口中看到的输出内容如图 10-2 所示。

SerializationException: Type Hero is not marked as Serializable.
System.Runtime.Serialization.Formatters.Binary.BinaryCommon.CheckSerializable (System.Type type, ISurr

图 10-2 对不可序列化的对象进行序列化抛出的异常

可以看到抛出了一个 SerializationException 异常，原因是“Type Hero is not marked as Serializable.”英雄 Hero 类并没有被标记为可以被序列化的。这是为什么呢？问题的原因其实很简单，那就是我们在设计 Hero 类型时并没有显式的指出 Hero 类型的对象可以被序列化，但是在序列化对象时，格式化器首先会确认每个类型的对象是否可以被序列化。如果有对象不可被序列化，则格式化器的 Serialize 方法就会抛出 SerializationException 这个异常。而这个问题的解决方法也十分简单，那就是在定义类型时对类型应用定制特性 System.SerializableAttribute，代码如下。

```
using System;
using System.Collections;
[Serializable]
public class Hero{
 public int id;
 public float currentHp;
 public float maxHp;
 public float attack;
 public float defence;
 public string name;

 public Hero()
 {
 }
}
```

重新运行刚刚的游戏脚本，可以看到一切能够正常运行了，英雄 Hero 类的对象又可以被顺利地序列化到流中了。

需要注意的是，System.SerializableAttribute 特性只能用于引用类型（class）、值类型（struct）、枚举类型（enum）以及委托类型（delegate）。但是由于枚举类型和委托类型总是可以被序列化的，因此无须显式的应用 System.SerializableAttribute 特性。还需要注意的一点是，基类的 System.SerializableAttribute 特性并不会被派生出的子类继承，例如英雄 Hero 类、士兵 Solider 类都派生自基础单位 BaseUnit 类，它们的定义的代码如下。

```
[Serializable]
public class BaseUnit
{
```

```
    public BaseUnit()
    {
    }
}

[Serializable]
public class Hero : BaseUnit
{
    public Hero()
    {
    }
}

public class Solider : BaseUnit
{
    public Solider()
    {
    }
}
```

在这 3 个类型中，BaseUnit 类和 Hero 类都可以被序列化，但是由于 System.SerializableAttribute 特性无法通过继承应用到派生类上，因此 Solider 类无法被序列化。

但是如果派生类应用了 System.SerializableAttribute 特性，而基类反而没有应用 System.SerializableAttribute 特性，从该基类派生而来的任何派生类即便应用了 System.SerializableAttribute 特性，也无法被序列化。这点十分容易理解，基类的实例一旦无法被序列化，那么它的字段便无法被序列化，而继承自该基类的派生类的实例中的字段同样包括基类的字段，因此自然而然是无法被序列化的。因此如果看 C#中所有类型的基类 System.Object 的定义，就可以发现它其实早已经应用了 System.SerializableAttribute 特性。

不过有一点需要注意的是，在默认情况下序列化会读取对象的所有字段，无论这些字段在声明时的可访问权限是 public、protected、internal 或者是 private。因此，如果对象中的一些字段并不适合被序列化（例如包含某些敏感信息或者是没有价值的字段）时，是否能够在序列化时略过这些不需要进行序列化的字段呢？答案是当然可以。

10.2.2 如何选择序列化的字段和控制反序列化的流程

和标识类型可以被序列化类似，我们仍然通过在不需要被序列化的字段上应用相应的特性标识该字段在对象被序列化时不被序列化。而这个特性便是 System.NonSerializedAttribute，下面就使用该特性来重新定义一下英雄 Hero 类，在英雄 Hero 类中我们增加了一个新的字段 powerRank，它用来表示该英雄的战斗力，战斗力是根据一个计算公式，对英雄的攻击力、防御力以及血量进行加权求值而得到的，代码如下。

```
public class Hero{
 public int id;
 public float currentHp;
 public float maxHp;
 public float attack;
 public float defence;
 public string name;
 [NonSerialized]
 private float powerRank;

 public Hero(int id, float maxHp, float attack, float defence)
 {
     this.id = id;
     this.maxHp = maxHp;
     this.currentHp = this.maxHp;
     this.attack = attack;
     this.defence = defence;
     this.powerRank = 0.5f * maxHp + 0.2f * attack + 0.3f * defence;
 }
}
```

在这个定义中，英雄 Hero 类的对象可以被序列化。但是格式化器在进行序列化操作时，不会对应用了 System.NonSerializedAttribute 定制特性的 powerRank 字段的值进行序列化。这里要提醒一下各位读者，System.NonSerializedAttribute 定制特性和 System.SerializableAttribute 特性不能被派生类继承相比，前者是可以被派生类继承的。而且在同一个类型中 System.NonSerializedAttribute 定制特性可以应用在多个不同的字段上，来标识多个目标字段不可序列化。

因此，如果按照如下的代码来构造一个新的英雄 Hero 类的实例，代码如下。

```
Hero heroInstance = new Hero(1000, 5000f, 1000f, 1000f);
```

在 Hero 实例 heroInstance 的内部，根据公式“0.5f * maxHp + 0.2f * attack + 0.3f * defence”可以计算出该英雄的战斗力为 3000，因此字段 powerRank 此时的值为 3000。但是，在该实例进行序列化时，由于 powerRank 字段不能被序列化，因此如我们所愿，它的值（3000）不会被写入流中。所以在将经过序列化得到的二进制文件再经过反序列化来获取一个新的 Hero 类型的实例时，该实例其余的字段都会被赋予正确的值，而由于字段 powerRank 的值当初并没有被写入流中，因此它的初始值只能设置为 0，而不是 3000。运行一下之前的序列化和反序列化例子中的脚本，可以在 Unity 3D 的调试窗口中获得如下所示的输出信息，可以看到经过反序列化之后得到的 Hero 实例的 powerRank 字段的值的确是 0。

```
hero powerRank: 0
UnityEngine.Debug:Log(Object)
```

正是由于 powerRank 字段的值是根据英雄的其余的属性字段的值，根据一个计算公式计算而来，因此为了增加灵活性（例如修改了计算公式），类似 powerRank 这种计算出来的值的确不必在序列化时写入流中，但是在反序列化时我们又往往希望能够根据此时正确的公式和属性值计算出正确的战斗力的值，进而为 powerRank 赋值，而不是用一个初始值 0 来代替。那么是否能够控制反序列化的流程，来实现这个目标呢？答案是当然可以。

这次同样要通过使用定制特性实现在反序列的过程中调用特定的方法，来实现根据正确的计算公式和属性值计算英雄的战斗力的操作。那么这个定制特性就是 System.Runtime.Serialization.OnDeserializedAttribute 定制特性。重新修改一下 Hero 类的定义，通过在 Hero 类中增加一个应用了 System.Runtime.Serialization.OnDeserializedAttribute 定制特性的方法来实现每次格式化器在反序列化 Hero 类型的实例时，都要调用一次该方法来计算最新的英雄战斗力数值的功能。需要注意的是 System.Runtime.Serialization.OnDeserializedAttribute 特性定义在命名空间 System.Runtime.Serialization 中，所以在使用该特性之前要先使用 System.Runtime.Serialization 命名空间，代码如下。

```
using UnityEngine;
using System;
using System.Collections;
using System.Runtime.Serialization;
[Serializable]
public class Hero{
 public int id;
 public float currentHp;
 public float maxHp;
 public float attack;
 public float defence;
 public string name;
 [NonSerialized]
 private float powerRank;

 public Hero(int id, float maxHp, float attack, float defence)
 {
     this.id = id;
     this.maxHp = maxHp;
     this.currentHp = this.maxHp;
     this.attack = attack;
     this.defence = defence;
     this.powerRank = 0.5f * maxHp + 0.2f * attack + 0.3f * defence;
 }
```

```
    [OnDeserialized]
    private void CaculateRightPowerRank(StreamingContext context)
    {
        Debug.Log("call CaculateRightPowerRank");
        this.powerRank = 0.3f * maxHp + 0.2f * attack + 0.3f * defence;
    }
}
```

修改后的 Hero 类，我们增加了 CaculateRightPowerRank 方法，在 CaculateRightPowerRank 方法中使用了新的计算英雄战斗力的公式，将 maxHp 的权重从 0.5 下调到了 0.3。之前通过计算得到的 powerRank 的值是 3000，但是使用新的公式计算出来的 powerRank 的值变成了 2000。运行修改后的游戏脚本，Unity 3D 输出的内容如下所示。

```
call CaculateRightPowerRank
UnityEngine.Debug:Log(Object)
hero powerRank: 2000
UnityEngine.Debug:Log(Object)
```

可以看到，第一行输出的是 CaculateRightPowerRank 方法中打印的一个字符串的内容，证明该方法被调用；第三行则输出了通过新的计算公式计算出正确的 powerRank 的值是 2000。

当然，如果使用了 System.Runtime.Serialization 这个命名空间后，除了获得使用 OnDeserializedAttribute 定制特性的权力之外，同时还可以使用一些相关的其他特性，包括 OnDeserializingAttribute 特性、OnSerializedAttribute 特性以及 OnSerializingAttribute 特性等。这些特性都有一个共同点，那就是它们都是被应用于类型中定义的方法的，通过它们可以对序列化和反序列化进行更多的控制，而它们的作用阶段可以从它们的名字一窥究竟。在格式化器序列化对象时，格式化器首先会调用对象中那些被标记了 OnSerializing 特性的所有方法，而不是序列化对象的字段。当所有标记了 OnSerializing 特性的方法被调用完成后，才会去序列化对象的字段。最后，则是调用所有被标记为 OnSerialized 的所有方法。与序列化类似，在反序列化的过程中，格式化器同样首先会调用标记了 OnDeserializing 特性的所有方法，然后会反序列化对象的所有字段，最后则是调用被标记为 OnDeserialized 特性的所有方法。

而凡是被这 4 个特性修饰的方法，都有一个共同的特征，那就是必须要获取一个 StreamingContext（流的上下文）类型的参数，并且返回为 void。至于方法的方法名则没有强制规定，可以是我们希望的任何名称。另外需要注意的一点是，为了提高代码的安全性，以及养成良好的编写代码的习惯，对于这种方法一般会声明为 private，例如在上个例子中定义的 CaculateRightPowerRank 方法，代码如下。

```
    [OnDeserialized]
private void CaculateRightPowerRank(StreamingContext context)
```

```
    {
        Debug.Log("call CaculateRightPowerRank");
        this.powerRank = 0.5f * maxHp + 0.2f * attack + 0.3f * defence;
    }
```

10.2.3 序列化、反序列化中流的上下文介绍及应用

我们已经了解了应用了 OnDeserializedAttribute 特性、OnDeserializingAttribute 特性、OnSerializedAttribute 特性以及 OnSerializingAttribute 特性的方法，必须要获取一个 StreamingContext 类型的参数。而 StreamingContext 便是流的上下文。StreamingContext 事实上是一个值类型，也就是说它是一个结构。首先来看看它的定义，代码如下。

```
  //StreamingContext 结构在基础类库中的定义
  namespace System.Runtime.Serialization {

      using System.Runtime.Remoting;
      using System;
      [Serializable]
  [System.Runtime.InteropServices.ComVisible(true)]
      public struct StreamingContext {
          internal Object m_additionalContext;
          internal StreamingContextStates m_state;

          public StreamingContext(StreamingContextStates state)
            : this (state, null) {
          }

          public  StreamingContext(StreamingContextStates  state,  Object
additional) {
              m_state = state;
              m_additionalContext = additional;
          }

          public Object Context {
              get { return m_additionalContext; }
          }

          public override bool Equals(Object obj) {
              if (!(obj is StreamingContext)) {
                  return false;
              }
              if      (((StreamingContext)obj).m_additionalContext      ==
m_additionalContext &&
                  ((StreamingContext)obj).m_state == m_state) {
```

```
                return true;
            }
            return false;
        }

        public override int GetHashCode() {
            return (int)m_state;
        }

        public StreamingContextStates State {
            get { return m_state; }
        }
    }

    // **********************************************************
    // Keep these in [....] with the version in vm\runtimehandles.h
    // **********************************************************
[Serializable]
[Flags]
[System.Runtime.InteropServices.ComVisible(true)]
    public enum StreamingContextStates {
        CrossProcess=0x01,
        CrossMachine=0x02,
        File        =0x04,
        Persistence =0x08,
        Remoting    =0x10,
        Other       =0x20,
        Clone       =0x40,
        CrossAppDomain =0x80,
        All         =0xFF,
    }
}
```

可以看到 StreamingContext 结构的定义十分简单，除了它的构造函数和继承自 Object 的重载方法之外，我们只需要关心两个公共只读属性——State 和 Context。两个属性的类型和作用，如表 10-1 所示。

表 10-1 State 和 Context 属性

属　性	类　型	作　用
State	StreamingContextStates	用来说明要序列化和反序列化的对象的来源和目的地
Context	Object	一个上下文对象的引用，包含了用户希望得到的任何上下文信息

而 StreamingContext 结构存在的意义便是通过 State 属性的值描述给定的序列化流的源和目标，并利用 Context 属性提供一个由调用方定义的附加上下文。但是知道序列化流的源和目标有什么意义呢？如前文所述，同一个被序列化好的对象，可能会有不同的目的地。例如同一个进程中、同一个机器但是不同的进程中、不同的机器不同的进程中等。如果一个对象能够知道它要在什么地方被反序列化，那么就可以采用特定的方式生成它的状态。而用来表示序列化流可能的源和目的地的 State 属性可能的值已经包含在上面的代码中了。下面再做个归纳，以便各位读者可以加深对序列化中流的印象，代码如下。

```
public enum StreamingContextStates {
        CrossProcess=0x01,//来源和目的地是同一台机器的不同进程
        CrossMachine=0x02,//来源和目的地不在同一台机器上
        File          =0x04,//来源或目的地是文件。不承诺反序列化数据的是同一进程
        Persistence =0x08,//和 File 类似，来源或目的地是持久化的，例如文件或
//数据库。同样不承诺反序列化数据的是同一进程
        Remoting      =0x10,//来源或目的地是远程的
        Other         =0x20,//来源或目的地未知
        Clone         =0x40,//用来克隆对象。可以认为是同一个进程进行序列化和反序列
        CrossAppDomain =0x80,//来源或目的地是不同的 AppDomain
        All           =0xFF,//来源或目的地包含以上各种可能。默认设定
    }
```

通过以上分析，各位读者应该已经掌握了如何根据序列化中流的上下文来确定序列化和反序列化的源和目标了。但是，作为开发者是否可以在序列化之前手动设置 StreamingContext 呢？答案是肯定的。在我们构造格式化器的实例时（无论是 BinaryFormatter 还是 SoapFormatter），它有一个 StreamingContext 类型的可读可写属性 Context 会被初始化，其中 Context 的 StreamingContextStates 类型的属性 State 会被设置为 All，而 Context 的 Object 属性 Context 会被设置为 null。所以可以通过修改格式化器的实例中的 Context 属性来设置流的上下文的设置。下面就利用修改流的上下文的设置，来实现对一个对象的深度克隆，代码如下。

```
using UnityEngine;
using System;
using System.Collections;
using System.Collections.Generic;
using System.IO;
using System.Runtime.Serialization.Formatters.Binary;
using System.Runtime.Serialization;

public class SerializationTest : MonoBehaviour {
    private Hero heroInstance;

    // Use this for initialization
```

```
    void Start () {
        heroInstance = new Hero(1000, 5000f, 1000f, 1000f);
        //克隆
        Hero newHero = (Hero) this.DeepCloneTest(heroInstance);
        //打印出克隆得到的对象的字段值
        Debug.Log(newHero.id.ToString());
        Debug.Log(newHero.attack.ToString());
        Debug.Log(newHero.defence.ToString());
    }

    private object DeepCloneTest(object oldHero)
    {
        //构造临时内存流
        using(MemoryStream stream = new MemoryStream()){
            //构造格式化器，用来进行序列化
            BinaryFormatter binaryFormatter = new BinaryFormatter();
            //设置流的上下文设置
            binaryFormatter.Context = new StreamingContext
(StreamingContextStates.Clone);
            //将要被克隆的对象序列化到内存中
            binaryFormatter.Serialize(stream, oldHero);
            //在进行反序列化之前，需要先定位到内存流的起始位置
            stream.Position = 0;
            //将内存流中的内容反序列化成新的对象
            return binaryFormatter.Deserialize(stream);
        }
    }
}
```

这样我们就利用序列化和反序列实现了对一个对象的深度克隆。

10.3 Unity 3D 中的序列化和反序列化

通过前两节的内容，相信各位读者已经掌握了在 C#语言中如何使用序列化和反序列化了。那么让我们回到使用 Unity 3D 的开发中来，本节就来分析一下 Unity 3D 中的序列化和反序列化系统。通过加深对 Unity 3D 中的序列化和反序列化的了解，能让我们明白如何更好地使用 Unity 3D 引擎、写出效率更好的游戏脚本。因为序列化和反序列化对 Unity 3D 而言是一个十分核心的内容，很多功能都是基于序列化而构建的。

10.3.1 Unity 3D 的序列化概览

在 Unity 3D 中究竟都有哪些和序列化相关的部分呢？

（1）属性监视板（Inspector）中的那些数值：每当我们查看属性监视板中某个对象的信息时，那些可以被显示的数值并不是 Unity 3D 临时调用游戏脚本中的 C#接口获取的。相反，Inspector 窗口的内容是直接通过被观察的对象反序列化它自己而得到的那些属性数值。Inspector 窗口中展示的数值便是这么来的。。

（2）预制体 Prefab：预制体是一种资源类型，即存储在项目视图中的一种可重复使用的游戏对象。预置可以多次放入到多个场景中。当添加一个预置到场景中，就创建了它的一个实例。所有的预置实例链接到原始预置，基本上是它的克隆。不管项目存在多少实例，当你对预置进行任何更改时，将看到这些更改应用于所有实例。事实上，从本质上来说，预制体 Prefab 其实是那些游戏对象或组件经过序列化后得到的文件，它可以是二进制文件也可以是文本文件，格式为 YMAL。关于 Prefab 究竟是以什么格式出现，可以在 Unity 3D 编辑器中设定。选择菜单栏中的“Edit”菜单项，在下拉菜单中选中“Project Settings→Editor”菜单项，如图 10-3 所示。

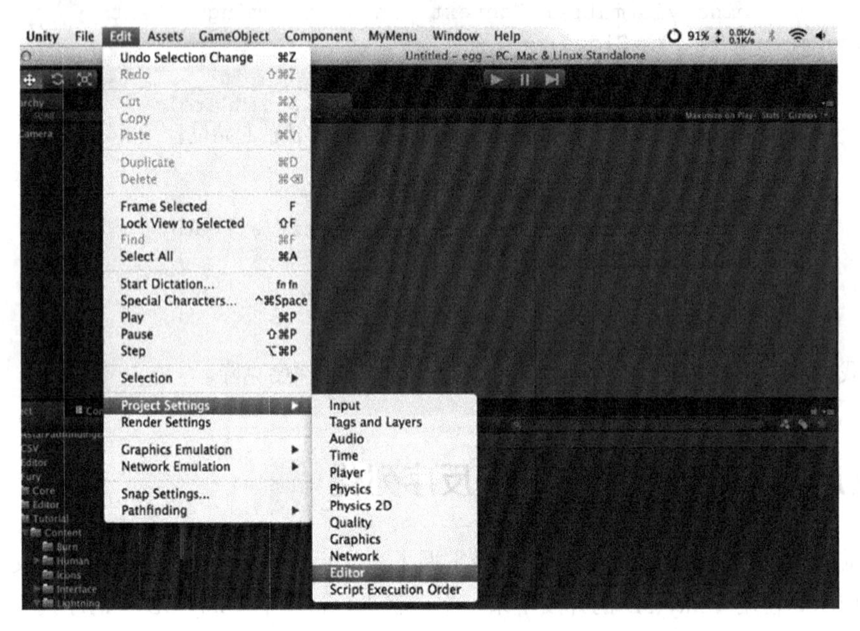

图 10-3 修改 Prefab 的格式设置

在左侧出现的窗口中，修改“Asset Serialization”的选项即可，分别是“Force text serialization”对应文本格式和“Force Binary”对应二进制格式。如下所示是同一个 Prefab，不同格式下的内容。

```
//文本格式
%YAML 1.1
```

```
%TAG !u! tag:unity3d.com,2011:
--- !u!1002 &100001
EditorExtensionImpl:
  serializedVersion: 6
--- !u!1002 &100003
….
//二进制格式
0000 b077 0000 be50 0000 0009 0000 b090
0000 0000 342e 352e 3366 3300 feff ffff
0700 0000 ffff ffff 4d6f 6e6f 4265 6861
7669 6f75 7200 4261 7365 00ff ffff ff00
0000 0000 0000 0001 0000 0000 8000 000a
0000 0075 6e73 6967 6e65 6420 696e 7400
…
```

每个预制体 Prefab 的实例便是用来在游戏运行时经过反序列化，从而得到真正的游戏对象的。因此，严格来说预制体 Prefab 这个概念应该仅仅存在于编辑器的阶段，而不是游戏运行的阶段。一旦游戏运行，并且需要从目标预制体 Prefab 来实例化一个新的游戏对象时，对应的预制体 Prefab 会变为一个正常的反序列化流，从而被反序列化成一个新的游戏对象。而该游戏对象实例化完成之后，这个通过 Prefab 实例化而来的游戏对象并不知道它来自所谓的 Prefab，而是作为一个正常的游戏对象存在于游戏世界中。

1．实例化：在实现游戏对象的实例化时，往往要使用一个名叫 Instantiate 的方法。所以首先来看一看 Instantiate 方法的签名，对它有一个初步的印象，内容如下所示。

```
public static Object Instantiate(Object original, Vector3 position, Quaternion rotation);
public static Object Instantiate(Object original);
```

可以看到 Instantiate 方法有两个重载的版本，但无论哪个版本都需要一个 Object 类型的参数用来作为被实例化的原始对象。因此，在调用 Instantiate 方法时，无论参数 original 是来自 Prefab 反序列化后得到的对象，还是已经在游戏中存在的游戏对象，或者是任何派生自 UnityEngine.Object 类型且可以被序列化的对象。Instantiate 要做的事情都是一样的，那就是首先将传入的参数 original 所引用的对象进行序列化操作，然后创建出一个新的对象，需要注意的是这个新创建出来的对象的各个字段的值都是默认值，而不是我们想要的值，因此紧接着 Instantiate 方法要做的便是将刚刚序列化的那个对象进行反序列化，将对应字段的值赋值给新的对象。事实上，实例化十分类似于深度克隆的过程，关于预制体 Prefab 和实例化的内容会在 10.4 节中具体介绍。

2．存储场景：如果在文档编辑器中打开一个以.unity 作为后缀结尾的场景文件，和 Prefab 部分类似，可以看到场景文件的不同形式——文本型的 YMAL 和二进制型的。所以也就明白了在 Unity 3D 中，游戏场景也是经过序列化来保存的。

3．载入场景：如果存储场景涉及到了序列化，那么载入场景也和序列化相关也就不会让人那么吃惊了。事实上，无论在编辑器中 YAML 文件的载入还是在游戏运行过程中读取场景和素材，都需要用到序列化。

4．重载编辑器代码：主要发生在开发人员拓展编辑器的时候，如果开发人员修改编辑器的脚本代码，则 Unity 3D 要将旧的编辑器窗口的数据进行序列化。当 Unity 3D 加载新的编辑器脚本代码并重新构建新的编辑器窗口之后，Unity 3D 便会将旧窗口的数据反序列化，并提供给新的窗口使用。

5．Resource.GarbageCollectSharedAssets()方法：这个是 Unity 3D 所提供的垃圾回收机制，要注意和 C#语言本身的垃圾回收 GC 机制的区别。当我们的场景（假设为 scene2）在 Unity 3D 中加载完成后，Unity 3D 会查找出上一个场景（假设为 scene1）中但是在新加载的 scene2 场景中并不需要的游戏物体，因此引擎会卸载这些物体。而 Unity 3D 所提供的这个垃圾回收器就是利用了序列化的机制，来获取所有有外部引用的对象（UnityEngine.Objects 类型）。依据这个，游戏引擎才能够在 scene2 加载完成后卸载在 scene1 中使用的素材。

Unity 3D 的底层逻辑事实上是由 C++来实现的，而 C#作为面向游戏开发者的游戏脚本语言，其实仅仅是 Unity 3D 提供给用户的一套相比 C++更加简单方便的脚本接口。因此除了 C#语言自身所提供的序列化机制之外，Unity 3D 引擎自身的一部分序列化逻辑同样在 C++部分实现。而 Unity 3D 所提供的序列化机制面向的对象主要是 Unity 3D 中脚本系统所提供的一些类型，例如 Textures 类、AnimationClip 类、Camera 类等。当然，和 C#语言中的序列化机制差别不大，这里只是想要再次强调一下，Unity 3D 引擎本身是 C++实现的，而 C#仅仅是 Unity 3D 的用户所使用的脚本语言。

10.3.2 对 Unity 3D 游戏脚本进行序列化的注意事项

我们并没有因为不了解序列化和反序列化而出现什么重大的问题。但是当我们需要使用格式化器对 Unity 3D 游戏脚本中的 MonoBehaviour 游戏组件进行序列化化时，可能会遇到一些问题。这是因为在 Unity 3D 中，引擎的序列化对性能要求很高。因此在某些情况下，序列化并不能完全按照开发者所预想的那样进行，下面就简单总结一下在 Unity 3D 中如果要进行序列化需要注意哪些方面。

在 Unity 3D 中，要被序列化的字段最好是什么样的呢？

（1）最好是公开可访问的，即 public。或者使用了[SerializeField]定制特性。

（2）不是静态的 static。

（3）不是 const 的。

（4）不是 readonly 的。

（5）字段类型必须是可以被序列化的。

那么在 Unity 3D 的脚本语言中，什么样的类型是可以被序列化的呢？

（1）自定义的非抽象类（引用类型），且必须使用[Serializable]定制特性。

（2）自定义的结构体（值类型），且必须使用[Serializable]特性。

（3）所有派生自 UntiyEngine.Object 类的类型。

（4）C#的基元类型，例如常见的 int、float、double、bool、string 等。

（5）元素类型为以上 4 种之一的数组 Array。

（6）元素类型为以上 4 种之一的列表 List<T>。

那么除了了解了如何在 Unity 3D 的游戏脚本中定义可以被 Unity 3D 游戏引擎序列化的字段之后，我们还要了解 Unity 3D 引擎中的序列化特有的一些特点。

首先是自定义的类的实例在 Unity 3D 中进行序列化时的行为类似值类型。

下面通过一个例子进行讲解，代码如下。

```
[Serializable]
class Animal
{
    public string name;
}

class MyScript : MonoBehaviour
{
    public Animal[] animals;
}
```

如果在脚本 MyScript 中的数组类型的字段 animals 中添加 5 个对同一个 Animal 类的对象的引用，在 Unity 3D 引擎进行序列化时，我们会在序列化流中发现存在 5 个对象。因此一旦对其进行反序列化操作，可以想象会有 5 个不同的对象生成。这看起来是不是和值类型十分相似呢？即引用已不再像是引用，反而“变成”了对象本身。因此，当在 Unity 3D 引擎中对一个内部包含很多引用的复杂对象进行序列化操作时，往往无法直接利用 Unity 3D 中的序列化机制自动的进行序列化。此时就需要我们自己操作，以使得目标能够被正确的序列化。需要注意的是，这条注意事项仅仅针对自定义的类。对于那些派生自 UnityEngine.Object 的类型的对象引用则不存在这种现象，例如下面这行代码中定义的字段 myCamera。

```
public Camera myCamera
```

由于 Camera 类派生自 UnityEngine.Object，因此在 Unity 3D 引擎中能够被正确的序列化。

其次还需要注意的一点是在 Unity 3D 引擎中，对声明为自定义类型，但是值为 null 的字段无法正确的序列化。下面通过一段简单的代码解释一下这种情况，代码如下。

```
class Test : MonoBehaviour
{
    public Trouble t;
}

[Serializable]
class Trouble
{
    public Trouble t1;
    public Trouble t2;
    public Trouble t3;
}
```

如果这个脚本被反序列化，那么会有几个对象被反序列化出来呢？

有人可能会回答将有一个对象被反序列化出来，那个对象就是 Test 的对象。也有人可能会回答将有两个对象被反序列化出来，除了刚刚说的 Test 的对象之外，还有一个在 Test 内部引用的 Trouble 类型的对象。

那么正确的答案是多少呢？729 个！这是因为 Unity 3D 中的序列化器并不支持空值 null。如果使用这个序列化器来序列化一个为 null 的对象或字段，它就会默认创建一个新的该类型的实例作为要被序列化的对象，并对它进行序列化。很显然的一点便是由于在 Trouble 类中定义的 3 个 Trouble 字段都是 null，那么序列化器便会进入一个死循环。为了防止它一直无限循环下去，Unity 3D 引擎提供了一个循环次数的上限，一旦到了上限，序列化器便会自动停止对目标的序列化。但即便有一个上限来防止序列化无限的进行下去，但是在到达上限之前已经序列化了很多对象，这样将会导致的一个后果便是会产生一个很大的序列化流。而在 Unity 3D 中绝大多数的系统都是依靠序列化系统的，因此 Test 脚本有可能会导致 Unity 3D 的很多子系统的运行性能变得更慢。不过值得庆幸的是，这一点已经引起了 Unity 3D 开发团队的重视，他们已经在 4.5 版本之后的 Unity 3D 中对这种代码增加了警告。

最后还需要注意的一点是，Unity 3D 所提供的序列化系统支持自定义类型的多态。例如下面这行代码中定义的字段。

```
public Animal[] animals
```

假设我们从 animals 类还派生了很多具体的小动物的类型，例如 dog 类、cat 类、giraffe 类。此时如果分别将 dog 类的对象、cat 类的对象以及 giraffe 类的对象加入到 animals 这个数组中，通过序列化和反序列化后，会得到 3 个 Animal 类的实例，而不是 dog、cat 或是 giraffe 的实例。同样，这个局限也仅仅是针对于我们自定义的类型而言的，对于派生自 UnityEngine.Object 类的类型的实例而言，多态是不受影响的。

10.3.3 如何利用 Unity 3D 提供的序列化器对自定义类型进行序列化

假如无法准确地被 Unity 3D 进行序列化的自定义类型我们不得不使用，而同时又很想让它们能够被正确的序列化，是否有什么好的办法呢？一个可行的想法便是能否将我们的数据类型在要进行序列化时转换成 Unity 3D 能够正确序列化的类型，而在运行时进行反序列化时再转换为我们所需要的数据类型呢？

设想一个情景，假设此时我们自定义了一个树形数据结构要在 Unity 3D 中进行序列化。如果直接让 Unity 3D 序列化这个数据结构，那么那些对自己定义的类型的限制便会产生影响，例如对 null 的支持性很差。因此最后的结果很有可能是数据流变得十分大，从而导致很多引擎内部的系统的性能下降。例如下面这个例子中的代码所示。

```
using UnityEngine;
using System.Collections.Generic;
using System;

public class VerySlowBehaviourDoNotDoThis : MonoBehaviour
{
    [Serializable]
    public class Node
    {
        public string interestingValue = "value";

        //The field below is what makes the serialization data become
huge because
        //it introduces a 'class cycle'.
        public List<Node> children = new List<Node>();
    }

    //this gets serialized
    public Node root = new Node();

    void OnGUI()
    {
        Display (root);
```

```
    }

    void Display(Node node)
    {
        GUILayout.Label ("Value: ");
        node.interestingValue = GUILayout.TextField(node.interestingValue,
GUILayout.Width(200));

        GUILayout.BeginHorizontal ();
        GUILayout.Space (20);
        GUILayout.BeginVertical ();

        foreach (var child in node.children)
            Display (child);

        if (GUILayout.Button ("Add child"))
            node.children.Add (new Node ());

        GUILayout.EndVertical ();
        GUILayout.EndHorizontal ();
    }
}
```

这个例子中的代码直接使 Unity 3D 引擎对树形数据结构进行了序列化操作，各位读者可以自己尝试操作，看看会有怎样的结果。

那么与此相反的是，再换另外一种方式，即不让 Unity 3D 引擎直接对这个树形结构进行序列化，而是创建一个可以被 Unity 3D 正确处理的“中间”类型作为对树形结构的包装。先看下面这个例子中的代码是如何实现的，代码如下。

```
using UnityEngine;
using System.Collections.Generic;
using System;

public class BehaviourWithTree : MonoBehaviour,
ISerializationCallbackReceiver
{
    //node class that is used at runtime
    public class Node
    {
        public string interestingValue = "value";
        public List<Node> children = new List<Node>();
    }
```

```
    //node class that we will use for serialization
    [Serializable]
    public struct SerializableNode
    {
        public string interestingValue;
        public int childCount;
        public int indexOfFirstChild;
    }

    //the root of what we use at runtime. not serialized.
    Node root = new Node();

    //the field we give unity to serialize.
    public List<SerializableNode> serializedNodes;

    public void OnBeforeSerialize()
    {
        //unity is about to read the serializedNodes field's contents.
lets make sure
        //we write out the correct data into that field "just in time".
        serializedNodes.Clear();
        AddNodeToSerializedNodes(root);
    }

    void AddNodeToSerializedNodes(Node n)
    {
        var serializedNode = new SerializableNode () {
            interestingValue = n.interestingValue,
            childCount = n.children.Count,
            indexOfFirstChild = serializedNodes.Count+1
        };

        serializedNodes.Add (serializedNode);
        foreach (var child in n.children)
            AddNodeToSerializedNodes (child);
    }

    public void OnAfterDeserialize()
    {
        //Unity has just written new data into the serializedNodes field.
        //let's populate our actual runtime data with those new values.

        if (serializedNodes.Count > 0)
            root = ReadNodeFromSerializedNodes (0);
```

```
            else
                root = new Node ();
        }

        Node ReadNodeFromSerializedNodes(int index)
        {
            var serializedNode = serializedNodes [index];
            var children = new List<Node> ();
            for(int i=0; i!= serializedNode.childCount; i++)
                children.Add(ReadNodeFromSerializedNodes(serializedNode.
indexOfFirstChild + i));

            return new Node() {
                interestingValue = serializedNode.interestingValue,
                children = children
            };
        }

        void OnGUI()
        {
            Display (root);
        }

        void Display(Node node)
        {
            GUILayout.Label ("Value: ");
            node.interestingValue = GUILayout.TextField
(node.interestingValue, GUILayout.Width(200));

            GUILayout.BeginHorizontal ();
            GUILayout.Space (20);
            GUILayout.BeginVertical ();

            foreach (var child in node.children)
                Display (child);

            if (GUILayout.Button ("Add child"))
                node.children.Add (new Node ());

            GUILayout.EndVertical ();
            GUILayout.EndHorizontal ();
        }
    }
```

在这个例子中，并没有直接对 Node 类型的实例进行序列化和反序列化操作。相反，我们新创建了一个类型——SerializableNode，并且定义了一个类型为 List<SerializableNode>的字段——serializedNodes。事实上是对 serializedNodes 来进行序列化和反序列化的。在游戏运行时，Unity 3D 会在序列化对象之前调用 OnBeforeSerialize 方法，该方法会将树形结构的各个节点读入 serializedNodes 列表中，将其变为可以被 Unity 3D 正常序列化的形式。而 Unity 3D 在反序列化后，会调用 OnAfterDeserialize 方法，将反序列化得来的 serializedNodes 再转换成树形结构。

10.4 Prefab 和实例化之谜——序列化和反序列化的过程

经过前面几节的讲解，相信各位读者已经掌握了 C#语言的序列化以及 Unity 3D 中的序列化系统。本节将更进一步解释一些更加高级的序列化和反序列化的技术，深入探讨 Unity 3D 是如何序列化和反序列化对象字段的。

不过在介绍序列化的具体过程之前，还是将目光投向在使用 Unity 3D 开发时最常见的——Prefab。

10.4.1 认识预制体 Prefab

预制体 Prefab 是一种存储在项目视图中的一种可重复使用的游戏对象的资源类型。Prefab 的特点可以总结为以下 4 点。

（1）Prefab 可以被放入多个场景中，也可以在一个场景中被多次放入。

（2）当在一个场景中增加一个 Prefab，就实例化了一个 Prefab 的实例。

（3）所有 Prefab 实例都是 Prefab 的克隆，所以如果是在运行中生成对象会有（Clone）的标记。

（4）只要 Prefab 原型发生改变，场景中所有的 Prefab 实例都会产生变化。

因此，Prefab 可以多次放入到多个场景中。而当添加一个 Prefab 到场景中时，事实上就创建了它的一个实例。与此同时，所有的 Prefab 实例都链接到原始预制体，基本上是它的克隆。不管项目存在多少 Prefab 的实例，当对 Prefab 进行任何更改时，将看到这些更改应用于所有实例。

可 Prefab 的这几个特点到底有什么用途呢？假设我们在构建一个角色扮演类的游戏。通过 Unity 3D 引擎，我们可以很方便地来增加恰当的游戏组件和设置合适的属性数值在场景中加入一个 NPC 角色。但是在这个游戏中，这个 NPC 角色的出现不止一次，也不止在一个场景中。虽然它们在游戏中是同一个 NPC 角色，但是我们在开发中却不得不复制多个 GameObject 来表示这个 NPC 角色。那么会带来什么问题呢？那就是维护起来不方便。设想一下，每次对这个 NPC 角色的修改对应到 Unity 3D 中的游戏物体可能就是多次的修改，因为每个代表这个 NPC 角色的 GameObject 都是独立的。自然而然，此时我们最希望的是如果只修改一个代表该 NPC 角色的原始 GameObject，就可以同步游戏中所有的该 NPC 角色的 GameObject 该多好。此时 Prefab 便应运而生，它具备的那 4 个特点使它在处理这种情景的时候得心应手。

那么应该如何创建一个 Prefab 呢？首先应该先创建一个空白的 Prefab，从菜单选择“Assets→Create→Prefab”选项，并为新预置命名即可。要注意的是，这个新建的空白 Prefab 不包含游戏对象，因此我们不能直接使用它来创建它的实例。此时这个空白的 Prefab 就像是一个空的容器，等着用游戏对象数据来填充。那么接下来就填充一个 Prefab，在层次视图（Hierarchy View）中，选择我们想使之成为预置的游戏对象，然后拖动该对象到项目视图中的新 Prefab 上。当完成这些步骤后，游戏对象和其所有子对象就已经复制到了 Prefab 的数据中。该 Prefab 现在可以被实例化成实例，并且被重复使用了。层次视图中的原始游戏对象已经成为了该 Prefab 的一个实例，如图所示 10-4 所示。

图 10-4 Prefab 使用示意图

在层次视图（Hierarchy View）中，有 3 个蓝色且名为 player 的 Prefab 的实例。此时如果修改这个叫作 player 的 Prefab 文件，则这 3 个实例都会被修改。与此同时，在层次视图中还有两个叫作 player_noPrefab 的白色游戏对象，由于它们和 Prefab 无关，因此在修改它们中的任何一个都不会对另外一个产生影响。

如果选中 3 个蓝色的 Prefab 实例中的任何一个 Prefab 实例，就可以在编辑窗口右侧的监控视窗中看到 Prefab 特有的 3 个按钮，即 Select、Revert、Apply，如图 10-5 所示。

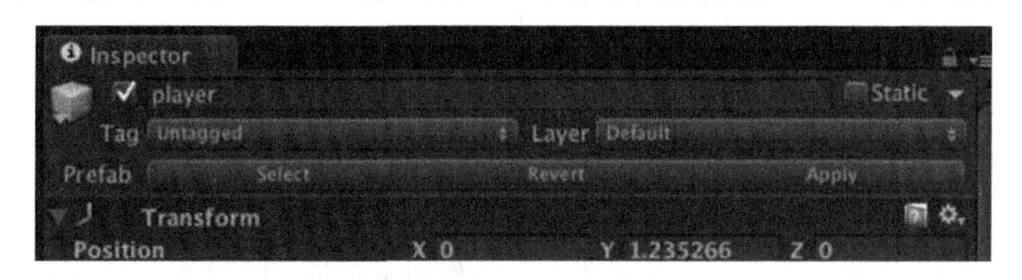

图 10-5 Prefab 的 3 个按钮

- Select 按钮的作用：单击此按钮后会立即定位到 Project 视图中的原始 Prefab 文件。
- Revert 按钮的作用：如果不小心破坏了 Hierarchy 视图中当前这个 Prefab 对象，单击此按钮可以还原至 Project 视图中原始 Prefab 对象。
- Apply 按钮的作用：如果想批量修改所有 Prefab 对象，比如添加一个新的组件后，单击此按钮可以把所有对象以及原始的 Prefabe 文件都应用成当前编辑的对象。还有一种方法也可以达到这种效果，即在 Unity 导航菜单栏中选择“GameObject→Apply Changes To Prefab”选项。

Prefab 其实是 Unity 3D 经过序列化之后生成的资源文件。同样，我们也知道了在 Unity 3D 中经过序列化之后主要产生两种格式的文件：一种是可读的 YAML 格式（当然也可以是 JSON 格式）；另一种便是二进制格式。在 Unity 3D 的世界中，各种各样的游戏物体都可以被序列化为 YAML 格式，不仅仅是 Prefab 是这样，场景文件、材质文件等都是如此。而二进制格式与 YAML 格式类似，只不过是将数据从可读的格式转化为了不可读的二进制格式。那么 Unity 3D 的这两种序列化格式究竟应该如何选用呢？事实上这取决于我们自己的需求，当我们需要能够看懂序列化之后的数据时，就选择文本格式的序列化格式。如果没有这个需求，那么就应该选择二进制的序列化格式，特别是当数据量十分大的时候更应如此。这是因为仅仅从序列化速度上而言，使用二进制要比文本快得多。

10.4.2 实例化一个游戏对象

这里说的实例化，往往要用到 Unity 3D 脚本语言中的 Object.Instantiate 方法。

首先来看看 Object.Instantiate 方法的签名，如下所示。

```
    public static Object Instantiate(Object original, Vector3 position,
Quaternion rotation);
    public static Object Instantiate(Object original);
```

可以看到 Instantiate 方法有两个重载版本，而常用的是需要 3 个参数的 Instantiate 版本。下面就介绍一下 Instantiate 方法的这 3 个参数的含义，以及它们的作用，如表 10-2 所示。

表 10-2 Instantiate 方法参数

参数名称	参数作用
original	要拷贝的目标，一个已经存在的游戏对象
position	新游戏对象的位置
rotation	新游戏对象的方向

看完 Instantiate 方法的签名后，就能明白它的作用主要是克隆原始游戏对象，并返回克隆之后的新游戏对象。克隆原始的游戏对象，位置设置为 position，旋转设置为 rotation（默认情况下克隆之后的游戏对象的位置为 Vector3.zero，旋转为 Quaternion.identity），返回的则是克隆后的物体。这实际上和在 Unity 3D 的编辑器中使用复制（Ctrl+D）命令是一样的。如果一个游戏物体、组件或脚本实例被传入，实例将克隆整个游戏物体的层次，以及它所有的子对象。

既然实例化事实上是要将一个已经存在的游戏对象克隆为另一个新的游戏对象，那么具体应该如何操作呢？因为在 C#中，引用类型的变量仅仅是对某个游戏对象的引用。因此简单的赋值克隆的仅仅是对同一个对象的引用，而不是克隆出一个新的游戏对象。例如下面的这段代码。

```
using System;
using System.Collections;

public class Test{
    // Use this for initialization
    static void Main () {
        NumberTest a = new NumberTest();
        a.numValue = 10;
        NumberTest b= a;
        b.numValue = 20;
        Console.WriteLine(a.numValue);
    }


}

public class NumberTest{
    public int numValue;
}
```

简单的将变量 a 的值赋值给变量 b，事实上仅仅是新建了一个对 a 所引用的游戏对象的引用赋值给了 b，而并没有创建出一个新的游戏对象。因此如果修改 b 所引用的对象的 numValue 字段的值，修改的其实也是 a 所引用的游戏对象。因此在打印 a 的 numValue 字段时，输出的是修改之后的值 20。因此这种简单的赋值，显然不能真正克隆一个游戏对象。那么应该如何真正实现克隆游戏对象呢？

想想序列化和反序列化的过程。我们可以通过序列化将一个对象保存为一个二进制文件以实现永久保存。同时，我们还可以将这个二进制文件反序列化成为一个和被序列化的游戏对象一样的新的游戏对象。是不是有了思路呢？Instantiate 方法便是这么做的。在 Instantiate 方法内部，会首先将参数 original 所引用的游戏对象序列化，得到了经过序列化之后的序列化流后，再使用反序列化机制将这个序列化流反序列化生成一个新的游戏对象。

可以发现，通过 Instantiate 方法来克隆现有的可复用的游戏对象，显然要比直接在代码中创建游戏对象方便得多。而可复用便是 Prefab 的一大特点，因此 Instantiate 方法常常和 Prefab 配合使用。而由于 Instantiate 方法是克隆操作，因此如果想要修改游戏对象的数据，仅仅修改对应的 Prefab 即可。相反，如果不使用 Instantiate 方法而是直接在代码中构建游戏对象，那么显然会带来修改数据和调试的复杂度。这也是使用 Prefab 和 Instantiate 的一大理由。那么下面就通过几段代码对比一下直接在代码中构建游戏对象和 Prefab、Instantiate 配合使用的区别，代码如下。

```
//在代码中构建游戏对象
public class Instantiation : MonoBehaviour {

    void Start() {
        for (int y = 0; y < 5; y++) {
            for (int x = 0; x < 5; x++) {
                GameObject cube = GameObject.CreatePrimitive
(PrimitiveType.Cube);
                cube.AddComponent<Rigidbody>();
                cube.transform.position = new Vector3(x, y, 0);
            }
        }
    }
}
```

可以看到，在游戏脚本中直接构建一个游戏对象，首先要创建一个新的游戏对象，然后为它添加各种需要的组件 Component，有的时候还需要设置它的位置信息、方向信息等。代码显得十分臃肿且不易维护。那么如果把这个游戏对象保存为一个 Prefab，然后使用 Instantiate 按照 Prefab 克隆出新的游戏对象会如何呢？代码如下。

```
//使用 Prefab 和 Instantiate 方法
public class Instantiation : MonoBehaviour {
 public Transform brick;
 void Start() {
     for (int y = 0; y < 5; y++) {
         for (int x = 0; x < 5; x++) {
             Instantiate(brick, new Vector3(x, y, 0), Quaternion.
identity);
         }
     }
 }
}
```

首先在编辑器的脚本检视窗口为 brick 变量赋值（使用 Prefab），然后可以在代码中看到和刚刚直接在代码中创建游戏对象不同，使用 Prefab 和 Instantiate 方法只需要一行代码，并且不包含对这个游戏对象是如何组成的逻辑。因此，如果想要修改这个游戏对象进行调试，仅仅修改对应的 Prefab 即可，无须修改代码。

10.4.3 序列化和反序列化之谜

序列化和反序列化的具体过程究竟都发生了什么呢？

我们已经知道了如何使用格式化器来序列化一个对象。为了简化格式化器的使用，借助 Mono 的底层实现，Unity 3D 在它的游戏脚本中的 System.Runtime.Serialization 命名空间定义了一个叫作 FormatterServices 的类型。需要特别指出的是 FormatterServices 类不能被实例化，且只包含一些静态方法。下面就来看看 Unity 3D 是如何在游戏脚本中利用格式化器，实现了自动序列化那些应用了 SerializableAttribute 特性的类型的对象。

格式化器序列化的第 1 步

格式化器会调用 FormatterServices 类的一个方法名为 GetSerializableMembers 的方法。该方法的签名如下所示。

```
public static MemberInfo[] GetSerializableMembers(
 Type type
)
public static MemberInfo[] GetSerializableMembers(
 Type type,
 StreamingContext context
)
```

可见该方法有两个重载版本，常用的是第二个版本，下面就来看一看该方法的两个参数和返回类型。首先是 type 参数，它的类型为 System.Type，表示正在序列化或克隆的类型；第二个是 context 参数，它的类型是 System.Runtime.Serialization.StreamingContext，表示发生序列化的上下文。而返回类型为 System.Reflection.MemberInfo[]，即一个由 MemberInfo 类型对象构成的数组，该数组中的每个元素都对应一个可以被序列化的实例字段。

格式化器序列化的第 2 步

当获得了由 MemberInfo 对象所构成的数组后，就进入了对象被序列化的阶段。此时格式化器要调用 FormatterServices 类的另一个静态方法，即 GetObjectData，该方法的签名如下所示。

```
public static Object[] GetObjectData(
 Object obj,
 MemberInfo[] members
)
```

可以看到 GetObjectData 方法需要两个参数，一个是 obj 参数，类型为 System.Object，代表的是要写入序列化程序的对象；另一个是 members 参数，类型为 System.Reflection.MemberInfo[]，代表的是从对象中所提取的成员。也就是格式化器在第一步中所获取的 MemberInfo 对象数组。而 GetObjectData 方法返回的是一个 System.Object 数组，该数组包含了存储在 members 参数中并与 obj 参数关联的数据。即其中每个元素标识了被序列化的那个对象中的一个字段的值。返回的这个 Object 数组中索引为 0 的元素，事实上是 members 参数这个数组中索引为 0 的元素（类型的成员）所对应的值。

格式化器序列化的第 3 步

格式化器经过前两个步骤已经获取了对象的成员和其对应的值。因此下面就需要将这些信息写入流中，所以在这一步需要先将程序集标识，以及类型的完整名称写入流中。

格式化器序列化的第 4 步

将程序集标识以及类型的完整名称写入流中之后，格式化器接下来会遍历在第一步和第二步得到的两个数组以获得成员名称和与其对应的值，最后将这些信息也写入流中。

上面这 4 个步骤便是在 C#语言中使用格式化器序列化对象的过程。接下来再分析一下格式化器是如何反序列化生成新的对象的。

格式化器反序列化的第 1 步

和序列化第 4 步对应，在反序列化的一开始，格式化器显然需要从流中读取程序集标识和完整的类型名称。需要注意的是，能够正确读取程序集标识的前提是该程序集已经被加载到了 AppDomain 中，如果还没有被加载则加载它。如果在加载的过程中出现错误，就会抛出一个 SerializationException 异常，并且终止反序列化接下来的操作。如果程序集已经被正确加载，那么格式化器就会调用 FormatterServices 类的另一个静态方法——GetTypeFromAssembly，并且将读取的程序集标识和完整的类型名称作为参数传入该方法中。GetTypeFromAssembly 方法的签名如下所示。

```
public static Type GetTypeFromAssembly(
 Assembly assem,
 string name
)
```

可以看到除了刚刚提到的两个参数之外，GetTypeFromAssembly 方法还会返回一个 System.Type 类型的对象，它便是要反序列化的对象的类型。经过反序列化的第 1 步，格式化器便获得了对象的类型。

格式化器反序列化的第 2 步

获得了要反序列化的对象的类型后，接下来就要在内存上为新的对象分配一块内存空间了。此时格式化器会调用 FormatterServices 类的 GetUninitializedObject 方法。该方法的签名如下所示。

```
public static Object GetUninitializedObject(
 Type type
)
```

它的参数便是在第 1 步中获得的对象类型，而它的作用就是为 type 的新对象分配内存空间。不过需要注意的是，此时并没有调用构造函数，且对象的所有字节都被初始化为 null 或是 0。

格式化器反序列化的第 3 步

当格式化器已经为新的对象分配好了内存空间之后，接下来就要获取序列化中保存的对象的信息了。首先格式化器会调用 FormatterServices 类的 GetSerializableMembers 方法来构造并初始化一个新的 MemberInfo 数组。这样格式化器就获得了一个已经序列化好，现在等待被反序列化的一组字段。

格式化器反序列化的第 4 步

当格式化器获取了对象的字段信息之后，下一步的目标自然就变成了获取对象字段所对应数值的信息。因此在这一步中，格式化器会根据流中包含的数据创建一个 Object 数组，并且对它进行初始化。到了这一步，就像前面讲述的序列化过程一样，获得了对象的字段信息以及与字段对应的数值信息，当然还有一个新分配的对象。

格式化器反序列化的第 5 步

需要根据字段和与字段对应的值为新分配的对象进行初始化。这里又要使用

FormatterServices 类的静态方法，这次的静态方法叫作 PopulateObjectMembers，该方法的签名如下所示。

```
public static Object PopulateObjectMembers(
 Object obj,
 MemberInfo[] members,
 Object[] data
)
```

PopulateObjectMembers 方法所需要的 3 个参数，第一个是 Object 类型的 obj 参数，便是要被填充的对象，即新分配的对象；第二个参数是一个 MemberInfo 数组 members，它的元素便是对象需要被填充的字段或属性；第 3 个参数是一个 Object 数组 data，它的元素便是要被填充的字段和属性所对应的具体值。因此，PopulateObjectMembers 方法通过遍历数组将对象的每个字段和属性初始化为对应的值，到此反序列化的过程就结束了。

在这一小节中，我们了解了在 Unity 3D 的脚本语言 C#中序列化和反序列化的具体操作步骤，希望各位读者能够加深对这两个过程的理解，在处理类似的问题时能够更加清楚地认识到它的本质，而不仅仅是满足于表面的使用。

10.5 本章总结

通过学习本章的内容，相信各位读者已经了解了在 Unity 3D 的游戏脚本语言 C#中，序列化和反序列化的过程，以及 Unity 3D 自身的序列化和反序列化的机制。在此希望各位读者能够认识到序列化和反序列机制对于 Unity 3D 的重要意义，以及能够熟练掌握基于 Unity 3D 和 C#语言的序列化和反序列化机制所派生出的各种功能和机制，例如 Unity 3D 内部的数据存储、玩家数据本地化类 playerprefs，以及 Prefab 的使用等。

第 11 章 移动平台动态读取外部文件

前面所讲的内容大体都是讲解原理以及功能实现背后的技术细节，而缺少了在日常工程中的具体操作和实际问题的解答。因此本章就再向大家介绍一下在 Unity 3D 实际的开发中的另一个备受瞩目的焦点——Unity 3D 是如何在移动端动态读取外部文件的。

本章主要涉及的问题就是 PC 端上本来测试的一切运行正常的东西，部署到了移动端就不能用了，所以首先要讨论 PC 端和移动端的区别。接下来的问题就是移动端的资源路径，包括要介绍的 Resources、StreamingAssets、AssetBundle、PersistentDataPath。而最后一部分就是找到了资源应该如何读取，当然也会具体到对应的几种情况，即 Resources、StreamingAssets、AssetBundle。

11.1 假如我想在编辑器里动态读取文件

在实际的游戏开发中，其实有相当一部分静态数据是可以放在客户端的，所以势必会产生要动态读取这些文件的需求，比如 csv（其实就是文本文件）、xml 等。相信大家不管是用 Windows 操作系统还是用苹果电脑来做 Unity 3D 的开发，都一定要先在编辑器中去实现基本的功能，然后再具体到各个移动平台上去调试。所以作为要读取外部文件的第一步，显然要先在编辑器，也就是电脑端上实现这个功能。

下面举一个读取 xml 的例子，即动态读取一个 xml 文件并动态生成一个类。下面是我们用来做例子的 xml 文件 Test.xml，代码如下。

```
<?xml version="1.0" encoding="UTF-8"?>
<test>
    <name>chenjd</name>
```

```
    <blog>http://www.cnblogs.com/murongxiaopifu/</blog>
    <organization>Fanyoy</organization>
    <age>25</age>
</test>
```

Test.xml 文件的内容定义好后，就可以把这个文件随便放在一个地方，只要你能指定对它的地址。例如把它项目目录下的“Assets/xml-to-egg/xml-to-egg-test/”文件夹下，如图 11-1 所示。

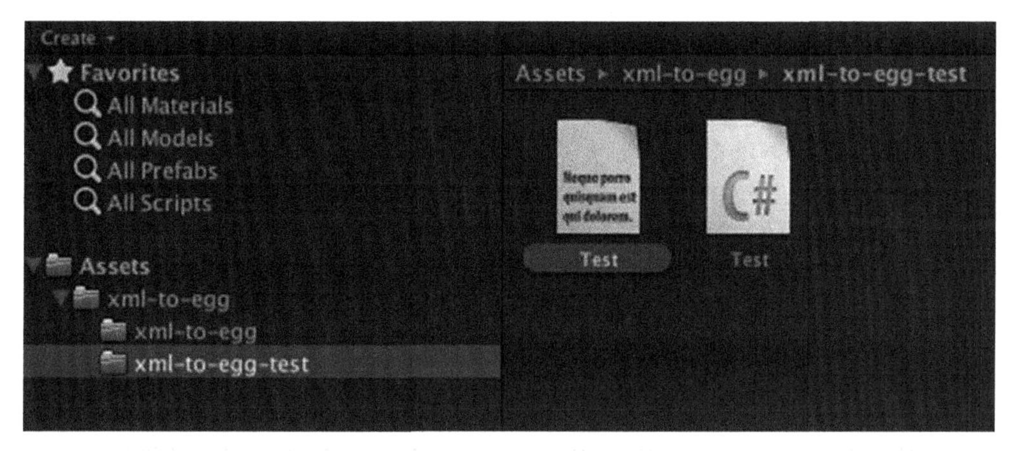

图 11-1 xml 文件所在目录

实现在电脑端读取这个文件内容的代码如下。

```
//读取 xml 测试
using UnityEngine;
using System.Collections;
using EggToolkit;
using System.Xml.Linq;
public class Test : MonoBehaviour {

    // Use this for initialization
    void Start () {
        XElement result = LoadXML("Assets/xml-to-egg/xml-to-egg-test/
Test.xml");//任性的地址
        Debug.Log(result.ToString());
    }

    // Update is called once per frame
    void Update () {

    }
```

```
    private  XElement LoadXML(string path)
    {
        XElement xml = XElement.Load(path);
        return xml;
    }
}
```

读取外部 xml 文件结果如图 11-2 所示。

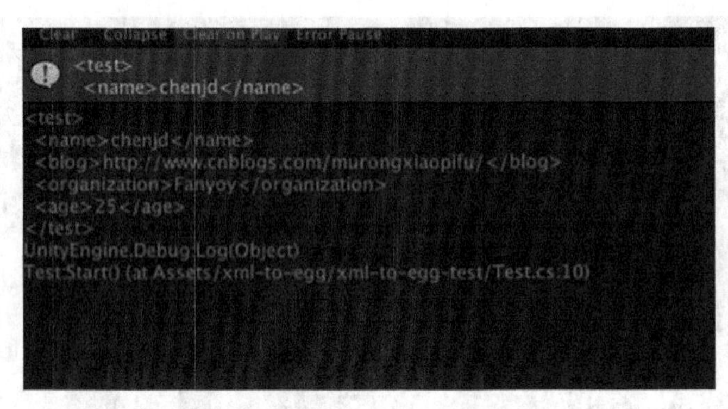

图 11-2 读取外部 xml 文件结果

结果是读取成功了。但是如果认为到这一步就成功那就错了。因为这样的代码到移动端是行不通的，至少有两处没有考虑到。

（1）不规范的地址，地址参数那样写就不用考虑跨平台了。所以这个不恰当的操作引出的问题就是在移动端 Unity 3D 找不到目标文件。

（2）使用的还是电脑上传统的一套读取资源的做法，没有使用 Unity 3D 提供的方法，所以可能导致的问题是找得到文件，但是没有正确的读取文件内容。

既然有可能会造成移动端读取资源失败的问题已经找到了，那么就先来看看第一个问题，即资源路径在各个平台上的不同之处。

11.2 移动平台的资源路径问题

想要读取一个文件，自然首先要找到这个文件。首先总结一下在 Unity 3D 中存在的各个地址，然后再总结一下各个地址在不同移动平台中的对应位置。表 11-1 所示内容便是 Unity 3D 中的资源路径及它们的介绍。

表 11-1 Unity 3D 中的资源路径

Unity 3D 中的资源路径	介　绍
Application.dataPath	此属性用于返回程序的数据文件所在文件夹的路径。例如在 Editor 中就是 Assets
Application.streamingAssetsPath	此属性用于返回流数据的缓存目录，返回路径为相对路径，适合设置一些外部数据文件的路径
Application.persistentDataPath	此属性用于返回一个持久化数据存储目录的路径，可以在此路径下存储一些持久化的数据文件
Application.temporaryCachePath	此属性用于返回一个临时数据的缓存目录

以上这几个资源路径在 Unity 3D 的脚本系统中是作为属性出现的，在不同的平台下每个资源路径属性的值是不同的。而开发者往往对 Android 平台和 iOS 平台比较关注，因此这里就分别总结一下在这两大平台上，在 Unity 3D 中的各个资源地址属性所代表的真实位置，如表 11-2 和表 11-3 所示。

表 11-2 Android 平台资源路径

Android 平台	具体路径
Application.dataPath	/data/app/xxx.xxx.xxx.apk
Application.streamingAssetsPath	jar:file:///data/app/xxx.xxx.xxx.apk/!/assets
Application.persistentDataPath	/data/data/xxx.xxx.xxx/files
Application.temporaryCachePath	/data/data/xxx.xxx.xxx/cache

表 11-3 iOS 平台资源路径

iOS 平台	具体路径
Application.dataPath	Application/xxxxxxxx-xxxx-xxxx-xxxx-xxxxxxxxxxxx/xxx.app/Data
Application.streamingAssetsPath	Application/xxxxxxxx-xxxx-xxxx-xxxx-xxxxxxxxxxxx/xxx.app/Data/Raw
Application.persistentDataPath	Application/xxxxxxxx-xxxx-xxxx-xxxx-xxxxxxxxxxxx/Documents
Application.temporaryCachePath	Application/xxxxxxxx-xxxx-xxxx-xxxx-xxxxxxxxxxxx/Library/Caches

从表 11-1、表 11-2 和表 11-3 可以看到 dataPath 和 streamingAssetsPath 的路径位置一般是相对程序的安装目录位置，而 persistentDataPath 和 temporaryCachePath 的路径位置一般是相对

所在系统的固定位置。那么现在明确了 Unity 3D 中各个地址在不同平台上的含义，下一个问题就是打包后的资源要怎么和这些地址对应上呢？要知道在 PC 端的 Unity 3D 编辑器里默认的资源文件存放的路径就是 Assets，为什么又会派生出那么多路径呢？那么就带着这个疑问，一起学习下面的内容吧。

Unity 3D 中资源的处理种类

本小节将简单介绍一下 Unity 3D 中资源的处理种类。

在 Unity 3D 中涉及到资源位置有以下几个种类，即 Resources、StreamingAssets、AssetBundle、PersistentDataPath。

Resources

Resources 是作为一个 Unity 3D 的保留文件夹出现的，也就是说如果你新建的文件夹的名字叫 Resources，那么里面的内容在打包时都会被无条件地打包到发布包中。简单来说它有以下 4 个特点。

（1）只读，即不能动态修改。所以想要动态更新的资源不要放在这里。

（2）会将文件夹内的资源打包集成到.asset 文件里面。因此建议可以放一些 Prefab，因为 Prefab 在打包时会自动过滤掉不需要的资源，有利于减小资源包的大小。

（3）主线程加载。

（4）资源读取使用 Resources.Load()。

StreamingAssets

StreamingAssets 其实和 Resources 还是很像的。同样作为一个只读的 Unity 3D 的保留文件夹出现。不过两者也有很大的区别，那就是 Resources 文件夹中的内容在打包时会被压缩和加密。而 StreamingAsset 文件夹中的内容则会原封不动的打入包中，因此 StreamingAssets 主要用来存放一些二进制文件。简单来说它有以下 3 个特点。

（1）和 Resources 一样，只读不可写。

（2）主要用来存放二进制文件。

（3）只能用 WWW 类来读取。

AssetBundle

关于 AssetBundle 的介绍已经有很多了。简而言之就是把 Prefab 或者二进制文件封装成 AssetBundle 文件（也是一种二进制）。但是也有“硬伤”，就是在移动端无法更新脚本。简单来说它有以下 3 个特点。

（1）是 Unity 3D 定义的一种二进制类型。

（2）最好将 Prefab 封装成 AseetBundle，不过刚刚说了在移动端无法更新脚本，那从 Assetbundle 中拿到的 Prefab 上挂的脚本是不是就无法运行了呢？也不一定，只要这个 Prefab 上挂的是本地脚本就可以。

（3）使用 WWW 类来下载。

PersistentDataPath

PersistentDataPath 看上去只是个路径，可为什么要把它从路径里面单独拿出来介绍呢？因为它的确很特殊，在这个路径下是可读写的。而且在 iOS 平台上就是应用程序的沙盒，但是在 Android 平台可以是程序的沙盒，也可以是 SDcard。并且在 Android 平台打包的时候，ProjectSetting 页面有一个选项是“Write Access”，可以设置它的路径是沙盒还是 SDcard。简单来说它有以下 3 个特点。

（1）内容可读写，不过只能运行时才能写入或者读取。提前将数据存入这个路径是不可行的。

（2）无内容限制。你可以从 StreamingAsset 中读取二进制文件或者从 AssetBundle 读取文件来写入 PersistentDataPath 中。

（3）写下的文件可以在电脑上查看。同样也可以清掉。

关于这几种文件资源的存储位置就介绍到这里，各位读者是不是也都清楚一些了呢？那么下面就开始介绍最后一步，也就是在移动平台如何读取外部文件。

11.3 移动平台读取外部文件的方法

之所以介绍了 Resources、StreamingAssets、AssetBundle、PersistentDataPath 这 4 种和资源路径有关的概念，就是因为读取外部资源的操作所涉及到的东西无外乎这几种。既然是用 Unity 3D 来开发游戏，那么自然要使用 Unity 3D 规定的操作方式，而不是我们在电脑上用很原始的那种操作方式来操作。否则就会写出移动端无法使用的代码来。

下面通过几个例子来分别实现一下利用 Resources、StreamingAssets、AssetBundle 来读取外部资源的过程。

利用 Resources

首先新建一个 Resources 目录，并且将之前用到的 Test.xml 复制一份到这个文件夹中，如图 11-3 所示。

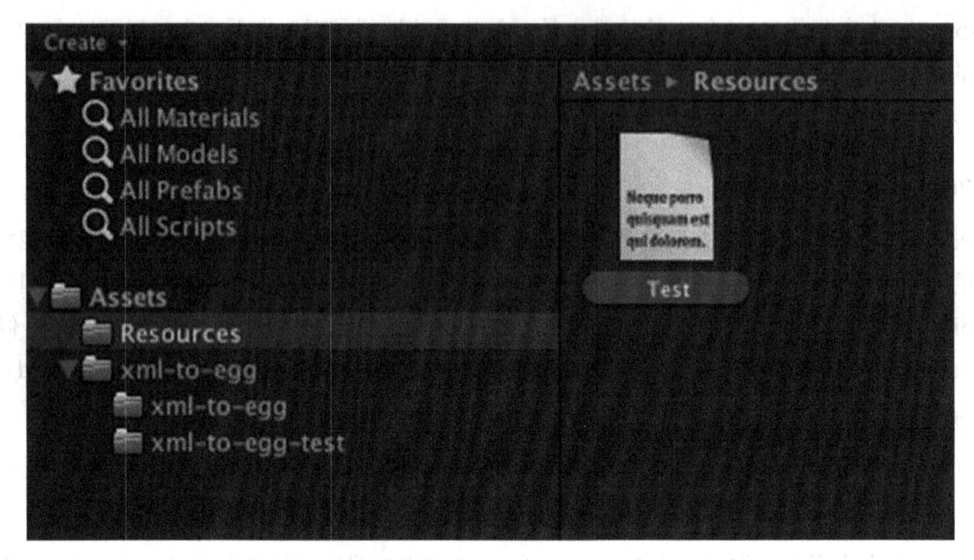

图 11-3 Resources 目录中的资源文件

然后通过 Resources 的读取方法来读取 Test.xml 的内容。并且调用 GUI 将 xml 的内容绘制出来，代码如下。

```
//用 Resources 读取 xml
using UnityEngine;
using System.Collections;
using EggToolkit;
using System.Xml.Linq;
using System.Xml;

public class Test : MonoBehaviour {
    private string _result;

    // Use this for initialization
    void Start () {
        LoadXML("Test");
    }

    // Update is called once per frame
    void Update () {
```

```
    }

    private void LoadXML(string path)
    {
        _result = Resources.Load(path).ToString();
        XmlDocument doc = new XmlDocument();
        doc.LoadXml(_result);
    }

    void OnGUI()
    {
        GUIStyle titleStyle = new GUIStyle();
        titleStyle.fontSize = 20;
        titleStyle.normal.textColor = new Color(46f/256f, 163f/256f,
256f/256f, 256f/256f);
        GUI.Label(new Rect(400, 10, 500, 200), _result,titleStyle);
    }

}
```

读取资源并通过 GUI 绘制的结果，如图 11-4 所示。

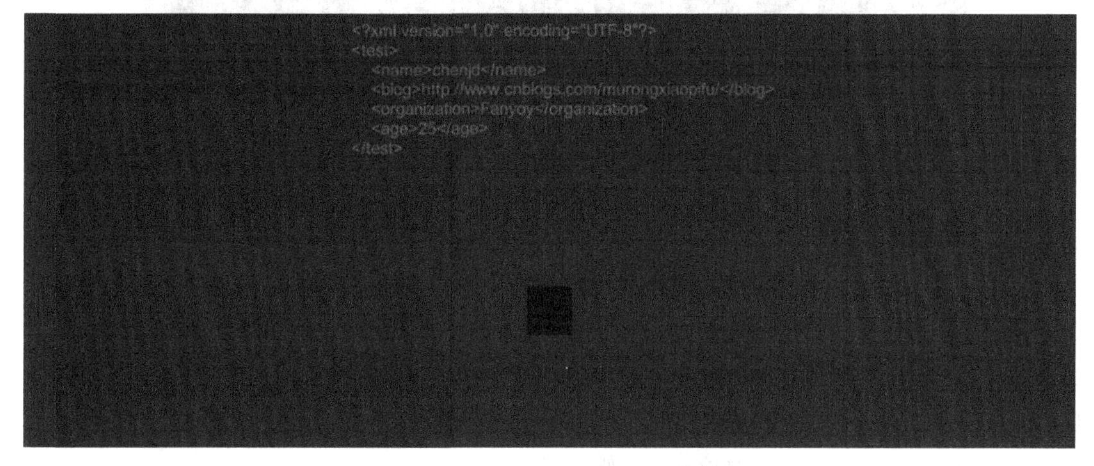

图 11-4 读取 Resources 文件夹中内容的结果

这样利用 Resources 读取外部资源的目标就达成了。可以看到在这个例子中，我们使用了 Unity 3D 中一个叫作 Resources 的类，以及它的一个静态方法 Load，该方法的签名如下所示。

```
public static Object Load(string path);
public static Object Load(string path, Type systemTypeInstance);
```

其中参数 string 类型的参数 path 便是目标资源在 Resources 文件夹中的路径，而 Type 类型的参数 systemTypeInstance 则是一个返回类型的过滤器。如下面这段代码所示。

```
using UnityEngine;
using System.Collections;

public class ExampleClass : MonoBehaviour {
 void Start() {
     GameObject    instance    =    Instantiate(Resources.Load("enemy",
typeof(GameObject)) as GameObject;
  }
}
```

利用 StreamingAssets

新建一个 StreamingAssets 的文件夹来存放 Test.xml 文件，如图 11-5 所示。

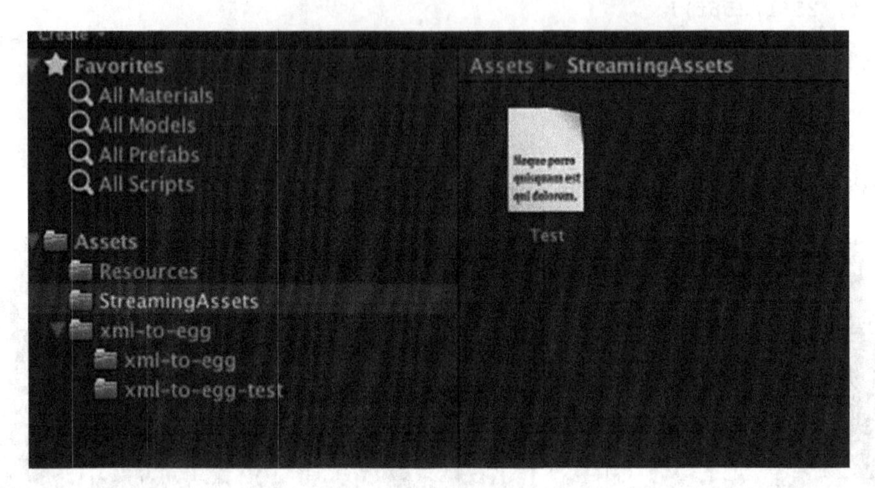

图 11-5 StreamingAssets 文件夹中的文件

StreamingAssets 文件夹内的东西并不会被压缩和加密，而是放进去什么就是什么，所以一般是要放二进制文件的，这里仅仅做一个演示，各位读者在实际操作中切记不要直接把数据文件放到这个目录中打包，代码如下。

```
//从 StreamingAssets 中读取 xml 文件
using UnityEngine;
using System.Collections;
using EggToolkit;
using System.Xml.Linq;
using System.Xml;
using System.IO;

public class Test : MonoBehaviour {
```

```
    private string _result;

    // Use this for initialization
    void Start () {
        StartCoroutine(LoadXML());
    }

    // Update is called once per frame
    void Update () {

    }

    /// <summary>
    /// 如前文所述，StreamingAssets 只能使用 WWW 来读取
    /// 如果不是使用 WWW 来读取的同学，就不要问为什么读不到 StreamingA
    ///ssets 下的内容了
    /// 这里还可以使用 PersistenDataPath 来保存从 Streamingassets 那里读到的内容
    /// </summary>
    IEnumerator LoadXML()
    {
        string sPath= Application.streamingAssetsPath + "/Test.xml";
        WWW www = new WWW(sPath);
        yield return www;
        _result = www.text;
    }

    void OnGUI()
    {
        GUIStyle titleStyle = new GUIStyle();
        titleStyle.fontSize = 20;
        titleStyle.normal.textColor  =  new  Color(46f/256f,  163f/256f,
256f/256f, 256f/256f);
        GUI.Label(new Rect(400, 10, 500, 200),  _result,titleStyle);
    }

}
```

运行该游戏脚本的结果，如图 11-6 所示。

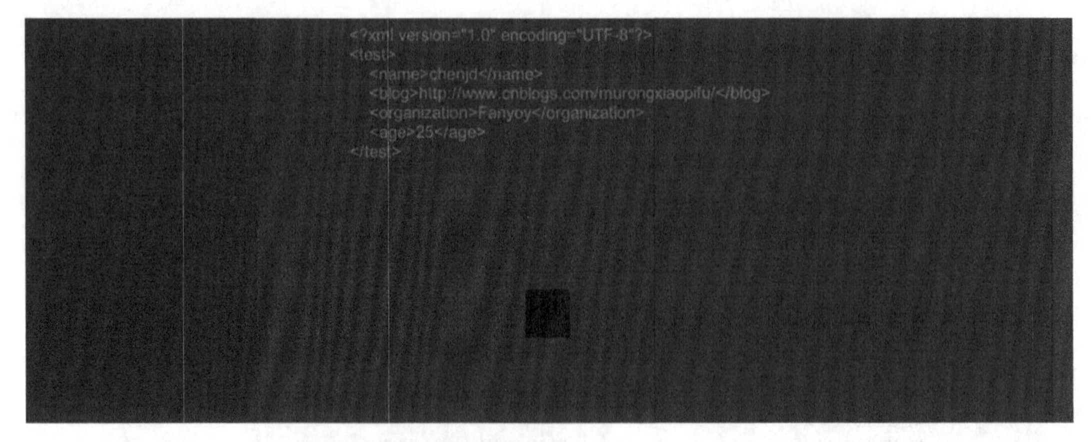

图 11-6 读取 StreamingAsset 目录下的文件的结果

这样 StreamingAssets 读取外部资源的目标就达成了。需要指出的是，在这个例子中使用了 Unity 3D 中的 WWW 类来进行数据下载的工作。这也是 StreamingAssets 一个比较特别的地方。

利用 AssetBundle

AssetBundle 就和前两个不一样了。首先要把文件 Test.xml 打包生成 AssetBundle 文件，AssetBundle 的平台为 Android 平台（由于笔者在写作本书时使用的是小米 3 作为测试机）。

创建了一个 AssetBundle 文件，并命名为 TestXML.bundle，如图 11-7 所示。并且按照二进制文件放入 StreamingAssets 文件夹中的惯例，将这个 AssetBundle 文件放入 StreamingAssets 文件夹。

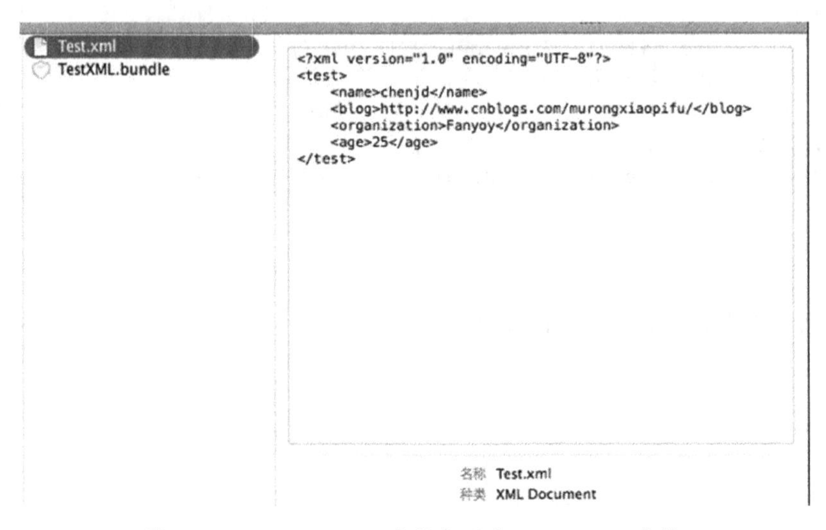

图 11-7 StreamingAssets 文件夹下的 AssetBundle 文件

从 AssetBudle 中读取 Test.xml，代码如下。

```
//从 AssetBundle 中读取 xml
using EggToolkit;
using System.Xml.Linq;
using System.Xml;
using System.IO;

public class Test : MonoBehaviour {
    private string _result;

    // Use this for initialization
    void Start () {
        LoadXML();
    }

    // Update is called once per frame
    void Update () {

    }


    void LoadXML()
    {
        AssetBundle AssetBundleCsv = new AssetBundle();
        //读取放入 StreamingAssets 文件夹中的 bundle 文件
        string    str    =    Application.streamingAssetsPath    +    "/"    +
"TestXML.bundle";
        WWW www = new WWW(str);
        www = WWW.LoadFromCacheOrDownload(str, 0);
        AssetBundleCsv = www.assetBundle;

        string path = "Test";

        TextAsset test = AssetBundleCsv.Load(path, typeof(TextAsset)) as
TextAsset;

        _result = test.ToString();
    }

    void OnGUI()
    {
        GUIStyle titleStyle = new GUIStyle();
        titleStyle.fontSize = 20;
        titleStyle.normal.textColor  =  new  Color(46f/256f,  163f/256f,
```

```
256f/256f, 256f/256f);
            GUI.Label(new Rect(400, 10, 500, 200),  _result,titleStyle);
        }

    }
```

运行游戏脚本的结果，如图 11-8 所示。

图 11-8 借助 AssetBundle 读取外部文件的结果

这样 AssetBundle 读取外部资源的目标就达成了。但是同样需要指出的是，在这个例子中我们也使用了 Unity 3D 中的 WWW 类来进行数据下载的工作。并且直接调用了 WWW 类的一个静态方法 LoadFromCacheOrDownload，那么在这些操作的背后到底发生了什么呢？带着这个疑问到下一节寻找答案吧！

11.4 使用 Resources 类加载资源

通过 Resources 类可以轻易地找到并访问我们想要得到的资源对象。例如可以使用 Resources 的静态方法 FindObjectsOfTypeAll 来获取当前场景中的资源信息。

FindObjectsOfTypeAll 的方法签名如下所示。

```
public static Object[] FindObjectsOfTypeAll(Type type);
```

它只需要获取一个 Type 类型的参数 type，用来在搜寻资源时获取和 type 相匹配的类型。并且返回一个 Object 数组，该数组内的元素是和 type 匹配的类型的对象。FindObjectsOfTypeAll 方法所能获取的对象类型包括了 Unity 3D 能够加载的所有资源类型，例如游戏对象、预制体 Prefab、材质 Material、Mesh 和贴图 Textures 等。

不过这里需要注意的一点是，该方法的运行消耗较大，因此不宜在每一帧都调用。

接下来看一个例子，通过这段代码了解一下在脚本中如何使用 Resources.FindObjectsOfTypeAll 方法，代码如下。

```
//使用 Resources.FindObjectsOfTypeAll
//获取场景中的资源对象
using UnityEngine;
using System.Collections;

public class ExampleClass : MonoBehaviour {
    void OnGUI() {
        GUILayout.Label("All " + Resources.FindObjectsOfTypeAll
(typeof(UnityEngine.Object)).Length);
        GUILayout.Label("Textures " + Resources.FindObjectsOfTypeAll
(typeof(Texture)).Length);
        GUILayout.Label("AudioClips " + Resources.FindObjectsOfTypeAll
(typeof(AudioClip)).Length);
        GUILayout.Label("Meshes " + Resources.FindObjectsOfTypeAll
(typeof(Mesh)).Length);
        GUILayout.Label("Materials " + Resources.FindObjectsOfTypeAll
(typeof(Material)).Length);
        GUILayout.Label("GameObjects " + Resources.FindObjectsOfTypeAll
(typeof(GameObject)).Length);
        GUILayout.Label("Components " + Resources.FindObjectsOfTypeAll
(typeof(Component)).Length);
    }
}
```

除了 FindObjectsOfTypeAll 方法之外，Resources 类中更加常用的一个静态方法便是 Load 方法。在之前的小节中我们已经使用过这个方法了，下面就详细地了解一下 Resources.Load 方法。

Resources.Load 的方法签名如下所示。

```
public static Object Load(string path);
public static Object Load(string path, Type systemTypeInstance);
```

可以看到 Load 方法最关键的一个参数是 string 型的 path，该参数指明了需要加载的目标文件夹的路径。需要注意的是 path 的值并非完整的路径，而是相对于当前工程中 Assets 目录下的 Resources 文件夹的路径。而第二个 Type 类型的参数 systemTypeInstance 则是用来作为过滤返回的对象的。如果在调用 Load 方法时提供了第二个参数 systemTypeInstance，则只有和 type 匹配的类型的对象能够被返回。

了解了 Load 方法所需要的参数之后，再将目光转移到 Find 方法的返回类型上。Find 方法会返回一个 Object 型的对象，如果 Resources 类能够从 path 所提供的位置信息获取资源，则返回资源对象，否则返回为 null。

下面通过一个例子来了解一下 Resources.Load 方法的用法，代码如下。

```
using UnityEngine;
using System.Collections;

public class ExampleClass : MonoBehaviour {
    void Start() {
        GameObject go = GameObject.CreatePrimitive(PrimitiveType.Plane);
        Renderer rend = go.GetComponent<Renderer>();
        rend.material.mainTexture = Resources.Load("glass") as Texture;
    }
}
```

还想提醒的一点是，如果想要正确使用 Resources.Load 方法获取资源对象，那么所有的目标资源都必须放在工程的 Asset 目录下的 Resources 文件夹中。

11.5 使用 WWW 类加载资源

Unity 3D 中定义的 WWW 类是一个用于从 URL 处获取资源的类。既可以通过直接调用它的构造函数创建一个新的 WWW 类的对象来开启资源下载，也可以使用 WWW 类中定义的静态方法 LoadFromCacheOrDownload 来实现资源下载。无论使用哪一种形式，结果都会创建出一个新的 WWW 类型的对象。此时这个 WWW 类的对象便是我们了解下载状态的通道，例如可以访问它的 isDone 属性来判断当前的下载是否已经完成，也可以使用 Unity 3D 中的协程配合 yield 关键字实现等待资源自动下载直到下载完成的逻辑。当然，作为 Unity 3D 中一个和网络相关的类，WWW 类实际上也可以被用来向远程服务器发送 GET 请求以及 POST 请求。此时有可能会用到另一个相关的类——WWWForm 类。

11.5.1 利用 WWW 类的构造函数实现资源下载

WWW 的构造函数有几种重载版本，在开发中最常用的一种是只使用一个 string 型参数的方法。该方法的签名如下所示。

```
public WWW(string url);
```

其中 stirng 型参数 url 表示 WWW 要从 url 所提供的地址下载资源。由于这是 WWW 类的构造函数，因此会返回一个 WWW 类的对象。一旦资源下载完成，就可以通过这个 WWW 类的对象访问下载得到的资源对象。

除了创建一个新的 WWW 类的对象之外，该方法还会创建并发送一个 GET 请求，紧接着一个数据流会被创建并开始进行下载操作。此时必须等待整个下载流程完成，然后才可以通过 WWW 类的对象访问下载得到的资源对象。而由于数据流可以通过 yeild 关键字被方便地挂起，因此可以方便地使用 Unity 3D 引擎等待整个下载流程完成，代码如下。

```
using UnityEngine;
using System.Collections;

// Get the latest webcam shot from outside "Friday's" in Times Square
public class ExampleClass : MonoBehaviour {
    public string url = "http://images.earthcam.com/ec_metros/ourcams/
fridays.jpg";

    IEnumerator Start() {
     // Start a download of the given URL
        WWW www = new WWW(url);

     // Wait for download to complete
        yield return www;

     // assign texture
        Renderer renderer = GetComponent<Renderer>();
     renderer.material.mainTexture = www.texture;
    }
}
```

11.5.2 利用 WWW.LoadFromCacheOrDownload 方法实现资源下载

除了使用 WWW 类的构造函数实现资源下载之外，还可以使用 WWW.LoadFromCacheOrDownload 方法来实现这个功能。不过需要注意的是，WWW.LoadFromCacheOrDownload 方法只能用来下载和访问 AssetBundle 文件，而无法处理其他的资源类型。WWW.LoadFromCacheOrDownload 的方法签名如下所示。

```
public static WWW LoadFromCacheOrDownload(string url, int version, uint
crc = 0);
```

从它的方法签名可以看到该方法需要 3 个参数，分别是 string 型的参数 url、int 型的参数 version 以及 uint 型的参数 crc。由于第 3 个参数 crc 有默认值，因此常常只需要向 LoadFromCacheOrDownload 方法提供前两个参数即可。这 3 个参数在 LoadFromCacheOrDownload 方法中分别起到的作用如表 11-4 所示。

表 11-4 LoadFromCacheOrDownload 方法参数

参数名称	参数作用
url	当目标 AssetBundle 文件没有缓存在本地磁盘时，url 参数提供下载资源的路径
version	目标 AssetBundle 文件的版本号，如果和本地缓存的 AssetBundle 文件的版本号匹配，则会从本地磁盘读取目标文件
crc	可选参数 crc 主要用来为下载得到的资源 CRC-32 校验。如果参数 crc 不是默认的 0，则在资源解压前会进行 CRC-32 校验，如果不符则会报错，同时 Unity 3D 会重新开始尝试下载

调用 LoadFromCacheOrDownload 方法之后，会返回一个 WWW 类的对象。这个被返回的 WWW 类的对象也是访问通过下载得到的资源的桥梁，而一旦下载完成，该方法会依据缓存起来的 AssetBundle 文件的版本号来读取指定的 AssetBundle。需要注意的是，如果缓存的目录空间不足，将无法再存放额外的文件，此时 LoadFromCacheOrDownload 方法将会从缓存目录中删除最不常使用的 AssetBundle 文件，直到有足够的空间可以用来下载新的资源。而如果此时空间不足且所有的 AssetBundle 文件都被使用时，LoadFromCacheOrDownload 方法将直接将 AssetBundle 下载并且省略缓存到本地磁盘的步骤，这种处理方式和直接调用 WWW 类的构造函数创建一个新的 WWW 对象是一样的。

下面通过一个例子来看一看 LoadFromCacheOrDownload 方法是如何使用的，代码如下。

```
using UnityEngine;
using System.Collections;

public class LoadFromCacheOrDownloadExample : MonoBehaviour
{
 IEnumerator Start ()
 {
        var www = WWW.LoadFromCacheOrDownload("http://myserver.com/
myassetBundle.unity3d", 5);
        yield return www;
        if(!string.IsNullOrEmpty(www.error))
        {
            Debug.Log(www.error);
            yield return;
        }
        var myLoadedAssetBundle = www.assetBundle;

        var asset = myLoadedAssetBundle.mainAsset;
 }
}
```

11.5.3 利用 WWWForm 类实现 POST 请求

在 Unity 3D 引擎中，可以使用 WWW 类来向服务器发送 POST 请求或者 GET 请求，而 WWWForm 类便是用来辅助 WWW 类向服务器发送 POST 请求的。当创建了一个新的 WWWForm 类的对象后，就可以通过 AddField 方法或者 AddBinaryData 方法向这个表格填充字段和数据了。下面通过一个例子来看一看如何使用 WWWForm 类，代码如下。

```
using UnityEngine;
using System.Collections;

public class WWWFormScore : MonoBehaviour {
 string highscore_url = "http://www.my-site.com/highscores.pl";
 string playName = "Player 1";
 int score = -1;

 // Use this for initialization
 IEnumerator Start () {
     WWWForm form = new WWWForm();
     form.AddField( "game", "MyGameName" );
     form.AddField( "playerName", playName );
     form.AddField( "score", score );

     WWW download = new WWW( highscore_url, form );

     yield return download;

     if(!string.IsNullOrEmpty(download.error)) {
         print( "Error downloading: " + download.error );
     } else {
         // show the highscores
         Debug.Log(download.text);
     }
 }
}
```

11.6 本章总结

本章主要介绍了在使用 Unity 3D 开发的过程中，实际在读取外部资源的几种操作方式。并因此引出了 Unity 3D 中的几个特殊文件夹，针对特殊文件夹中的内容，Unity 3D 都有不同的处理方案。相信各位读者通过学习本章的内容，已经加深了对 Unity 3D 跨平台读取外部资源的认识。

第 12 章 在 Unity 3D 中使用 AssetBundle

在学习本章内容之前，先提出几个问题。

（1）什么是 AssetBundle？

（2）AssetBundle 是用来做什么的？

（3）应该如何创建一个 AssetBundle 文件？

（4）应该如何正确使用 AssetBundle？

（5）如何存储 AssetBundle？

（6）AssetBundle 是跨平台的吗？

（7）AssetBundle 文件中的资源是如何被识别的？

如果这几个问题现在还不是很清楚也不要紧，下面就带着这几个疑问一起来了解一下 Unity 3D 中的 AssetBundle。

12.1 初识 AssetBundle

什么是 AssetBundle？简单地说就是可以从 Unity 3D 中导出的包含了我们所选择的资源的文件，这些资源包括任何可以被 Unity 3D 引擎识别的资源格式，例如模型、贴图、音频剪辑或者一些游戏场景等。甚至我们也可以自己添加一些自己定义的二进制文件，不过要注意的是，自定义的二进制文件的文件后缀必须是“bytes”，这样它们在被 Unity 3D 导入时会作为 TextAssets 资源导入。这些文件经过专门的压缩成为 Unity 3D 所定义的格式，并且当使用 Unity 3D 开发的应用需要使用它们时也能够被正确地加载和释放。

由于 AssetBundle 是将资源经过压缩之后产生的一种文件，因此可以使用 AssetBundle 来降低游戏的容量。同时，由于 AssetBundle 还可以被 Unity 3D 下载之后再加载，因此还可以通过 AssetBundle 动态拓展使用 Unity 3D 开发的应用。

12.2 使用 AssetBundle 的工作流程

如果想准确回答“应该如何创建一个 AssetBundle 文件？”以及“应该如何正确的使用 AssetBundle？”这两个问题，就不得不先学习一下 AssetBundle 的工作流程。

使用 AssetBundle 的工作流程按照不同的阶段可以分为两个阶段，即开发阶段和运行阶段。

12.2.1 开发阶段

在开发阶段，游戏开发者操作 AssetBundle 的首要目标是创建 AssetBundle 文件，并且将它们导出到 Unity 3D 引擎，然后存储在别的存储空间。例如远程服务器或是本地磁盘，如图 12-1 所示。

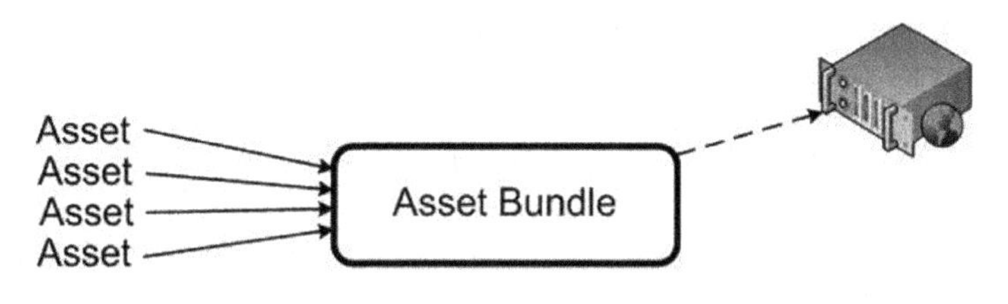

图 12-1　开发阶段处理 AssetBundle 示意图

所以我们可以将开发阶段的 AssetBundle 操作划分为两个部分，即创建 AssetBundle 文件和上传创建好的 AssetBundle 到外部存储空间。

1．创建 AssetBundle 文件

我们常常在 Unity 3D 的编辑器中创建 AssetBundle 文件，这是由于我们需要使用一个编辑器相关的类——BuildPipeline。在 BuildPipeline 类中定义了 3 个静态方法，是用来创建 AssetBundle 文件时常常需要使用的。

总结这几个静态方法的内容，如表 12-1 所示。

表 12-1 创建 AssetBundle 常用的静态方法

方　　法	说　　明
BuildPipeline.BuildAssetBundle	该方法允许对任意资源进行 AssetBundle 打包
BuildPipeline.BuildStreamedSceneAssetBundle	该方法用来编译流场景资源包，允许编译一个或多个场景和所有它依赖的压缩资源包
BuildPipeline.BuildAssetBundleExplicitAssetNames	该方法和 BuildAssetBundle 方法的功能类似，不过相比 BuildAssetBundle 方法多了一个自定义资源名称的功能

通过拓展我们的编辑器，从而使用在表 12-1 中所总结的 BuildPipeline 的这些静态方法来创建 AssetBundle 文件。如果拓展编辑器了，由于所有使用 Editor 类的游戏脚本都必须放在一个叫作 Editor 的文件夹内（如果没有的话，自行创建并放在 Assets 目录下即可），因此创建好 Editor 文件夹之后再将我们定义的拓展编辑器的游戏脚本放在该文件内，就实现了编辑器的拓展。下面通过一段 C#代码，演示一下如何通过拓展编辑器，并使用 BuildPipeline 类来创建 AssetBundle，代码如下。

```
   // C# Example
   using UnityEngine;
   using UnityEditor;

   public class ExportAssetBundles {
    [MenuItem("Assets/Build    AssetBundle    From    Selection    -    Track
dependencies")]
    static void ExportResource () {
         string path = "Assets/myAssetBundle.unity3d";
         if (path.Length != 0) {
              Object[]   selection   =   Selection.GetFiltered(typeof(Object),
SelectionMode.DeepAssets);
              BuildPipeline.BuildAssetBundle(Selection.activeObject,
selection,
                   path, BuildAssetBundleOptions.CollectDependencies);
              Selection.objects = selection;
         }
    }

    [MenuItem("Assets/Build  AssetBundle  From  Selection  -  No  dependency
tracking")]
    static void ExportResourceNoTrack () {
         string path = "Assets/myAssetBundle.unity3d";
         if (path.Length != 0) {
```

```
            BuildPipeline.BuildAssetBundle(Selection.activeObject,
Selection.objects, path);
        }
    }
  }
```

使用该脚本拓展编辑器后，编辑器的 Assets 菜单项中出现了在脚本中定义的两个新的选项，即“Build AssetBundle From Selection - Track dependencies”和“Build AssetBundle From Selection - No dependency tracking”，如图 12-2 所示。

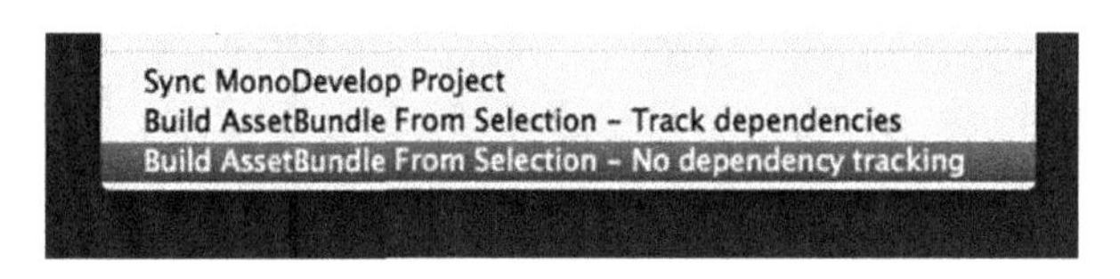

图 12-2 拓展编辑器后 Asset 菜单项中多出的选项

第一个选项“Build AssetBundle From Selection - Track dependencies”不仅仅会将当前选中的游戏对象打包进一个 AssetBundle，同时一起被打包的还包括该对象所引用的资源；而第二个选项“Build AssetBundle From Selection - No dependency tracking”则刚好相反，它只会打包当前被选中的游戏对象，而不包括该对象所引用的资源。

这样就在编辑器中构建了创建 AssetBundle 的工具。所以接下来要在工程目录中选择希望被打包的资源，这里为了方便演示，创建一个新的 Prefab 对象并命名为 assetTest，并且在该 Prefab 内部填充的一个 Cube。然后选中在 Project 视窗中的 assetTest.prefab 这个资源文件，单击鼠标右键，弹出快捷菜单，可以看到在快捷菜单中已经出现了刚刚添加的两个新的用来创建 AssetBundle 的选项，如图 12-3 所示。然后选中“Build AssetBundle From Selection - Track dependencies”选项，可以看到 Unity 3D 引擎开始对 assetTest 这个资源文件进行打包。

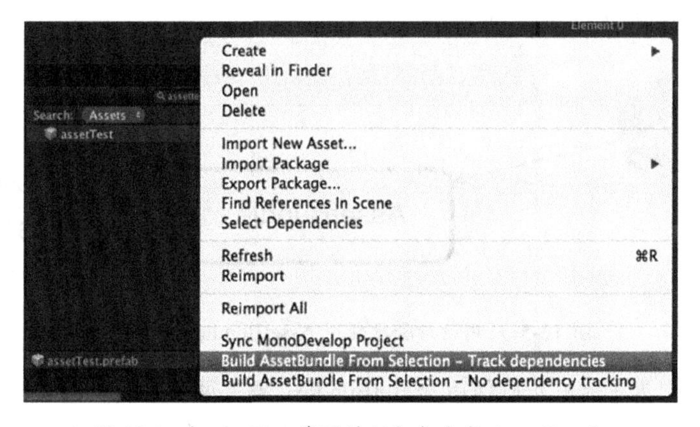

图 12-3 对 assetTest 资源进行打包生成 AssetBundle

这样一个新的 AssetBundle 就在我们定义的目录“Assets/myAssetBundle.unity3d”下创建好了，如图 12-4 所示。

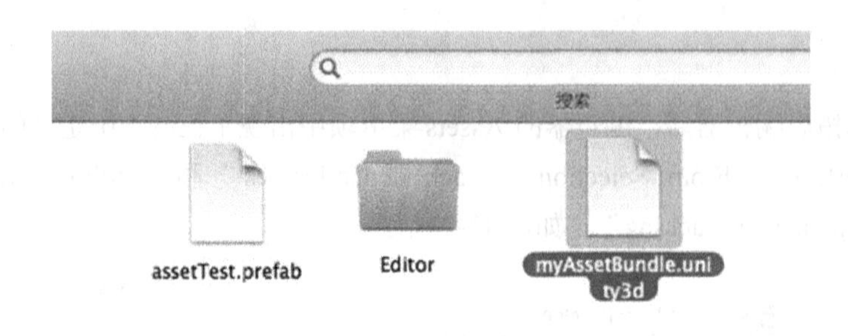

图 12-4 新创建好的 AssetBundle 文件

2．上传创建好的 AssetBundle 到外部存储空间

当一个新的 AssetBundle 文件被 Unity 3D 引擎创建好后，接下来的工作便和 Unity 3D 引擎没有太大关系了。之后常常要做的是将这个 AssetBundle 文件上传到远程服务器供已经开发好的应用或游戏进行下载和更新资源，或是将该 AssetBundle 文件放在硬盘的合适位置供应用或游戏能够正确地加载。不过目前在开发阶段对 AssetBundle 的操作就告一段落，接下来的要学习的内容是如何在应用或游戏运行时动态的获取并加载使用 AssetBundle 文件。

12.2.2 运行阶段

在应用或游戏在用户的机器上处于运行阶段时，应用或游戏必须能够按照要求下载并加载 AssetBundle 文件，更重要的是要能够正确操作 AssetBundle 文件中的每个资源。所以在这个阶段对 AssetBundle 的操作如图 12-5 所示。

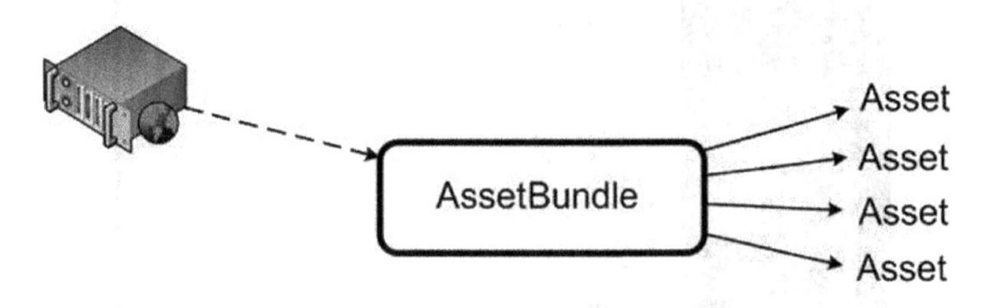

图 12-5 应用运行阶段处理 AssetBundle 示意图

因此，可以看出为了能够正确使用 AssetBundle，需要两个主要的步骤。首先从远程服务器或本地磁盘下载得到 AssetBundle 文件，这个任务往往需要借助 WWW 类的方法来实现。一旦获取了 AssetBundle 文件；其次就是要从 AssetBundle 文件中加载单个的资源，来供应用或游戏使用。下面通过一个例子来实现这两个步骤，完成从下载 AssetBundle 文件到从 AssetBundle 文件中获取资源的过程，代码如下。

```
//下载和加载AssetBundle
using UnityEngine;
using System.Collections;

public class BundleLoader : MonoBehaviour{
    public string url;
    public int version;
    public IEnumerator LoadBundle(){
        using(WWW www = WWW.LoadFromCacheOrDownload(url, version)) {
            yield return www;
            AssetBundle assetBundle = www.assetBundle;
            GameObject gameObject = assetBundle.mainAsset as GameObject;
            Instantiate(gameObject);
            assetBundle.Unload(false);
        }
    }
    void Start(){
        StartCoroutine(LoadBundle());
    }
}
```

和在开发阶段创建 AssetBundle 文件不同的是，在运行阶段无法借助编辑器。因此，要将该脚本作为组件添加到游戏场景中的某个游戏对象上，这样该游戏对象便获得了加载 AssetBundle 的能力。下面就来看看这个脚本是如何一步一步加载 AssetBundle 的。

1. 在应用运行时下载 AssetBundle 文件

在 Unity 3D 中，AssetBundle 文件的下载有两种方式。

（1）无须缓存：这种方式无须将通过下载得到的 AssetBundle 文件保存在本地磁盘中的 Unity 3D 缓存文件夹中，直接通过创建一个 WWW 对象即可实现这种下载方式。

（2）需要缓存：这种方式会将通过下载得到的 AssetBundle 文件保存在本地磁盘中的 Unity 缓存文件夹中。需要注意的是，本地磁盘的空间限制不是无限大的，对于 WebPlayer 来说，缓存空间上限为 50MB。PC、Mac 以及移动平台 iOS、Android 则拥有多达 4GB 的上限。这种下载方式往往需要使用 WWW 的 LoadFromCacheOrDownload 静态方法处理。而笔者推荐的也是使用 LoadFromCacheOrDownload 方法来下载 AssetBundle 文件。

回到刚刚的例子，在运行该游戏脚本之前，要在 Inspector 视图窗口中为 url 和 version 这两个变量设置正确的值。因为 url 和 version 这两个脚本的变量会在脚本执行过程中作为 WWW.LoadFromCacheOrDownload 方法的参数传入 LoadFromCacheOrDownload 方法中。url 代表了 AssetBundle 文件所在位置，可能是本地磁盘也可能是远程服务器。而 version 则是在 AssetBundle 进行缓存时分配给 AssetBundle 的一个表示缓存版本的数值。当 Unity 3D 收到要求下载 AssetBundle 的指令后，它会先根据 version 的数值检查缓存中是否已经存在该 AssetBundle 文件，如果数值相同则证明 AssetBundle 已经保存在本地磁盘中，然后它会从本地磁盘进行读取；如果数值不同则证明 AssetBundle 没有保存在本地磁盘中，然后它会继续从远程服务器下载 AssetBundle 文件。所以 url 这里就填上刚刚创建 AssetBundle 文件的地址 Assets/myAssetBundle.unity3d，如图 12-6 所示。

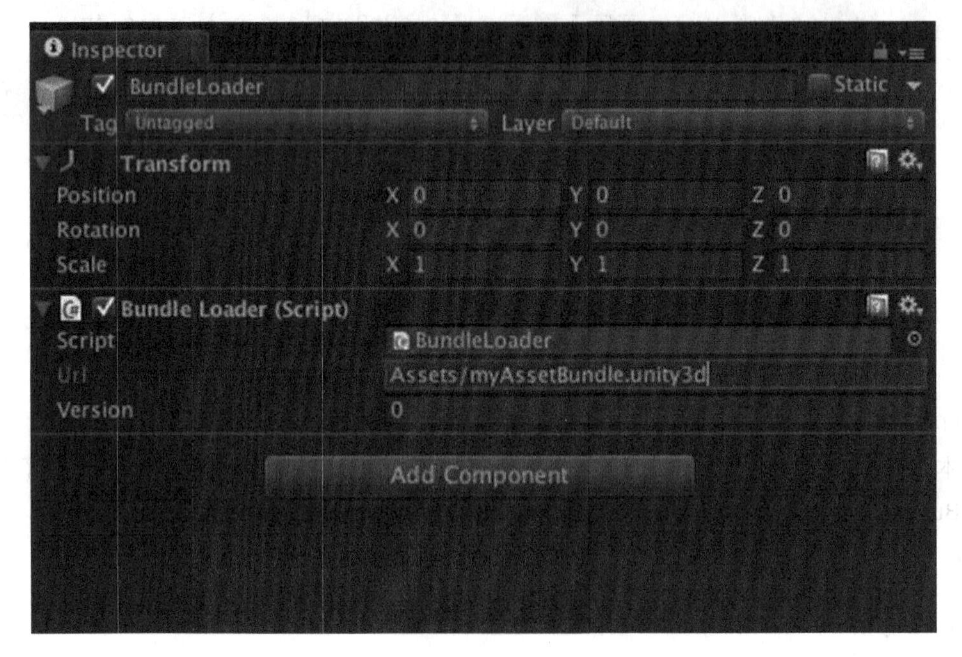

图 12-6 BundleLoader 参数设定

设置好对应的数值后，就可以运行这个游戏脚本了。当该脚本的 Start 方法被调用时，它便通过调用一个协程方法 LoadBundle 来处理加载 AssetBundle 的逻辑。当 WWW 对象开始下载 AssetBundle 文件时，LoadBundle 方法利用 yield 关键字暂停这行代码后的逻辑执行，直到 WWW 对象将整个 AssetBundle 文件下载完成。

一旦 WWW 对象完成 AssetBundle 文件下载，这个 WWW 对象的 AssetBundle 属性便可以用来访问下载得到的那个 AssetBundle 文件了。换句话说，此时这个 WWW 对象已经变成了从 AssetBundle 中获取资源的桥梁。

2．从下载好的 AssetBundle 文件中加载资源

一旦资源文件下载完成，就可以从下载好的资源文件中创建一个 AssetBundle 对象。这个过程可以通过 AssetBundle 类提供的 3 个不同的静态方法实现，即 AssetBundle.LoadAsset、AssetBundle.LoadAssetAsync、AssetBundle.LoadAllAssets。

- AssetBundle.LoadAsset 方法：使用 AssetBundle.LoadAsset 方法时需要提供一个 string 型的参数作为目标 AssetBundle 文件的标识符。之后该方法便会返回工程目录中和名字所传参数相同的资源对象。当然，除了 string 型参数之外，还可以传入一个可选参数 type，它是 Type 型的参数，被用来过滤出所需要的特殊的类型。
- AssetBundle.LoadAssetAsync 方法：AssetBundle.LoadAssetAsync 方法和 AssetBundle.LoadAsset 方法所实现的功能类似，都是按传入的 string 型参数来寻找目标资源对象。不同的地方在于，LoadAssetAsync 方法在读取资源时不会阻塞主线程。因此，当需要读取的资源体积过大或者是一次要读取多个资源时，选择使用 AssetBundle.LoadAssetAsync 方法往往是一个更好的选择。
- AssetBundle.LoadAllAssets 方法：AssetBundle.LoadAllAssets 方法的作用是从 AssetBundle 文件中读取所有的资源对象。当然也可以传入一个 Type 型的参数，用来过滤返回的对象类型。

有加载资源的手段，也要配套的有卸载资源的方法。如果要卸载资源，往往会使用另一个静态方法 AssetBundle.Unload。AssetBundle.Unload 需要一个 bool 型的参数 unloadAllLoadedObjects。如果 unloadAllLoadedObjects 的值为 false，则在资源包中还未解压的数据将会被卸载以释放内存，但是并不会影响已经创建出来的资源对象。如果 unloadAllLoadedObjects 的值为 true，则不仅仅是未解压的数据会被卸载，还包括从资源包中解压缩之后已经被创建的资源对象也会被销毁，这就意味着在游戏脚本中所有引用了这些资源的变量都会失去对这些资源的引用，这一点需要注意。

下面通过一个例子，使用 AssetBundle.LoadAssetAsync 方法和 AssetBundle.Unload 方法来加载和卸载资源，代码如下。

```
using UnityEngine;

IEnumerator Start () {
    //开始下载资源
    WWW www = WWW.LoadFromCacheOrDownload (url, 1);
    //等待资源下载完成
    yield return www;

    //获取 AssetBundle 对象
```

```
        AssetBundle bundle = www.assetBundle;

        //从 AssetBundle 对象中异步加载资源
        AssetBundleRequest  request  =  bundle.LoadAssetAsync  ("myObject",
typeof(GameObject));

        //等待资源加载完成
        yield return request;

        //获取加载得到的资源的引用
        GameObject obj = request.asset as GameObject;

            //释放为解压的资源
            bundle.Unload(false);

            www.Dispose();
    }
```

通过这个游戏脚本中的例子，各位读者应该已经掌握了如何使用 AssetBundle 了。通过学习 12.1 节和 12.2 节的内容，相信各位读者已经能够回答本章开始所提出的问题了。但是还有一些常常遇到的问题还没有解决，那么接下来就学习一下如何使用本地磁盘中的 AssetBundle 文件、AssetBundle 文件的平台兼容性以及 AssetBundle 如何识别资源的相关知识。

12.3 如何使用本地磁盘中的 AssetBundle 文件

除了介绍的通过使用 WWW 类的静态方法 LoadFromCacheOrDownload，可以从远程服务器下载指定的 AssetBundle 文件，并且在下载完成后自动将下载得到的 AssetBundle 文件缓存到本地磁盘，此时通过 WWW 对象便可以加载和访问 AssetBundle 对象。事实上还有别的方式可以用来实现 AssetBundle 文件缓存到本地磁盘，并且加载和访问 AssetBundle 对象的功能，那便是使用 AssetBundle 的静态方法 CreateFromFile。在介绍移动平台的资源路径问题时，提到过 Unity 3D 的一个特殊文件夹——StreamingAssets 文件夹。我们已经知道 StreamingAssets 文件夹中的文件在项目生成特定平台的安装包时是不会被特殊处理的，因此 AssetBundle 便可以直接放在 StreamingAssets 文件夹中作为应用和游戏运行时动态加载的外部资源文件。如果放在 StreamingAssets 文件夹中的 AssetBundle 文件是未经处理和压缩的完整的 AssetBundle 文件，则通过 AssetBundle.CreateFromFile 方法是最快的将目标 AssetBundle 文件加载的方式。但如果放在 StreamingAssets 文件夹中的 AssetBundle 文件已经经过压缩，则此时只能借助 WWW.LoadFromCacheOrDownload 方法来实现加载。

12.4 AssetBundle 文件的平台兼容性

由于 AssetBundle 文件是基于项目工程的开发平台创建的，因此不同的开发平台创建的 AssetBundle 文件就有可能会和应用或游戏的运行平台存在兼容性的问题。例如，开发平台为 iOS，但是运行平台却是 Android，那么在 iOS 平台下创建的 AssetBundle 文件就不能在 Android 平台上被正确读取。因此，在这里整理了一下 AssetBundle 的平台兼容性的相关内容，如表 12-2 所示。

表 12-2 AssetBundle 文件的平台兼容性

	PC、Mac	iOS	Android	WebPlayer
Editor	OK	OK	OK	OK
PC、Mac	OK	OK		
iOS		OK		
Android			OK	
WebPlayer	OK			OK

因此，在为不同的运行目标平台创建 AssetBundle 文件时，一定要留意此时的开发平台是否和运行平台兼容。否则可能会造成兼容性方面的问题。

12.5 AssetBundle 如何识别资源

如果把 AssetBundle 文件想象成一个远洋集装箱，在这个集装箱内装载着各种不同类型的各种资源，那么就有了一个问题，向这个集装箱内装东西和从这个集装箱内拿东西时，应该如何识别哪个是我们需要的资源呢？其实 Unity 3D 在创建 AssetBundle 文件时，使用了一个十分简单的方式，即不考虑资源的路径和拓展名，相反它只考虑资源的名称。例如一个资源文件的完整路径是“Assets/Textures/myTexture.png”，在 AssetBundle 文件中它就是简单地被识别为 myTexture，并且在读取时使用的也是 myTexture 这个名字。当然，这仅仅是 Unity 3D 的默认处理方式。Unity 3D 让人喜欢的一个特点便是为开发者保留了恰当的灵活性来自定义适合自己的功能。因此可以通过 BuildPipeline.BuildAssetBundleExplicitAssetNames 方法，在创建 AssetBundle 文件时为每个资源对象定义符合我们自己习惯的标识。

12.6 本章总结

本章开始先提出了一些问题，让读者带着这些疑问来学习 AssetBundle 是如何被创建的、AssetBundle 如何使用 WWW 类来下载，并且被正确加载以及卸载等内容，使读者加深了对 AssetBundle 的理解和使用。

第 13 章 Unity 3D 优化

我们已经了解了在使用 C#语言作为 Unity 3D 的脚本语言开发项目时一些需要注意的知识点。相信各位读者应该已经对在 Unity 3D 中使用 C#语言开发十分熟悉了。那么接下来再来关注另外一个大家需要注意的问题，那就是一个项目的制作过程一旦完成，便需要面临的优化问题。

13.1 看看 Unity 3D 优化需要从哪里着手

提到 Unity 3D 项目优化，则必提 DrawCall 这个指标的优化，这自然没错，但同时却也有很不好的影响。因为这会给人一个错误的认识：所谓的优化就只是把 DrawCall 这个指标控制在一个比较低的水平就对了。

对优化有这种第一印象的人不在少数，不得不说 DrawCall 的确是一个很重要的指标，但也绝非项目优化的全部。首先介绍一下接下来可能会涉及到的几个概念，然后会提出优化所涉及的 3 大方面。

- DrawCall 是什么？简单来讲其实就是对底层图形程序（比如：OpenGL ES）接口的调用，以在屏幕上画出东西。所以，是谁去调用这些接口呢？CPU。
- Fragment 是什么？经常有人说 vf 这样的术语，其中的 v 代表了 vertex 即我们都知道是顶点。那 f 所代表的 fragment 是什么呢？说它之前需要先说一下像素，像素各位读者应该都十分熟悉了。通俗的说，像素是构成数码影像的基本单元。那 fragment 呢？是有可能成为像素的东西。为什么叫有可能呢？就是最终会不会被画出来不一定，是潜在的像素。所以这会涉及到谁呢？GPU。

- Batching 是什么？同样，我相信各位读者应该都知道批处理的作用是什么。没错，将批处理之前需要很多次调用（DrawCall）的物体合并，之后只需要调用一次底层图形程序的接口就行。听上去这简直就是优化的终极方案啊！但是，理想是美好的，世界是残酷的，一些不足之后我们再细聊。
- 内存的分配。记住，除了 Unity3D 自己的内存损耗。我们可是还带着 Mono 呢，还有托管的那一套东西。更别说又引入自己的几个 dll 文件了。这些都是内存开销上需要考虑到的。

优化时需要注意的 3 个方面。

（1）CPU 方面。

（2）GPU 方面。

（3）内存方面。

13.2 CPU 方面的优化

DrawCall 影响的是 CPU 的效率，而且也是在从业者中知名度最高的一个优化点。但是除了 DrawCall 之外，还有哪些因素也会影响到 CPU 的效率呢？让我们一一列出这些比较常见的项目。

（1）DrawCalls。

（2）物理组件（Physics）。

（3）GC（用来处理内存的，但是是谁使用 GC 去处理内存的呢？）。

（4）脚本中的代码质量。

13.2.1 对 DrawCall 的优化

DrawCall 是 CPU 调用底层图形接口。比如有上千个物体，每一个渲染都需要调用一次底层接口，而每一次调用 CPU 都需要做很多工作，那么 CPU 必然不堪重负。但是对于 GPU 来说，图形处理的工作量是一样的。所以对 DrawCall 的优化，主要就是为了尽量解放 CPU 在调用图形接口上的开销。所以针对 DrawCall 主要的思路就是每个物体尽量减少渲染次数，多个物体最好一起渲染。所以，按照这个思路就有了以下 3 个方案。

（1）使用 Draw Call Batching，也就是描绘调用批处理。Unity 3D 在运行时可以将一些物体进行合并，从而用一个描绘调用来渲染他们。

（2）通过把纹理打包成图集尽量减少材质的使用。

（3）尽量少的使用反光、阴影之类的效果，因为那会使物体多次渲染。

使用 Draw Call Batching 批处理

首先要理解为什么两个没有使用相同材质的物体即使使用批处理，也无法实现 Draw Call 数量的下降和性能的提升。

因为被“批处理”的两个物体的网格模型需要使用相同材质的目的，在于其纹理是相同的，这样才可以实现同时渲染的目的。因此保证材质相同，是为了保证被渲染的纹理相同。

因此，为了将两个纹理不同的材质合二为一，就需要将纹理打包成图集。具体到合二为一这种情况，就是将两个纹理合成一个纹理。这样就可以只用一个材质来代替之前的两个材质了。

而 Draw Call Batching 本身，也还会细分为两种，即 Static Batching 静态批处理和 Dynamic Batching 动态批处理。

Static Batching 静态批处理

静态那就是不动的？听上去状态也不会改变，没有“生命”，比如山、石、楼房、校舍等。那和什么比较类似呢？各位读者一定觉得和场景的属性很像吧，所以场景似乎就可以采用这种方式来减少 DrawCall。

那么对静态批处理下个定义：只要这些物体不移动，并且拥有相同的材质，静态批处理就允许引擎对任意大小的几何物体进行批处理操作来降低描绘调用。

那要如何使用静态批处理来减少 Draw Call 呢？只需要明确指出哪些物体是静止的，并且在游戏中永远不会移动、旋转和缩放。想完成这一步，只需要在检测器（Inspector）中勾选“Static”复选框即可，如图 13-1 所示。

下面通过一个例子来验证下效果，新建 4 个物体，分别是 Cube、Sphere、Capsule、Cylinder，它们有不同的网格模型，但是也有相同的材质（Default-Diffuse）。

首先，不指定它们是 Static 的。DrawCall 的次数是 4 次，统计数据如图 13-2 所示。

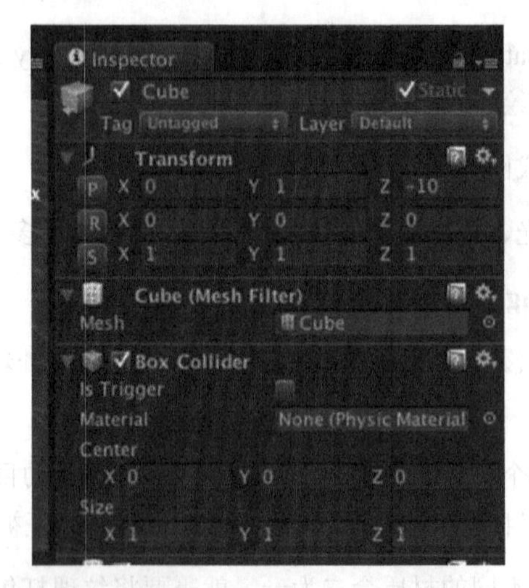

图 13-1 勾选 Inspector 中的 Static 复选框

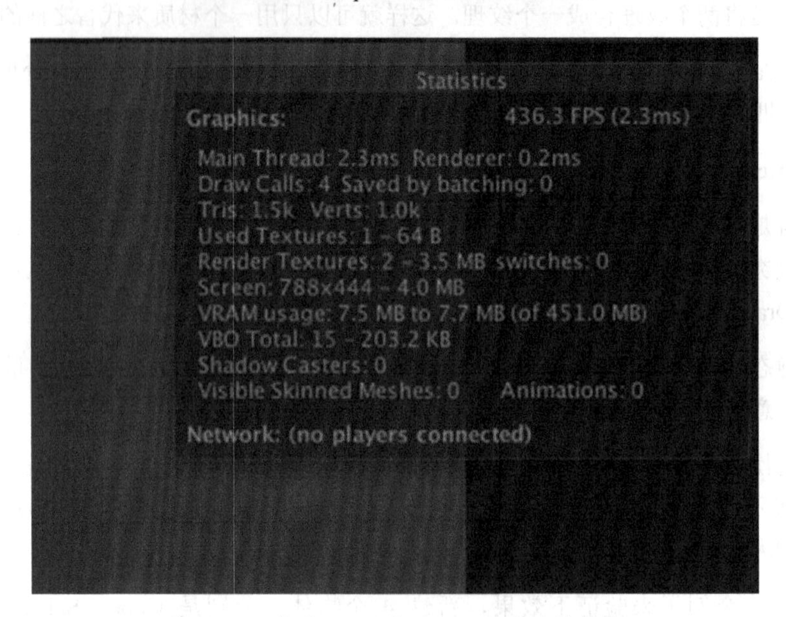

图 13-2 不使用 Static 时 DrawCall 的统计数据

然后作为对照，现在将它们 4 个物体都设为 static，再运行一下，如图 13-3 所示。

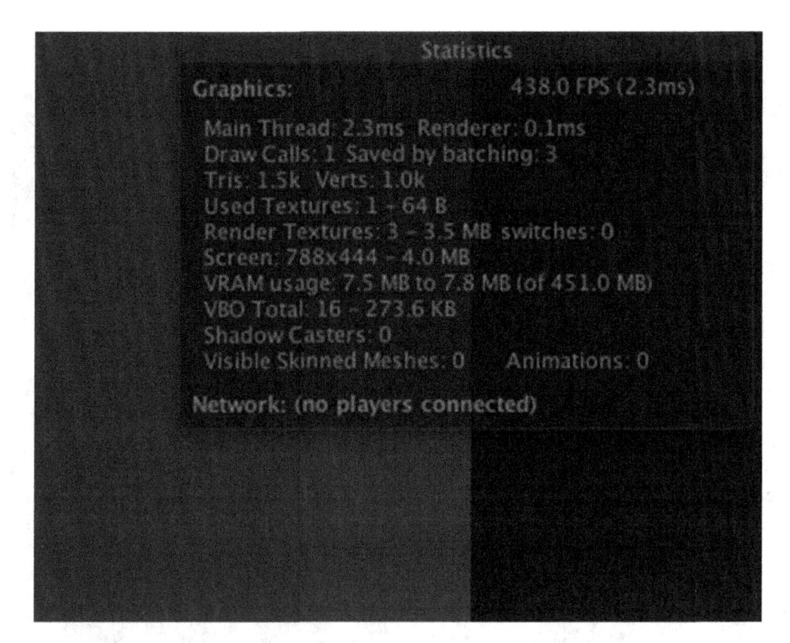

图 13-3 使用 Static 时的 DrawCall 统计数据

Draw Calls 这一项的次数变成了 1，而 Saved by batching 的次数变成了 3。

静态批处理的好处很多，其中之一就是（与下面要介绍的）动态批处理相比，约束要少很多。所以一般推荐使用 Draw Call 的静态批处理来减少 Draw Call 的次数。

Dynamic Batching 动态批处理

首先要明确一点，Unity 3D 的 Draw Call 动态批处理机制是引擎自动进行的，无须像静态批处理那样手动设置 Static。举一个动态实例化 Prefab 的例子，如果动态物体共享相同的材质，则引擎会自动对 Draw Call 优化，也就是使用批处理。首先将一个 Cube 做成 Prefab，然后再实例化 500 次，看看 Draw Call 的数量，代码如下。

```
for(int i = 0; i < 500; i++)
{
    GameObject cube;
    cube = GameObject.Instantiate(prefab) as GameObject;
}
```

Draw Call 的数量如图 13-4 所示。

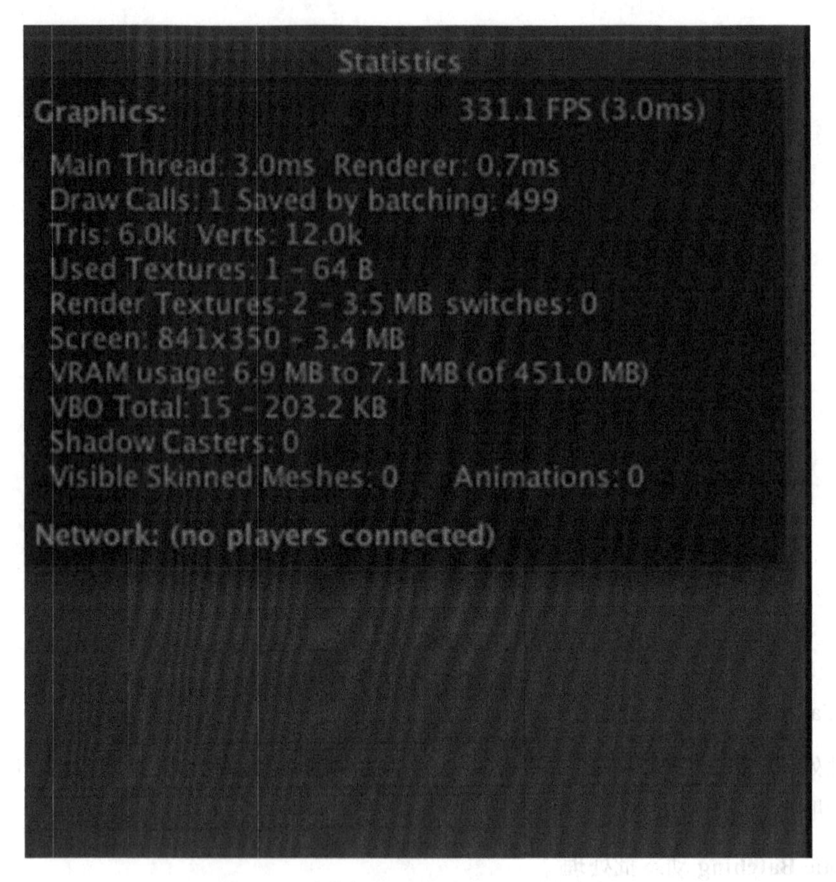

图 13-4 动态批处理后的 Draw Call 数据

可以看到 Draw Call 的数量为 1，Saved by batching 的数量是 499。而在这个过程中，除了实例化创建物体之外什么都没做。不错，Unity 3D 引擎自动处理了这种情况。

但是有很多开发者也遇到过这种情况，就是也是从 prefab 实例化创建的物体，为什么 Draw Call 依然很高呢？这就是上文说的 Draw Call 的动态批处理存在着很多约束。下面来演示一下，针对 cube 这样一个简单的物体的创建，如果稍有不慎就会造成 Draw Call 飞涨的情况。

同样是创建 500 个物体，不同的是其中的 100 个物体，每个物体的大小都不同，也就是 transform 中的 scale 属性不同，代码如下。

```
for(int i = 0; i < 500; i++)
{
    GameObject cube;
    cube = GameObject.Instantiate(prefab) as GameObject;
    if(i / 100 == 0)
```

```
        {
            cube.transform.localScale = new Vector3(2 + i, 2 + i, 2 + i);
        }
    }
```

运行这个脚本后，Draw Call 的数量如图 13-5 所示。

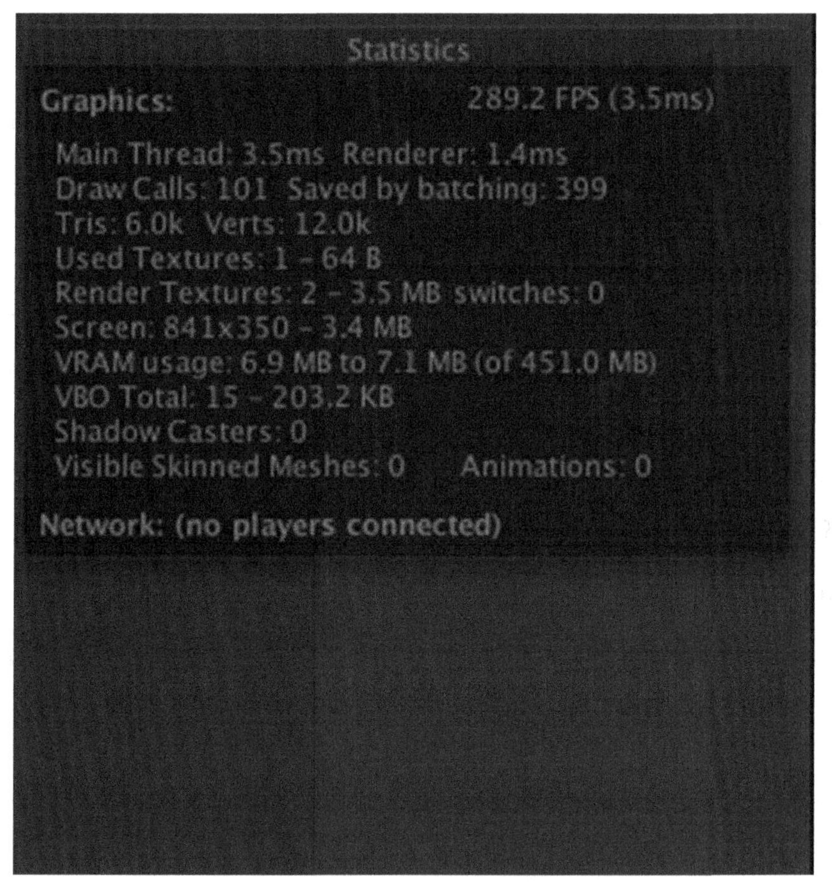

图 13-5 没有使用动态批处理的 Draw Call 数量

可以看到 Draw Call 的数量上升到了 101 次，Saved by batching 的数量也下降到了 399。仅仅是一个简单的 cube 的创建，如果 transform 的 scale 属性不同，Unity 3D 竟然也不会去做批处理优化。这仅仅是动态批处理机制的一种约束。总结一下动态批处理的约束，也许能从中找到为什么动态批处理在自己的项目中不起作用的原因。

（1）批处理动态物体需要在每个顶点上进行一定的开销，所以动态批处理仅支持小于 900 顶点的网格物体。

（2）如果着色器使用顶点位置、法线和 UV 值 3 种属性，那么只能批处理 300 顶点以下的物体；如果着色器需要使用顶点位置、法线、UV0、UV1 和切向量，那只能批处理 180 顶点以下的物体。

（3）不要使用缩放。分别拥有缩放大小（1,1,1）和（2,2,2）的两个物体将不会进行批处理。

（4）统一缩放的物体不会与非统一缩放的物体进行批处理。

（5）使用缩放尺度（1,1,1）和（1,2,1）的两个物体将不会进行批处理，但是使用缩放尺度（1,2,1）和（1,3,1）的两个物体将可以进行批处理。

（6）使用不同材质的实例化物体（instance）将会导致批处理失败。

（7）拥有 lightmap 的物体含有额外（隐藏）的材质属性，例如 lightmap 的偏移和缩放系数等。所以，拥有 lightmap 的物体将不会进行批处理（除非它们指向 lightmap 的同一部分）。

（8）多通道的 shader 会妨碍批处理操作。比如几乎 Unity 3D 中所有的着色器在前向渲染中都支持多个光源，并为它们有效地开辟多个通道。

（9）预设体的实例会自动地使用相同的网格模型和材质。

所以这里建议各位开发者尽量使用静态的批处理。

13.2.2 对物理组件的优化

在做一个策略类游戏时需要在单元格上排兵布阵，而要侦测到哪个兵站在哪个格子时，很不明智地选择使用射线，由于士兵单位很多，而且为了精确每一帧都会执行检测，那时 CPU 的负担会十分“惨不忍睹”。

这里介绍两点需要各位读者注意的优化措施。

第一点是设置一个合适的 Fixed Timestep，设置的位置如图 13-6 所示。

那么到底什么算是“合适”呢？首先要明白 Fixed Timestep 和物理组件的关系。物理组件，或者说游戏中模拟各种物理效果的组件，最重要的是什么呢？当然是计算，需要通过计算才能将真实的物理效果展现在虚拟的游戏中。而在 Unity 3D 引擎中，Fixed Timestep 这个指标是和物理计算有关的。所以若计算的频率太高，自然会影响到 CPU 的开销。同时，若计算频率达不到游戏设计时的要求，又会影响到功能的实现，所以如何抉择需要开发人员具体分析，选择一个合适的值。

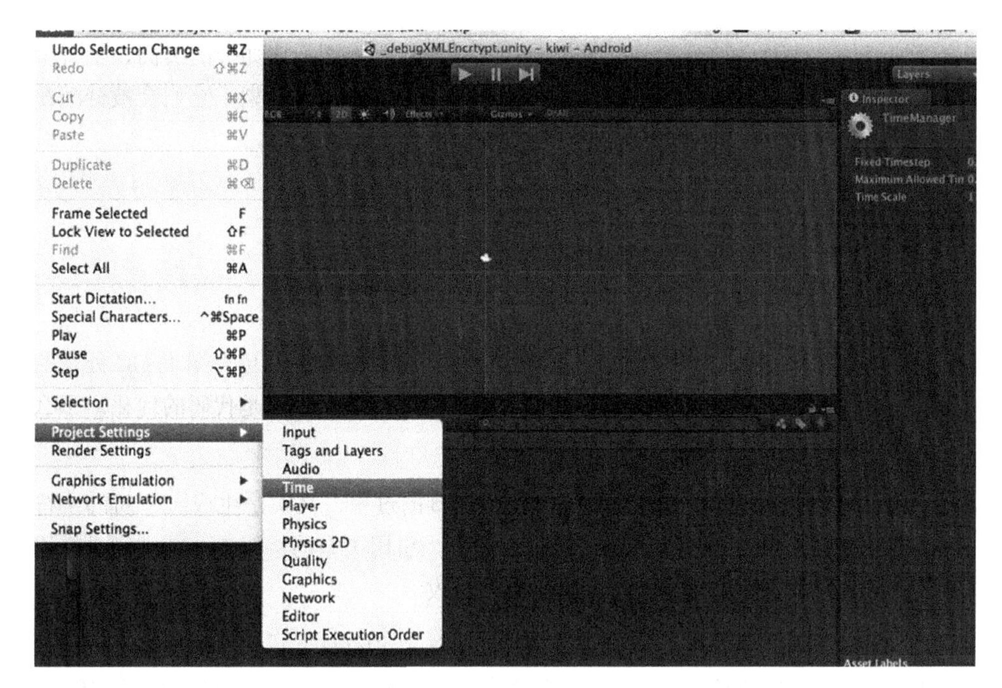

图 13-6 设置 Fiexed Timestep

第二点是尽量不要使用网格碰撞器（mesh collider）。不选择 mesh collider 是因为什么原因呢？这是由于 mesh collider 实在是太过于复杂了。mesh collider 利用一个网格资源并在其上构建碰撞器。对于复杂网状模型上的碰撞检测，它要比应用原型碰撞器精确得多。标记为凸起的（Convex）的网格碰撞器才能够和其他网格碰撞器发生碰撞。手机游戏自然无须这种性价比不高的东西。

当然，从性能优化的角度考虑，物理组件能少用还是少用为好。

13.2.3 处理内存，却让 CPU 受伤的 GC

虽然 GC 是用来处理内存的，但的确增加的是 CPU 的开销。因此它的确能达到释放内存的效果，但代价更加沉重，会加重 CPU 的负担，因此对于 GC 的优化目标就是尽量少的触发 GC。

首先要明确所谓的 GC 是 Mono 运行时的机制，而非 Unity 3D 游戏引擎的机制，所以 GC 也主要是针对 Mono 的对象来说的，而它管理的也是 Mono 的托管堆。清楚这一点，也就明白了 GC 不是用来处理引擎的 assets（纹理、音效等）的内存释放的，因为 Unity 3D 引擎也有自己的内存堆，而不是和 Mono 一起使用所谓的托管堆。

其次要清楚什么东西会被分配到托管堆上，那就是引用类型。比如类的实例、字符串、数组等。而作为 int 类型、float 类型，包括结构体 struct 其实都是值类型，它们会被分配在堆栈上而非堆上。所以我们关注的对象无外乎就是类实例、字符串、数组。

那么 GC 什么时候会触发呢？GC 在以下两种情况下会触发。

（1）堆的内存不足时，会自动调用 GC。

（2）作为编程人员，自己也可以手动调用 GC。

所以为了达到优化 CPU 的目的，就不能频繁地触发 GC。而之前也介绍了 GC 处理的是托管堆，而不是 Unity 3D 引擎的那些资源，所以 GC 的优化说白了也就是代码的优化。那么提醒各位读者需要注意以下 5 点。

（1）字符串连接的处理。因为将两个字符串连接的过程，其实是生成一个新的字符串的过程。而之前旧字符串自然而然就成为了垃圾。而作为引用类型的字符串，其空间是在堆上分配的，被弃置的旧字符串的空间会被 GC 当作垃圾回收。

（2）尽量不要使用 foreach 语句，而是使用 for 语句。foreach 语句其实会涉及到迭代器的使用，而据说每一次循环所产生的迭代器会带来 24Bytes 的垃圾。那么循环 10 次就是 240Bytes。

（3）不要直接访问 gameobject 的 tag 属性。比如“if (go.tag == “human”)”最好换成“if (go.CompareTag (“human”))”。因为访问物体的 tag 属性会在堆上额外的分配空间。如果在循环中这么处理，留下的垃圾就可想而知了。

（4）使用“池”，以实现空间的重复利用。

（5）最好不用 LINQ 的命令，因为它们会分配临时的空间，同样也是 GC 收集的目标。而且笔者不用 LINQ 的一点原因就是它有可能在某些情况下无法很好地进行 AOT 编译。比如“OrderBy”会生成内部的泛型类“OrderedEnumerable”。这在 AOT 编译时是无法进行的，因为它只是在 OrderBy 的方法中才使用。所以如果你使用了 OrderBy，那么在 iOS 平台上也许会报错。

本节介绍的主要是 GC 对于 CPU 效率的影响，下面的小节还会更具体地介绍对于内存的优化，会更加详细地介绍 Unity 3D 中所使用的 Mono 运行时中 GC 的问题。

13.2.4 对代码质量的优化

说到代码这个话题，也许有人会觉得多此一举。因为代码质量因人而异，很难像上面提到的几点，有一个明确的评判标准。但是这里要提到的所谓代码质量是基于一个前提的，Unity

3D 是用 C++写的，而我们的代码是用 C#作为脚本来写的。那么问题就来了，脚本和底层的交互开销是否需要考虑呢？也就是说，我们用 Unity 3D 写游戏的“游戏脚本语言”，也就是 C#是由 Mono 运行时托管的。而功能是底层引擎的 C++实现的，“游戏脚本”中的功能实现都离不开对底层代码的调用。那么这部分的开销，我们应该如何优化呢？同样，下面 5 个方面是要提醒各位读者注意的。

（1）以物体的 Transform 组件为例，我们应该只访问一次，之后就将它的引用保留，而非每次使用都去访问。有人做过一个小实验，就是对比通过方法 GetComponent<Transform>()获取 Transform 组件, 通过 MonoBehavor 的 transform 属性去获取，以及保留引用之后再去访问所需要的时间。

1）GetComponent=619ms。

2）Monobehaviour=60ms。

3）CachedMB=8ms。

4）Manual Cache=3ms。

（2）最好不要频繁使用 GetComponent，尤其是在循环中。

（3）善于使用 OnBecameVisible()和 OnBecameVisible()来控制物体的 update()函数的执行以减少开销。

（4）使用内建的数组，比如用 Vector3.zero 而不是 new Vector(0, 0, 0)。

（5）对于方法的参数的优化，善于使用 ref 关键字。值类型的参数是通过将实参的值复制到形参，来实现按值传递到方法，也就是通常说的按值传递。“复制”总会让人感觉很笨重。比如“Matrix4x4”这样比较复杂的值类型，如果直接复制一份新的，反而不如将值类型的引用传递给方法作为参数。

13.3 对 GPU 的优化

GPU 与 CPU 不同，所以侧重点自然也不一样。GPU 的瓶颈主要存在以下 4 个方面。

（1）填充率，可以简单地理解为图形处理单元每秒渲染的像素数量。

（2）像素的复杂度，比如动态阴影、光照、复杂的 shader 等。

（3）几何体的复杂度（顶点数量）。

（4）GPU 的显存带宽。

那么针对以上 4 个方面，其实仔细分析就可以发现，影响 GPU 性能的无非就是两大方面，一方面是顶点数量过多，像素计算过于复杂；另一方面就是 GPU 的显存带宽。那么针对这两个方面的举措也就十分明显了。

（1）减少顶点数量，简化计算复杂度。

（2）压缩图片，以适应显存带宽。

13.3.1 减少绘制的数目

第一个方面的优化也就是减少顶点数量，简化计算复杂度，具体的举措总结为以下 7 点。

（1）保持材质的数目尽可能少。这使得 Unity 更容易进行批处理。

（2）使用纹理图集（一张大贴图里包含了很多子贴图）来代替一系列单独的小贴图。它们可以更快地被加载，具有很少的状态转换，而且批处理更友好。

（3）如果使用了纹理图集和共享材质，使用 Renderer.sharedMaterial 来代替 Renderer.material。

（4）使用光照纹理（lightmap）而非实时灯光。

（5）使用 LOD，好处就是对那些离得远，看不清的物体的细节可以忽略。

（6）遮挡剔除（Occlusion culling）。

（7）使用 mobile 版的 shader，因为简单。

13.3.2 优化显存带宽

第二个方面的优化就是压缩图片，减小显存带宽的压力。具体的措施有以下两点。

（1）OpenGL ES 2.0 使用 ETC1 格式压缩等，在打包设置那里都有。

（2）使用 MipMap。

MipMap

这里要着重介绍一下 MipMap 到底是什么。因为有人说过 MipMap 会占用内存，但为何又会优化显存带宽呢？那就不得不从 MipMap 是什么开始说起了，MipMap 示意图如图 13-7 所示。

图 13-7 MipMap 示意图

图 13-7 所示的是一个 MipMap 如何储存的例子，左边的主图伴有一系列逐层缩小的备份小图。

MipMap 中每一个层级的小图都是主图的一个特定比例的缩小细节的复制品。因为存了主图和它的那些缩小的复制品，所以内存占用会比之前大。但是为何又优化了显存带宽呢？因为可以根据实际情况，选择适合的小图来渲染。所以，虽然会消耗一些内存，但是为了图片渲染的质量（比压缩要好），这种方式也是推荐的。

13.4 内存的优化

既然要介绍 Unity 3D 运行时候的内存优化，那自然首先要知道 Unity 3D 游戏引擎是如何分配内存的。从大的方面可以分为 3 类内存。

（1）Unity 3D 的内部内存。

（2）Mono 的托管内存。

（3）若干我们自己引入的 DLL 或者第三方 DLL 所需要的内存。

第 3 类不是我们关注的重点，所以接下来会分别来看一下 Unity 3D 的内部内存和 Mono 托管内存，最后还将分析一个官网上 Assetbundle 的案例来说明内存的管理。

13.4.1 Unity 3D 的内部内存

Unity 3D 的内部内存都会存放一些什么呢？各位想一想，除了用代码来驱动逻辑，一个游戏还需要什么呢？就是各种资源。所以简单总结一下 Unity 3D 的内部内存存放的东西。

（1）资源：纹理、网格、音频等。

（2）GameObject 和各种组件。

（3）引擎内部逻辑需要的内存：渲染器、物理系统、粒子系统等。

13.4.2 Mono 的托管内存

因为我们的游戏脚本是用 C#写的，同时还要跨平台，所以带着一个 Mono 的托管环境显然是必须的。那么 Mono 的托管内存自然就不得不放到内存的优化范畴中进行考虑。

那么我们所说的 Mono 托管内存中存放的东西和 Unity 3D 的内部内存中存放的东西究竟有何不同呢？其实 Mono 的内存分配就是很传统的运行时内存的分配。

（1）值类型：int 型、float 型，结构体 struct、bool 之类的。它们都存放在堆栈上（注意不是堆，所以不涉及 GC）。

（2）引用类型：其实可以狭义地理解为各种类的实例。比如游戏脚本中对游戏引擎各种控件的封装。其实很好理解，C#中肯定要有对应的类去对应游戏引擎中的控件。那么这部分就是 C#中的封装。由于是在堆上分配，所以会涉及到 GC。

但是 Unity 3D 所使用的 Mono 运行时仍旧停留在一个以前的版本——“2.6.5.0”。而该版本的 Mono 所使用的 GC 仍是较老的 Boehm garbage collector，而不是在.Net 运行时以及新的 Mono 运行时中常见的分代 GC。

所以要了解 Unity 3D 中托管运行时的内存管理，就必须要先说一下 Boehm GC 这个机制本身实现的一些特点。

（1）基于 Mark\Sweep，无分代\并行。

（2）执行时所有线程阻塞（Stop-The-World）。

（3）堆越接近满的状态，执行得越频繁。

（4）每次标记都会扫描访问到所有可到达的对象。

而 Mono 在实现 Boehm GC 时，又有 Mono 自己的一些特点。

（1）在 Mono 中无法精确地读取寄存器和栈，且无法区分一个给定值是指针还是标量，这会造成大块的内存无法正常回收，而且难以压缩空闲列表。

（2）碎片化会导致直接的新堆分配，即使空间仍充足。

（3）Mono 的 Finalizer 运行在独立的线程上，因此 GC.Collect()和 obj.Dispose()是需要线程同步的。

（4）由于第 1 条中所指出的限制，GC.Collect()是不会处理栈、寄存器、静态变量，即所谓的“Roots”。

（5）GC 的开销与堆的尺寸是正相关的，换句话说就是内存分配得越多，堆尺寸越大，新的分配和回收就会越慢。

因此，可以看到 Unity 3D 所使用的托管环境的 GC 是存在很多问题的。因此要注意尽量避免过多触发 Mono 运行时的 GC。但是还想提醒各位读者注意的是，Mono 托管堆中的那些封装的对象，除了在 Mono 托管堆上分配封装类实例化之后所需要的内存之外，还会牵扯到其背后对应的游戏引擎内部控件在 Unity 3D 的内部内存上的分配。

下面通过一个例子来观察一下这个过程。一个在 C#脚本中声明的 WWW 类型的对象 www，Mono 会在 Mono 托管堆上为 www 分配它所需要的内存。同时，这个实例对象背后所代表的引擎资源所需要的内存也需要被分配。

一个 WWW 实例背后的资源有以下 3 个。

（1）压缩的文件。

（2）解压缩所需的缓存。

（3）解压缩之后的文件。

它的组成如图 13-8 所示。

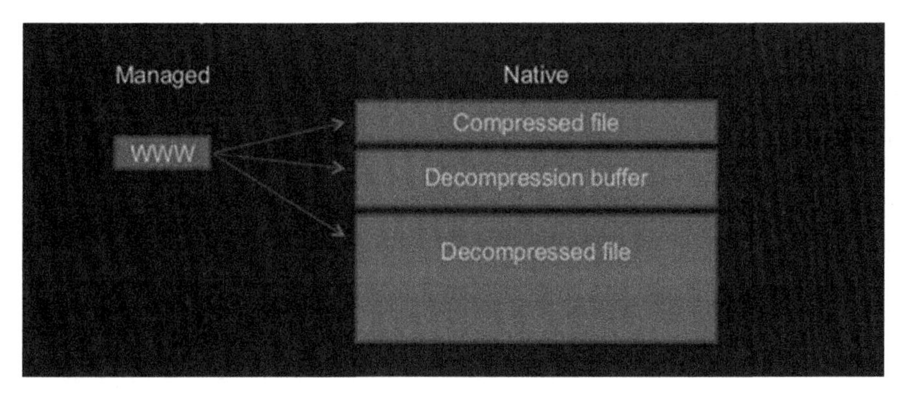

图 13-8　托管对象引用的本地资源

那么下面就举一个 AssetBundle 的例子。

Assetbundle 的内存处理

以下载 Assetbundle 为例子，介绍一下内存的分配，代码如下。

```
IEnumerator DownloadAndCache (){
        // Wait for the Caching system to be ready
        while (!Caching.ready)
            yield return null;

        // Load the AssetBundle file from Cache if it exists with the
same version or download and store it in the cache
        using(WWW www = WWW.LoadFromCacheOrDownload (BundleURL,
version)){
            yield return www; //WWW 是第 1 部分
            if (www.error != null)
                throw new Exception("WWW download had an error:" +
www.error);
            AssetBundle bundle = www.assetBundle;//AssetBundle 是第 2 部分
            if (AssetName == "")
                Instantiate(bundle.mainAsset);//实例化是第 3 部分
            else
                Instantiate(bundle.Load(AssetName));
                    // Unload the AssetBundle compressed contents to
conserve memory
                    bundle.Unload(false);

        } // memory is freed from the web stream (www.Dispose() gets
called implicitly)
    }
}
```

内存分配的 3 个部分已经在代码中标识了。

（1）Web Stream：包括了压缩的文件、解压所需的缓存，以及解压后的文件。

（2）AssetBundle：Web Stream 中的文件的映射，或者说引用。

（3）实例化之后的对象：就是引擎的各种资源文件，会在内存中创建出来。

下面就来分别解析一下各个部分。

```
WWW www = WWW.LoadFromCacheOrDownload (BundleURL, version)
```

这行托管代码执行的背后，会伴随着如下的 4 个操作。

（1）将压缩的文件读入内存中。

（2）创建解压所需的缓存。

（3）将文件解压，解压后的文件进入内存。

（4）关闭掉为解压创建的缓存。

```
AssetBundle bundle = www.assetBundle;
```

这行托管代码执行的背后，会伴随着如下的 3 个操作。

（1）AssetBundle 此时相当于一个桥梁，从 Web Stream 解压后的文件到最后实例化创建的对象之间的桥梁。

（2）AssetBundle 实质上是 Web Stream 解压后的文件中各个对象的映射，而非真实的对象。

（3）实际的资源还存在 Web Stream 中，所以此时要保留 Web Stream。

```
Instantiate(bundle.mainAsset);
```

这行托管代码执行的背后，会伴随着“通过 AssetBundle 获取资源，实例化对象”的操作。

在这个例子中还使用了下面这行代码。

```
using(WWW www = WWW.LoadFromCacheOrDownload (BundleURL, version)){
}
```

这种 using 的用法其实就是为了在使用完 Web Stream 后，将内存释放掉。因为 WWW 也继承了 idispose 的接口，所以可以使用 using 的这种用法。其实相当于最后执行了如下所示的代码。

```
//删除Web Stream
www.Dispose();
```

Web Stream 被删除掉了，那还有谁呢？还有 Assetbundle，那么使用如下所示的代码来删除 Assetbundle。

```
//删除AssetBundle
bundle.Unload(false);
```

13.5 本章总结

本章通过 3 个方面的优化，即对 CPU 的优化、对 GPU 的优化、对内存的优化，而引出了具体的优化各个指标的措施。例如通过批处理来优化 Unity 3D 的 Draw Call 次数；通过设置合理的 Fixed timestep 来合理使用物理组件以减轻 CPU 的开销；并且通过推荐减少模型的顶点数量，以简化渲染时的计算复杂度和压缩图片，来适应显存带宽的方式来优化 GPU 的使用。介绍了 Unity 3D 的内存组成，使用特定的 Mono 版本的 GC 机制，并非十分完美的垃圾回收机制，而是问题很多的垃圾回收机制，因此在本章对应的小节中也提出了缓解 GC 调用次数和优化内存的一些建议。希望各位读者通过学习本章的内容，能加深对 Unity 3D 中优化策略的了解和认知。

第 14 章 Unity 3D 的脚本编译

当一个 Unity 3D 的项目中所有的开发工作都已经完成时，那么剩下的最后一步便是编译游戏脚本并发布游戏项目了。要知道使用 Unity 3D 提供的脚本语言（C#、UnityScript 或 Boo）写出的脚本文件是不能直接让手机或者是电脑的 CPU 运行的。哪怕是使用 C 语言或是 C++语言写出的文件也是无法直接供 CPU 运行的。因为这种使用某种编程语言编写的文件被称为源代码，本质上仍然只是简单的文本文件，而 CPU 只能解析并运行本地代码而不是这种源代码。所谓的本地或者是原生（native）可以理解为“母语”，而对 CPU 来说母语显然就是二进制的机器语言。因此无论是哪种编程语言编写的源代码，最后都需要被翻译为本地代码才有可能被执行。从这一点，也可以看出脚本编译的重要性，因此本章就来讲解一下 Unity 3D 中和脚本编译相关的知识。

14.1 Unity 3D 脚本编译流程概览

Unity 3D 是如何将使用 C#语言或 UnityScript，以及 Boo 语言写成的游戏脚本进行编译并且在各种平台设备上运行起来的呢？原来 Unity 3D 会利用 Mono 将所有的脚本编译为.Net dll 文件，然后在运行时对这些 dll 文件进行 JIT 编译（个别平台除外）。

由于 Unity 3D 并没有直接将游戏脚本编译为二进制文件，因此会使编译速度大幅提升。例如，每次对一个游戏脚本做出修改并且保存了这些修改后，Unity 3D 只需要几秒钟的时间便将整个游戏脚本文件编译成了新的.Net dll 文件，至于再将 dll 文件的内容编译为机器需要使用的二进制代码，则交由 Mono 内部的 JIT 编译器来实现。

但是在开发 Unity 3D 项目时会存在很多游戏脚本，而这些脚本之间有的还有互相引用彼此定义的类型的情况，所以脚本的编译就一定要按照一定顺序来进行。因此，Unity 3D 为了能够保证脚本的编译能够按照一定顺序进行，会保留一些特殊的文件夹名用来存放有特殊用途的文件。例如 Resources、AssetStreamings 文件夹，Unity 3D 会通过这些特殊的文件夹读取外部资源。不过 Unity 3D 中还有一些保留文件夹是会影响游戏脚本的编译过程的。

Standard Assets 文件夹

该文件夹中的游戏脚本会被首先编译。而经过编译之后生成的 dll 文件根据所使用的游戏脚本语言的不同而有不同的结果，使用 C#作为游戏脚本语言则生成 Assembly-CSharp-firstpass.dll；使用 UnityScript 作为游戏脚本语言则生成 Assembly-UnityScript-firstpass.dll；当然还有可能使用 Boo 语言，生成的是 Assembly-Boo-firstpass.dll。也正是由于 Standard Assets 文件夹中的脚本是最先被编译的，因此项目中如果存在用不同语言实现的游戏脚本，为了让 C#脚本能够正常访问 UnityScript 的脚本或者让 UnityScript 的脚本正常访问 C#的脚本，以实现正常的编译，就要将对应的脚本放入 Standard Assets 文件夹中优先编译。一个很好的例子便是 Unity 3D 自带的 3rd Person Controller 组件，其中的脚本便是使用 UnityScript 完成的，因此导入该组件后可以发现它事实上在 Standard Assets 文件夹内。

Pro Standard Assets 文件夹

和 Standard Assets 文件夹类似，不过该文件夹内部要存放的是一些专业版才有的功能。在 Standard Assets 文件夹之后，其余文件夹之前被编译。

Plugins 文件夹

Plugins 文件夹主要用来存放一些可以在脚本中访问的原生插件，在项目发布时 Plugins 文件夹内的文件会自动地被打入包中。需要指出的一点是，该文件夹必须放在 Assets 文件夹目录下，而不能作为别的文件夹的子目录出现。

需要注意的另外一点是，根据开发平台的不同，Plugins 文件夹内的文件格式在发布之后也稍有不同。在 Windows 平台下，原生插件以 dll 文件的形式存在；在 Mac 平台下，原生插件是以.bundle 文件的形式存在；在 Linux 系统下，原生插件又会以.so 文件的形式存在。

Editor 文件夹

如果想要使自己的游戏脚本能够使用 UnityEditor 命名空间，则必须将该游戏脚本放在一个叫作 Editor 的文件夹内。这是由于 Editor 作为一个 Unity 3D 的保留文件夹，允许放在其中的游戏脚本使用 Unity 编辑器的脚本 API。

而且 Editor 文件夹中的脚本只会体现在 Unity 的编辑器上，因此只会在编辑器中被编译，而不会在项目发布时随其他的游戏脚本一起被打入包中。

Editor 文件夹的另一个十分特殊的特征是，可以在整个项目中拥有很多个叫作 Editor 的文件夹，它也可以被嵌套在很多别的文件夹的目录下。但是，Editor 文件夹如果放在了前面几个特殊的文件夹（Standard Assets、Pro Standard Assets 以及 Plugins）内，则必须作为这些文件夹的子目录出现，不能再嵌套在别的文件夹内。举一个例子，如果没有在特殊文件夹内，则 Editor 的路径可以是“"My Extension/Scripts/Editor"”；而如果它在特殊文件夹内，则路径只能是“Standard Assets/Editor/My Extension/Scripts”、“Pro Standard Assets/Editor/My Extension/Scripts”或者是“Plugins/Editor/My Extension/Scripts”。当然，位于特殊文件夹下的 Editor 文件夹内的脚本同样只会体现在 Unity 的编辑器上，并不会在项目发布时随其他的游戏脚本一起被打入包中。

了解了这些在编译过程中会影响编译过程的文件夹后，就可以按照文件夹的编译顺序将 Unity 3D 中的游戏脚本的编译过程分为 4 个阶段，那么某个游戏脚本文件在哪个阶段会被编译便直接取决于它所在的文件夹。

下面就将脚本的编译过程进行一下划分。

- 第一阶段：编译运行时的脚本。这些脚本位于 Standard Assets 文件夹、Pro Standard Assets 文件夹以及 Plugins 文件夹中。在这些文件夹中的脚本必须保证不会引用这些文件夹之外的脚本所定义的类型。由于不能直接引用外部的类型以及访问外部的变量，因此这批脚本在编译的第一个阶段就不会出现引用的错误。当然，虽然没有直接的引用和访问外部的类型，但是这些脚本仍然可以使用 GameObject.SendMessage 来和外部的脚本进行交互。
- 第二阶段：编译 Editor 的脚本。这一阶段中的脚本位于 Standard Assets/Editor 文件夹、Pro Standard Assets/Editor 文件夹以及 Plugins/Editor 文件夹中，即 Editor 文件夹位于那几个特殊文件夹。如果我们打算在脚本中使用 UnityEditor 命名空间，则这些脚本就必须放在以上列出的文件夹内。举一个之前章节介绍过的例子，如果我们要拓展 Unity3D 的编辑器，使用脚本为编辑器增加一些菜单项，那么我们需要将这个脚本放在以上这些文件夹中的某一个之中。
- 第三阶段：所有不在 Editor 文件夹中的脚本，这里的 Editor 文件夹指的是不在特殊文件夹内部的那些 Editor 文件夹。在该阶段进行编译的脚本基本上是我们开发过程中创建的游戏逻辑脚本，由于最基本的脚本或是用别的脚本语言实现的脚本已经在第一个阶段和第二个阶段完成了编译，因此在这个阶段。
- 第四阶段：剩余的脚本，例如那些在 Editor 文件夹（不是特殊文件夹中的 Editor）中的脚本将在最后编译。这些脚本将能够引用到之前所有被编译的脚本中定义的类型和变量。

那么为什么确定哪个脚本在哪个阶段被编译显得十分重要呢？这是因为游戏脚本 A.cs 有

可能会使用定义在别的游戏脚本例如 B.cs 中的类型，所以如果脚本 A.cs 在脚本 B.cs 之前被编译，那么脚本 A.cs 中使用到 B.cs 中定义的类型就无法引用到，从而产生编译错误。因此在 Unity 3D 的游戏脚本编译机制中，有一条最基本的原则，即所有当前被编译的脚本中不可以引用那些定义在当前阶段之后才会被编译的脚本中定义的类型，这样才能确保当前阶段编译的游戏脚本能够正常引用到所需的类型。

当然，在前面介绍 Unity 3D 的脚本语言时说过有 3 种语言可以作为脚本语言在 Unity 3D 中使用，即 C#、UnityScript 以及 Boo。因此就存在一种可能会出现的情况，那就是在一个 Unity 3D 项目中存在使用不同语言实现的游戏脚本。那么不同语言之间的编译顺序就显得十分重要了，例如使用 C#语言在脚本中定义了一个类型 AClass，此时另一个使用 UnityScript 语言的脚本要使用 AClass，则必须要保证定义了 AClass 的 C#脚本先被编译。从这个角度来看，脚本的编译顺序的确十分重要。

14.2 JIT 即时编译

众所周知，在 Unity 3D 中有 3 种不同的脚本语言可供选择，即 C#、UnityScript 以及 Boo。也就是说 Unity 3D 允许使用不同的语言来写源代码，这些使用了不同编程语言写成的源代码看上去似乎不同，但事实上 Mono 运行时（即 Mono Runtime，下文采用运行时这个词语来特指 Mono 运行时）并不关心开发人员到底使用哪一种语言写源代码。既然如此，不同脚本语言的优势到底在哪儿呢？而从源代码到中间语言，再到可供 CPU 执行的原生代码的过程到底是怎么样的呢？下面就让我们一起来了解一下整个的流程吧。

14.2.1 使用编译器将游戏脚本编译为托管模块

通过前面介绍的内容，可以发现编译器实际的作用是语法检查器以及“正确代码”的分析器。也就是说使用不同脚本语言、不同的语法来开发项目，之后都要通过编译器来检查这些源代码，然后确定这些代码都是有意义的，并输出对源代码行为进行描述的代码。换言之，游戏脚本通过编译器首先会被编译为托管模块。托管模块是标准的 32 位 Windows 可移植执行体（PE32，PE 即 Portable Executable 可移植执行体）文件，或者是 64 位的 Windows 可移植执行体（PE32+）文件。需要提醒各位读者注意的一点是，虽然 PE 文件是微软制定的一种文件格式，但是 Unity 3D 所使用的 Mono 同样采用了这种文件格式，并且它们都需要在运行时中才能运行。与生成面向特定 CPU 架构的原生代码编译器不同，此时编译器生成的是 CIL 代码，即中间语言，由于 CIL 代码需要运行时来控制它的执行，因此有时也被称为托管代码。

除了编译生成 CIL 代码之外，编译器还会在托管模块中生成一个数据表集合，我们管这个数据表集合叫作 metadata 元数据。这些元数据的主要作用是来描述该模块中定义了什么，例如最常见的类型或者类型中的成员；有的也会用来描述模块引用了哪些内容，例如引用的类型或者类型中的成员等。生成元数据的好处也十分明显，因为包含了引用类型及其成员的信息，因此在进行 JIT 编译时就不需要额外的原生 C/C++头文件和库文件的支持，直接利用 CIL 代码配合元数据便可以获得编译时的全部信息。

14.2.2 托管模块和程序集

如果各位读者留心的话，可以发现编译过后得到的并非是所谓的托管模块，而是一些文件名以 Assembly 作为开头的 dll 文件。事实上，运行时并不是直接和托管模块接触的，而是通过程序集（Assembly）来工作的。所谓的程序集，指的是由一个或多个模块\资源文件的逻辑性分组，而且需要提醒各位读者注意的是，程序集还是重用、安全性以及版本控制的最小单元。

因此，编译器会默认将上一小节中生成的托管模块转换为程序集。既然程序集是一个或多个模块\资源文件的分组，那么在结构上自然会有别于单独的托管模块。应该说程序集和托管模块类似，仍然是一个 PE32 或 PE32（+）文件，但是它会多出一个新的数据块用来存放它下面所有托管模块的元数据表，我们管这个新的数据块叫作 manifest 清单。manifest 清单的主要内容包括构成程序集的文件、程序集中文件所实现的公开导出的类型（即定义为 public 的类型），以及和程序集相关联的资源或数据文件。也就是说，通过编译器编译后，我们得到了一个含有清单的 PE32 或 PE32（+）文件，也就是程序集。

那么为什么 Mono 的编译器在编译我们的源代码时要引入程序集的概念呢？这是由于通过使用程序集，可以使游戏脚本中的重用类型的逻辑表示和物理表示进行分离。这样说还是有点过于抽象，下面通过一个例子来看看程序集所发挥的作用。例如，游戏脚本中定义很多游戏中的类型。有些类型是常用的，例如和游戏中的英雄、士兵相关的类。但与此同时，有些类型是不常使用的，例如和特殊节日相关的节日活动的类型。此时由于程序集中可以包含多个类型，因此可以将常用的类型放到一个程序集中，而不常用的类型放到另一个程序集中。这样做的好处就是，只有在需要的时候才会加载不常用的程序集。

最后总结一下程序集的重要特点。

（1）程序集定义了可重用的类型。

（2）程序集采用一个版本号标记。

（3）程序集可以关联安全信息。

14.2.3 使用 JIT 编译执行程序集的代码

游戏脚本经过编译生成的程序集中的代码是需要运行时来管理执行的。此时就需要使用 JIT（just-in-time）编译。所谓的 JIT 编译，也叫作即时编译，是在运行时的环境中发生的编译行为。所以游戏启动后，首先要将 Mono 运行时加载进入内存之中。具体地说，目标平台的操作系统会根据要求创建一个 32 位或者是 64 位的进程，进程创建好后会将 Mono 运行时加载进入进程地址空间。然后，进程的主线程会调用方法来初始化 Mono 运行时并加载所需要的程序集，之后便是调用入口方法。至此 Mono 的托管环境便被启动并开始运行了。

Mono 运行时已经准备就绪，那么接下来就要对游戏脚本中定义的第一个方法来进行 JIT 编译了。此时必须提醒各位读者，这里所谓的游戏脚本已经不是最初使用脚本语言写成的源代码了，而是经过之前几节中的编译之后生成的 CIL 代码。而此处所使用的 JIT 编译器的主要作用便是将 CIL 代码编译为 CPU 可以使用的原生代码。

下面结合一个例子来解释一下 JIT 编译的过程，假设在脚本源代码中定义了一个实现游戏角色攻击的方法 Attack，调用该方法便会先判断目标是否存活，如果目标存活，则在 Unity 3D 的编辑窗口输出“攻击敌人！”这几个字，并在方法的最后返回经过此次攻击之后目标的存活状况，代码如下。

```
public bool Attack(Hero target)
{
 if(target.IsAlive())
  Debug.Log("攻击敌人！");
return target.IsAlive();
}
```

在 Attack 方法执行之前，Mono 运行时会检测出 Attack 方法所引用的所有类型，并分配一个内部数据结构来管理对这些引用类型的访问。在 Attack 方法中总共引用了两个类型，即 Hero 和 Debug。因此，Mono 运行时会分配内部数据结构，在这个内部结构中，Hero 类型和 Debug 类型定义的方法都有一个对应的记录项。并且每个记录项都有一个与之对应的地址，通过地址即可找到方法的实现。而该数据结构在进行初始化时，Mono 运行时会将每一个记录项都设置成包含在 Mono 运行时内部的一个叫作 JITCompiler 的未编档函数，之后 Mono 运行时会通过调用 JITCompiler 函数来进行 JIT 编译的过程，即将需要编译的方法的 CIL 代码编译为 CPU 能够识别的原生代码。而我们称这种编译为即时编译的原因也正是由于这种编译方式是即时的对 CIL 代码进行编译的。

Attack 方法在内部第一次调用 Hero 的实例方法 IsAlive 时，Mono 运行时会相应地调用 JITCompiler 函数。此时，被调用的 JITCompiler 函数知道要调用的是哪个方法，也知道该方法定义在了哪个类型中。因此，JITCompiler 会在定义了该方法的类型所在的程序集中查询元数据，进而得到调用的方法的 CIL 代码。然后 JITCompiler 将会验证得到的 CIL 代码，并且将 CIL 代码编译为 CPU 的原生代码。通过 JIT 编译得到的原生代码会被保存到动态分配的内存块中，而与此同时 JITCompiler 会回到 Mono 运行时为类型创建的内部数据结构中，寻找到和刚刚被编译的方法所对应的记录项，并修改记录项中最初对 JITCompiler 的引用，使其转而指向刚刚编译好的原生代码所在的内存块中。经过编译的 IsAlive 方法的代码执行完成并返回之后，回到 Attack 方法中的代码继续向下执行，直到第一次遇到 Debug 中定义的 Log 方法。此时的处理和刚刚第一次调用 Hero 的 IsAlive 方法类似。在 Attack 方法的最后还会第二次调用 Hero 的 IsAlive 方法。此时由于刚刚已经对 IsAlive 方法的代码进行了验证和编译，因此会直接执行内存块中的代码，不再需要 JITCompiler 函数对调用的方法进行编译。并且 IsAlive 方法第二次执行完成并返回后，整个 Attack 方法也执行完成并且返回了。

从 JIT 编译这整个过程中，可以发现脚本中调用的方法仅仅在首次调用时才会有一些性能损失，这是由于第一次要对其进行编译。而之后对该方法的所有调用便不必重新验证 CIL，并把 CIL 编译为原生代码，而是会以本地原生代码的形式高效运行。由于在大多数情况下，使用 Unity 3D 开发的游戏中的很多方法都会被重复调用很多遍，而这些方法只会在第一次被调用时才会对性能造成一定的损害，因此 JIT 编译所造成的性能损失并不明显。

14.2.4 使用 JIT 即时编译的优势

相信读到这里，会有很多读者朋友产生一个疑惑。那便是相比于传统的，直接将脚本源代码编译为原生代码从效率上来说不是更好的选择吗？本来一步到位的事情现在却因为 JIT 即时编译而被分成了两部分：首先编译器要遍历源代码，并且通过大量的工作来生成 CIL 代码。而这些 CIL 代码是不能够被 CPU 直接使用的，所以接下来便必须在运行时将这些 CIL 代码编译成原生的 CPU 指令。这不仅要花费更多的时间，甚至还会占用更多的内存。那么肯定多多少少都会对性能有一些影响。因此我们不禁要问，采用 JIT 即时编译到底有什么好处呢？

使用 JIT 即时编译的好处其实很多，最直观的一点便是如果不使用 JIT 即时编译将编译过程放在运行时中，那么我们只能针对一种具体的 CPU 平台进行编译，直接将源代码编译为具体的 CPU 平台的原生代码。这样便失去了利用 CIL 代码跨平台的能力。

其次应该注意到，正是由于 JIT 即时编译原生代码的过程发生在运行时阶段，因此 JIT 即时编译器具备了对生成的原生代码进行性能优化的能力。经过优化之后生成的原生代码要比没有经过优化的原生代码性能更好。

最后，大家所担心的所谓 JIT 即时编译会影响运行时的运行效率其实是存在的。但是并不明显，这是因为 Mono 运行时进行了大量的优化，使得例如分配动态内存、消耗 CPU 时间等额外的开销保持在了较低的限度之内。因此使用 JIT 即时编译是 Unity 3D 编译脚本的主流方式，但是也有一些平台是无法进行 JIT 即时编译的，那么就不得不提前将脚本源代码编译成对应CPU 平台所需的原生代码，因此下面就来介绍一下 Unity 3D 中的另一种编译方式——AOT 提前编译。

14.3 AOT 提前编译

与 JIT 即时编译不同，Unity 3D 利用 Mono 还为游戏开发人员提供了另外一种编译方式，即 AOT 编译（Ahead-of-time 提前编译）。

14.3.1 在 Unity 3D 中使用 AOT 编译

Unity 3D 使用 Mono 的 AOT 编译模式来实现脚本的 AOT 编译，不过仍然需要先将游戏脚本的源代码编译为 CIL 代码，然后直接将 CIL 代码编译为 CPU 平台的原生代码。因此，可以将 Unity 3D 游戏脚本的 AOT 编译划分成如下两个阶段。

首先，游戏脚本要根据 14.1 节中所讨论的文件夹内容来进行编译，编译的结果是生成程序集 Assembly-CSharp.dll 以及 Assembly-CSharp-firstpass.dll，而源代码也被编译为 CIL 代码。在此顺便说一下，由游戏开发人员自己引入的 dll 文件，此时也会被拷贝到同一个目录之下。

然后，Unity 3D 会使用一个叫作 mono-xcompiler 的应用来对第一步中生成的程序集进行AOT 编译。Unity 3D 目录中的 mono-xcompiler 如图 14-1 所示。

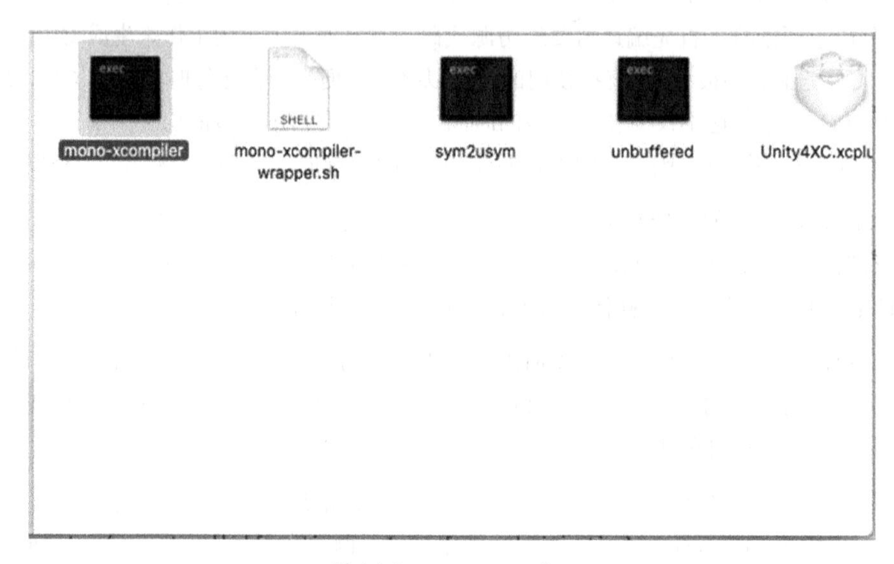

图 14-1 mono-xcompiler

14.3.2 iOS 平台和 Full-AOT 编译

首先需要提醒各位读者注意的是，Mono 的 AOT 编译和 JIT 编译并非对立的。相反，通过 AOT 提前编译常常可以用来减少运行时 JIT 的工作量，因此默认情况下 AOT 提前编译并不会编译所有 CIL 代码，而是在优化和 JIT 之间取得一个平衡。

但是由于在一些平台上，由于系统不允许应用程序动态的生成新的原生代码，因此 Mono 运行时的 JIT 编译便没有办法使用了。在 Unity 3D 的开发过程中，苹果手机 iOS 平台便是这样一个比较特殊的平台。由于必须保证在游戏运行时不能进行任何的 JIT 编译，因此就必须使用 Mono 以 Full-AOT 的方式对游戏脚本的所有源代码全部进行提前编译，生成原生代码。这样做的结果就是在运行时直接加载已经编译好的原生代码，而不再使用 JIT 编译器来动态的生成新的原生代码了。

不过采用 Full-AOT 这种编译方案后，由于 Mono 实现上的原因常常会有一些限制需要加以重视，否则很有可能会出现运行时试图使用 JIT 编译而产生的错误，内容如下所示。

```
    ExecutionEngineException: Attempting to JIT compile method '...' while
running with --aot-only.
```

下面就将一些比较常见的限制总结一下，希望各位读者可以加以重视。

（1）不支持泛型虚方法，因为对于泛型代码，Mono 通过静态分析以确定要实例化的类型并生成代码，但静态分析无法确定运行时实际调用的方法（C++也因此不支持虚模版函数）。

（2）不支持对泛型类的 P\Invoke。

（3）目前不能使用反射中的 Property.SetInfo 给非空类型赋值。

（4）值类型作为 Dictionary 的 Key 时会有问题，实际上实现了 IEquatable<T>的类型都会有此问题，因为 Dictionary 的默认构造函数会使用 EqualityComparer<TKey>.Default 作为比较器，而对于实现了 IEquatable<T>的类型，EqualityComparer<TKey>.Default 要通过反射来实例化一个实现了 IEqualityComparer<TKey>的类（可以参考 EqualityComparer<T>的实现）。解决方案是自己实现一个 IEqualityComparer<TKey>，然后使用 Dictionary<TKey, TValue>(IEqualityComparer<TKey>)构造器创建 Dictionary 实例。

（5）由于不允许动态生成代码，因此无法使用 System.Reflection.Emit，也就无法动态创建类型。

（6）由于不允许使用 System.Reflection.Emit，无法使用 DLR 及基于 DLR 的任何语言。

（7）不要混淆了 Reflection.Emit 和反射，所有反射的 API 均可用。

14.3.3 AOT 编译的优势

当然，虽然 Unity 3D 在 iOS 平台上采用 Full-AOT 编译的方式会产生诸多限制，但这并不是说 AOT 提前编译没有好处。事实上，AOT 编译的方式也会带来很多优点。由于已经提前将 CIL 代码编译成了目标平台的原生代码，因此 Mono 运行时的 JIT 编译器就不需要在运行时动态的编译 CIL 代码了。由此而产生的优势可以归纳为以下 3 点。

减少了启动时间

在 Mono 运行时启动时，会首先检测是否存在经过 AOT 编译过的原生代码，如果原生代码存在，则 Mono 运行时会直接加载该原生代码，而不使用 JIT 编译器去动态编译程序集中的 CIL 代码。因此可以提高启动的速度。

有利于内存共享以节约内存

除了不需要 JIT 编译的时候需要动态分配内存之外，在 Mono 运行时中还会通过调用“mmap”方法来加载经过 AOT 编译过的程序集。如果一个程序集被同时加载到了多个进程之中，便可以通过“内存映射”的方式同时映射到多个进程的地址空间中，这样就使得代码得到了共享，避免了每一个进程都单独需要一份代码的拷贝，从而节省了内存。

生成的原生代码的性能可能更好

介绍 JIT 编译时，说过 JIT 编译会在运行时对生成的代码进行优化以提升代码性能。这自然是 JIT 编译的一大优势，但我们是否真的对所有的代码都需要进行优化呢？当不需要对代码进行优化，同时又需要保证启动速度时，使用 AOT 编译的确是一个很好的选择。由于 AOT 提前编译的代码拥有更快的启动速度，并且在提前编译时可以控制一些具体的优化项，当一些额外的优化项不需要时，可以选择不进行该项的优化，这样使用 AOT 编译便能够获得更好的性能。当然这一切都取决于开发者自己的标准和选择。

14.4 谁偷了我的热更新？Mono、JIT 还是 iOS

在做游戏开发的日常工作中，经常会遇到一些既困扰玩家，又困扰游戏开发者的问题。比如一个常见的问题就是为什么很多使用 Unity 3D 开发的游戏一更新就需要重新下载整个安装包，而没有使用在游戏内更新的方案呢？作为游戏开发者，或者说 Unity 3D 开发者，我们都十分清楚 Unity 3D 是不支持热更新的。甚至在 iOS 平台上**生成新的代码**都会导致游戏报错崩溃（之所以强调“生成新的代码”这几个字，就是提醒各位读者不要混淆 Reflection.Emit 和反射）。但我们是否和普通的玩家一样，看到的仅仅是“不能”的现象，而不了解“不能”背后的原因呢？那么在本节中，就和各位读者一起看看到底是谁偷了玩家的热更新。

14.4.1 从一个常见的报错说起

不知道各位读者在使用 Unity 3D 开发 iOS 版本的游戏时，是否也曾经碰到过这样的报错，内容如下所示。

```
    ExecutionEngineException: Attempting to JIT compile method 'XXXX'
while running with --aot-only.
```

这个报错的意思很明确，说得也很具体，翻译成中文的大概意思就是“在使用‘--aot-only’这个选项的前提下，又试图使用 JIT 编译器编译‘XXXX’方法。”

那么不知道是否会有读者觉得这个问题可能是程序跑在 iOS 平台上时，不小心犯了 iOS 的“忌讳”，使用了 JIT（假设此时我们还不知道为什么使用 JIT 是 iOS 的“忌讳”）去动态编译代码导致 iOS 的报错呢？答案是否定的。

又或者更进一步，看到“ExecutionEngineException”，似乎和 iOS 平台的异常没什么太大的关联，那就把责任定位在 Unity 3D 的引擎上。一定是游戏引擎此时不支持 JIT 编译了。也不是完全对，不过已经很接近真正的原因了。各位读者想想，能涉及到编译的被怀疑的对象还能有谁呢？

这个异常其实是 Mono 的异常。换言之，Unity 3D 使用了 Mono 来编译，所以 Unity 3D 的嫌疑被排除。而 iOS 并没有因为生成或者运行动态生成的代码而报错。换言之，这个异常发生在触发 iOS 异常之前，所以说 Mono 在 iOS 平台上进行 JIT 编译之前就先一步让程序崩溃了。

说到这里，就绕不过 Mono 是如何编译代码这个话题了。下面就简单地对 Mono 的源代码目录结构做一个简单的分析，并且简单总结一下 Mono 编译部分的目录结构。

- docs 文件夹：关于 Mono 运行时的文档，在这里你可以看到例如编译的说明文档，还有 Mono 运行时的 API 列表。
- data 文件夹：一些 Mono 运行时的配置文件。
- mono 文件夹：Mono 运行时的核心，也是本文关于 Mono 部分的焦点，简单介绍一下它的几个比较重要的子目录。

（1）mono/metadata 文件夹：实现了处理 metadata 的逻辑。

（2）mono/mini 文件夹：JIT 编译器（重点）。

（3）mono/dis 文件夹：可执行 CIL 代码的反编译器。

（4）mono/cil 文件夹：CIL 指令的 XML 配置，在这里可以看到 CIL 的指令都是什么。

（5）mono/arch 文件夹：不同体系结构的特定部分。

- mcs 文件夹：C#源码编译器（C#编译为 CIL），简单介绍一下它的字目录。

    1）mcs/mcs/mcs 文件夹：源码编译器。

    2）mcs/mcs/jay 文件夹：分析程序的生成程序。

具体到本节要讨论的内容，需要看的就是 mono 目录下的 mini 文件夹中的文件，这个文件夹中的.c 文件实现了 JIT 编译，如图 14-2 所示。

driver.c	Exclude the float32 optimization from -O=all.
dwarfwriter.c	[jit] Use _checked variant of mono_field_from_token.
dwarfwriter.h	[aot] Give the compilation unit entries in the DWARF debug info diffe...
exceptions-amd64.c	[jit] First pass of portability fixes for the JIT.
exceptions-arm.c	[jit] Get rid of the mono_arch_sigctx_to_monoctx()/monoctx_to_sigctx ...
exceptions-arm64.c	Revert "Revert "Merge branch 'master' of https://github.com/mono/mono""
exceptions-ia64.c	[runtime] Fix a few more places which accessed jinfo->method directly.
exceptions-mips.c	[jit] Get rid of the mono_arch_sigctx_to_monoctx()/monoctx_to_sigctx ...
exceptions-ppc.c	Propagate siginfo to mono_handle_native_sigsegv ().
exceptions-s390x.c	Minor reformatting
exceptions-sparc.c	[jit] Move the 'remove any unused lmf' code from mono_arch_find_jit_i...
exceptions-x86.c	[runtime] Do not use MONO_STRUCT_OFFSET for Win32-specific offsets.
exceptions.cs	[runtime] Remove overly pessimistic test.
gc-test.cs	Add support for complex descriptors to mono_gc_get_bitmap_for_descr ().
generics-variant-types.il	2008-02-26 Zoltan Varga <vargaz@gmail.com>
generics.cs	[jit] Properly inflate method signatures used in CEE_NEWOBJ opcodes. ...
genmdesc.c	[runtime] Fix the build with newer clang versions.
genmdesc.pl	Revert "Revert "Merge branch 'master' of https://github.com/mono/mono""
graph.c	[jit] Get rid of the intermediate OP_..CALLVIRT opcodes, use the _MEM...
gshared.cs	[jit] Always pass the imt arg to interface calls in gsharedvt methods...
helpers.c	[jit] Fix the objdump cmd line used on winx64.
iltests.il.in	Add mixed r4/r8 opcodes to binary opcodes.
image-writer.c	[mini] Fix some warnings.
image-writer.h	[aot] Use nops as alignment padding on amd64 instead of zeros.
ir-emit.h	Add support for generating 32 bit floating point code when operating ...
jit-icalls.c	Implement arm support.
jit-icalls.h	Implement arm support.

图 14-2 mono/mini 文件夹的内容

首先直接定位这个报错“ExecutionEngineException: Attempting to JIT compile method 'XXXX' while running with --aot-only.”的位置，然后再探明它究竟是如何被触发的。

按照这样的思路，就来到了 mono 的 JIT 编译器目录 mini 下的 mini.c 文件。这里就是 JIT 的逻辑实现。而那段报错，在 mini.c 文件中是这样处理的，内容如下所示。

```
if (mono_aot_only) {
    char *fullname = mono_method_full_name (method, TRUE);
    char *msg = g_strdup_printf ("Attempting to JIT compile method '%s' while        running with --aot-only. See http://docs.xamarin.com/ios/about/limitations for more information.\n", fullname);
    *jit_ex = mono_get_exception_execution_engine (msg);
    g_free (fullname);
    g_free (msg);
    return NULL;
}
```

“mono_aot_only？”没错，只要我们设定 mono 的编译模式为 Full-AOT（比如打 iOS 平台安装包的时候），则在运行时试图使用 JIT 编译时，mono 自身的 JIT 编译器就会禁止这种行为，进而报告这个异常。JIT 编译的过程根本还没开始，就被自己“扼杀”了。

那么 JIT 究竟是什么？为什么 iOS 这么忌讳它呢？那就不得不再学习一下 JIT 的相关内容了。

14.4.2 美丽的 JIT

因何美丽

名如其特点，JIT——just in time，即时编译。

在前面的章节中，已经介绍过了 JIT 的相关知识，但是此处还需要借助 JIT 的概念，因此在这里再重新提一下 JIT 的定义：一个程序在它运行的时候创建并且运行了全新的代码，而并非那些最初作为这个程序的一部分保存在硬盘上的固有的代码。就叫作 JIT。

有 3 个关键点要提醒各位读者注意。

（1）程序需要运行。

（2）生成的代码是新的代码，并非作为原始程序的一部分被存在磁盘上的那些代码。

（3）不光生成代码，还要运行。

前两点各位读者应该已经十分熟悉了，不过第 3 点却是被很多人常常忽略的，也就是 JIT 不光是生成新的代码，Mono 运行时还会运行新生成的代码。在展开介绍第 3 点之前，还是要先解释一下为什么称 JIT 是“美丽”的。

举一个例子，假如你某一天突然穿越成为了一个优秀的学者，现在要去一个语言不通的国家进行一系列讲座。面对语言不通的窘境，如何才不出丑呢？

这里向你提供了 3 个方案。

（1）在家的时候雇人把所有的讲稿全部翻译一遍。这是最省事的做法，但却缺乏灵活性。比如临时有更好的话题或者点子，也只能恨自己没有好好学外语了。

（2）雇一个翻译和你一起出发，你说什么他就翻译什么。这样就不存在灵活性的问题，因为完全是同步的。不过缺点同样明显，翻译要翻译很多话，包括你重复说的话。所以需要的时间要远远高于方案 1。

（3）雇一个翻译和你一起出发，但不是你说什么他就翻译什么，而是记录翻译过的话，遇到曾经翻译过的就不会再翻译了。你自己就可以根据之前的翻译记录和别人交流了。

看完这 3 个方案，各位看读者心中更喜欢哪个呢？

笔者的答案是方案 3，因为这便是 JIT 的“道”。所以说 JIT 的“美丽”就在于既保留了对代码优化的灵活性，也兼具对热点代码进行重复利用的功能。

14.4.3 模拟 JIT 的过程

JIT 是如何实现既生成新代码，又能运行新代码的呢？

编译器如何生成新代码，前面的章节已经介绍过了，因此这里不再赘述。下面就学习一下编译器是如何运行新生成的代码的。

首先，要知道生成的所谓机器码到底是什么东西。一行看上去只是处理几个数字的代码，蕴含着的就是机器码，代码如下。

```
unsigned char[] macCode = {0x48, 0x8b, 0x07};
```

macCode 对应的汇编指令如下所示。

```
mov    (%rdi),%rax
```

其实可以看出机器码就是比特流，所以将它加载到内存并不困难。而问题是应该如何执行。

下面就模拟执行新生成的机器码的过程。假设 JIT 已经为我们编译出了新的机器码，是一个求和函数的机器码，代码如下。

```
long add(long num) {
  return num + 1;
}

//对应的机器码
0x48, 0x83, 0xc0, 0x01,
```

```
0xc3
```

首先，动态的在内存上创建函数之前，我们需要在内存上分配空间。具体到模拟动态创建函数，其实就是将对应的机器码映射到内存空间中。这里使用 C 语言做实验，利用 mmap 函数来实现这一点。

表 14-1 mmap 函数

类　别	内　容
头文件	#include <unistd.h>　#include <sys/mman.h>
定义函数	void *mmap(void *start, size_t length, int prot, int flags, int fd, off_t offsize)
函数说明	mmap()用来将某个文件内容映射到内存中，对该内存区域的存取，即是直接对该文件内容的读写

因为想要把已经是比特流的“求和函数”在内存中创建出来，同时还要运行它。所以 mmap 有几个参数需要注意。

代表映射区域的保护方式，有下列组合。

（1）PROT_EXEC 映射区域可被执行。

（2）PROT_READ 映射区域可被读取。

（3）PROT_WRITE 映射区域可被写入。

使用 mmap 函数动态分配内存的代码如下。

```
#include<stdio.h>
#include <stdlib.h>
#include <string.h>
#include <unistd.h>
#include <sys/mman.h>

//分配内存
void* create_space(size_t size) {
    void* ptr = mmap(0, size,
            PROT_READ | PROT_WRITE | PROT_EXEC,
            MAP_PRIVATE | MAP_ANON,
            -1, 0);
    return ptr;
}
```

这样就获得了一块分配给我们存放代码的空间。下一步就是实现一个函数将机器码，也就是比特流拷贝到分配给我们的那块空间上去。使用 memcpy 函数即可，代码如下。

```
//在内存中创建函数
void copy_code_2_space(unsigned char* m) {
    unsigned char macCode[] = {
        0x48, 0x83, 0xc0, 0x01,
        c3
    };
    memcpy(m, macCode, sizeof(macCode));
}
```

然后再写一个 main 函数来处理整个逻辑，代码如下。

```
#include<stdio.h>
#include <stdlib.h>
#include <string.h>
#include <unistd.h>
#include <sys/mman.h>

//分配内存
void* create_space(size_t size) {
    void* ptr = mmap(0, size,
            PROT_READ | PROT_WRITE | PROT_EXEC,
            MAP_PRIVATE | MAP_ANON,
            -1, 0);
    return ptr;
}

//在内存中创建函数
void copy_code_2_space(unsigned char* addr) {
    unsigned char macCode[] = {
        0x48, 0x83, 0xc0, 0x01,
        0xc3
    };
    memcpy(addr, macCode, sizeof(macCode));
}

//main 声明一个函数指针 TestFun 用来指向我们的求和函数在内存中的地址
int main(int argc, char** argv) {
    const size_t SIZE = 1024;
    typedef long (*TestFun)(long);
    void* addr = create_space(SIZE);
    copy_code_2_space(addr);
    TestFun test = addr;
    int result = test(1);
    printf("result = %d\n", result);
    return 0;
```

```
}
```

编译并且运行，代码如下。

```
//编译
gcc testFun.c
//运行
./a.out 1
```

运行结果如图 14-3 所示。

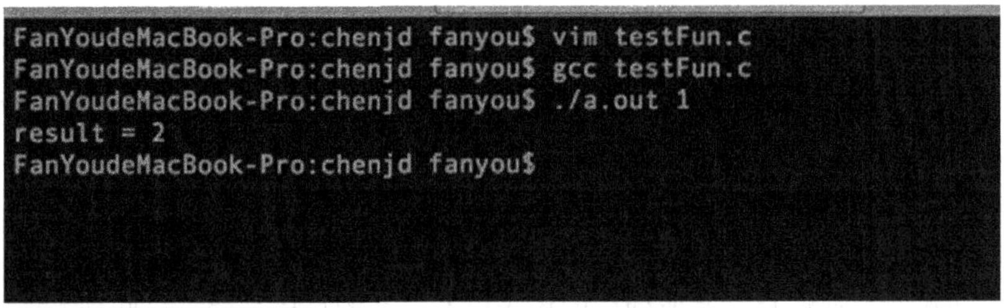

```
FanYoudeMacBook-Pro:chenjd fanyou$ vim testFun.c
FanYoudeMacBook-Pro:chenjd fanyou$ gcc testFun.c
FanYoudeMacBook-Pro:chenjd fanyou$ ./a.out 1
result = 2
FanYoudeMacBook-Pro:chenjd fanyou$
```

图 14-3　运行机器码输出的结果

14.4.4 iOS 平台的自我保护

14.4.3 节的例子模拟了动态代码在内存上的生成和之后的运行。似乎没有什么问题，可是不知道各位读者是否意识到忽略了一个前提。那就是我们为这块区域设置的保护模式是可读、可写、可执行的。如果没有内存可读写、可执行的权限，我们刚刚的操作还能成功吗？

让我们把 create_space 函数中的“可执行”PROT_EXEC 权限去掉，看看结果会是什么样。

修改代码，同时将刚才生成的可执行文件 a.out 删除，重新生成并运行，代码如下。

```
rm a.out
vim testFun.c
gcc testFun.c
./a.out 1
```

运行的结果如图 14-4 所示，机器码不能正常运行了。

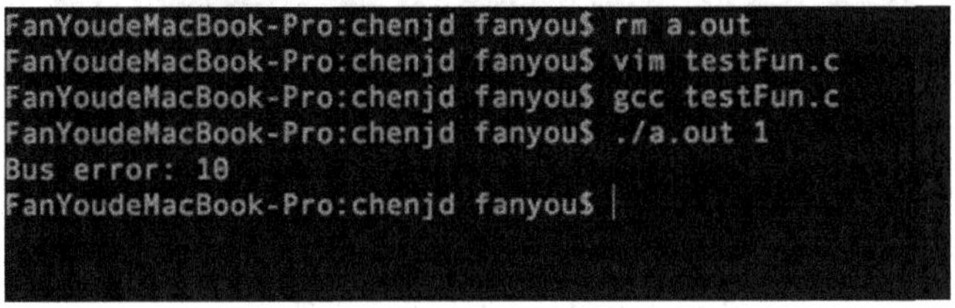

```
FanYoudeMacBook-Pro:chenjd fanyou$ rm a.out
FanYoudeMacBook-Pro:chenjd fanyou$ vim testFun.c
FanYoudeMacBook-Pro:chenjd fanyou$ gcc testFun.c
FanYoudeMacBook-Pro:chenjd fanyou$ ./a.out 1
Bus error: 10
FanYoudeMacBook-Pro:chenjd fanyou$
```

图 14-4　机器码不能正常运行

所以，热更新无法在 iOS 平台实现的根本原因并非是因为 iOS 禁止了 JIT 编译这种方式。而是苹果出于安全角度的考虑，在 iOS 中封了内存（或者堆）的可执行权限，相当于变相的封锁了 JIT 这种编译方式。希望通过本节的内容，各位读者能够加深对 JIT 编译的理解，以及明白为什么在 iOS 平台上无法实现热更新的原因。

14.5 Unity 3D 项目的编译与发布

一旦我们的项目完成开发，接下来就是要将项目编译，并且发布到对应的平台，在实际的机器上运行。那么本节我们就来学习如何在 Unity 3D 中使用发布设置，以及如何创建游戏的不同平台的版本。

14.5.1 选择游戏场景和目标平台

我们在发布游戏前要选择游戏所使用的场景以及发布的目标平台，这些都需要在 Unity 3D 的编辑器中打开发布设置窗口才能实现。通过“File→Build Settings”选项打开编译设置窗口，它会弹出一个包括我们建立的游戏场景的列表——“Scenes In Build”，如图 14-5 所示。

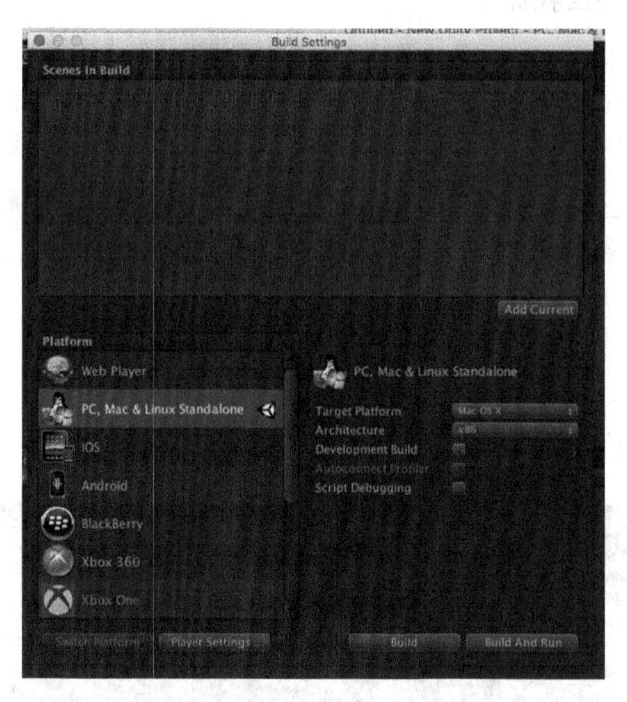

图 14-5 Build Settings 发布设置窗口

如果是第一次在一个项目中查看发布设置窗口，会发现它的“Scenes In Build”列表是空白的。如果在“Scenes In Build”列表为空的状态下对项目进行编译和发布，则只会有当前工作的游戏场景会被加入到编译的过程中。当然，如果不需要将整个游戏编译发布，而仅仅是测试单个场景，在这种情况下直接发布即可。但是如果要发布一个多场景的游戏，应该如何向这个空白的列表中添加多个场景呢？其实操作起来十分简单，下面就介绍两种添加它们的方法。

第一种方法是单击“Add Current”按钮，将会看到当前打开的场景出现在列表中；第二种方法是直接从项目视图中将需要添加的场景拖曳到列表中。

提醒各位读者需要注意的是，我们的每个场景都有不同的索引值。例如我们游戏中创建的第一个场景是 Scene 0。而我们也可以在游戏脚本中使用 Application 的静态方法 LoadLevel 来加载新的场景，当然前提是被加载的场景必须在场景列表中。

如果此时“Scenes In Build”列表中已经添加了多个场景文件，但是还有重新排列它们的需求，那么操作也十分简单。只需在“Scenes In Build”列表中拖曳目标场景到其他场景的上面或者下面，直到我们所需要的一个场景顺序为止。

如果需要从“Scenes In Build”列表中删除不需要被部署编译的场景，那么只需单击选中列表中的目标场景，然后按删除（Delete）键即可。然后该场景将会从列表中消失，并且在发布部署时不会包含在生成的作品中。

一旦发布所需的场景选择好，接下来就是要选择发布的目标平台了。毕竟跨平台开发也是 Unity 3D 游戏引擎的优势之一。选择目标平台的界面，如图 14-6 所示。

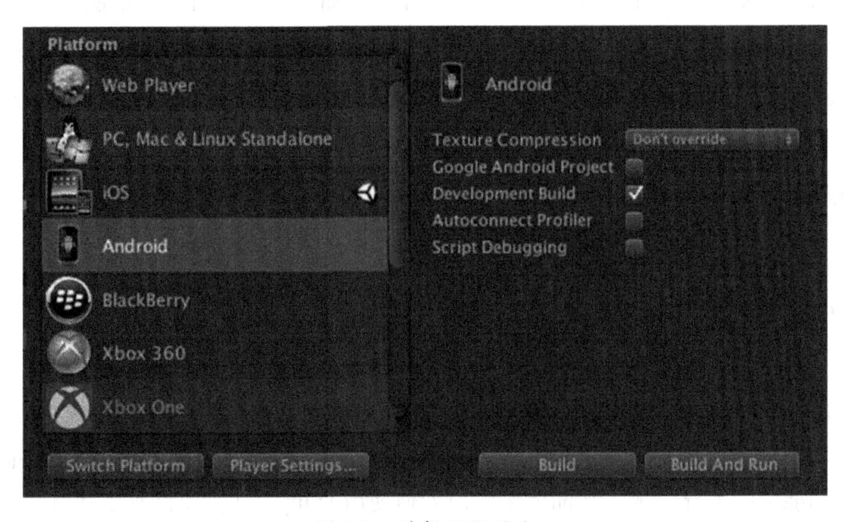

图 14-6 选择目标平台

所以接下来就要在发布设置窗口中查看目标平台列表，来决定当前的目标平台。需要注意的是，当前的目标平台通过 Unity 标识来表示。如果当前目标平台并不是我们想要的平台，那么首先选择我们需要的平台，然后再单击“Switch Platform”按钮。需要注意的是，如果在发布设置窗口中勾选“Development Build”复选框，则会启用 Profiler 功能，也将使“Autoconnect Profiler”选项可用。

当场景列表包括了所有我们需要的场景，并且选择好了目标平台后，只需单击发布设置窗口中的“Build”按钮，在弹出的“保存”对话框中可以选择生成的作品名称和存储位置，成功保存后，Unity 将就会开启部署游戏项目的作业。

14.5.2 Unity 3D 发布项目的内部过程

Unity 3D 在发布项目的过程中将会把一个游戏程序的空白副本放到我们（在 14.5.1 小节中）指定的地方。然后，将通过使用发布设置中的场景列表，在编辑器中依次打开它们，对其进行优化，整合到程序包中。它还将计算包括场景在内的所有资源数据，并存储到程序包里一个单独的文件中。这里有 3 点需要各位读者注意的事项。

（1）任何一个标有 EditorOnly 标签的游戏对象将不包含在发布的作品中，这对于调试那些不需要包含在最终游戏里的脚本是非常有用的。

（2）当加载一个新的场景时，所有上一个场景中的对象将被销毁。为了防止这种情况发生，可以为那些需要保留的对象上使用 DontDestroyOnLoad 函数。举一个比较常见的情况作为例子，即在切换场景时需要保持音乐播放，或用于保存游戏状态和进度的控制脚本。

（3）一旦新的游戏场景加载完成，Unity 3D 会对所有处于激活状态的游戏对象（GameObject）发送 OnLevelWasLoaded 消息。如果需要在场景刚刚加载完成时对游戏对象进行操作，可以利用这个消息来实现。

此时 Unity 3D 已经将项目整合成为一个程序包了，但是此时还无法在特定的平台上运行。所以接下来就让来学习 Unity 3D 又是如何将项目部署到具体平台上的相关内容。

14.5.3 Unity 3D 部署到 Android 平台

由于 Android 设备的用户量越来越大，早已成为了一个重要的手机游戏消费群体。因此必须要重视 Unity 3D 项目在 Android 平台的发布流程。但是由于 Android 设备的硬件厂商很多，因此造成的一个问题便是 Android 系统的多样化，这可能会导致 Unity 3D 部署到 Android 平台上会有一些功能上的差异。那么下面就来学习如何使用 Unity 3D 将项目发布到 Android 平台上。

设置 Android 开发环境

在将 Unity 3D 打包成安卓安装包 apk 之前，首先要保证拥有一套 Android 的开发环境，可以按照以下步骤来搭建自己的 Android 开发环境。

（1）在 Android Developer SDK 页面下载最新的 Android SDK，并解压。

（2）安装下载并解压好的 Android SDK，需要注意的是 API level 必须等于或大于 9，这样对应的是 Android 平台 2.3 以上的版本。

（3）将 Android 设备和计算机相连，使系统识别接入的 Android 设备。关于使计算机识别 Android 设备，对于不同的操作系统也会有些不同。对 Windows 操作系统而言，即便 Android 设备被系统中 Android SDK 自带的驱动自动识别，但仍然有可能需要升级相应的驱动，这个会通过 Windows Device Manager（Windows 驱动管理程序）来完成。而如果 Android 设备没有被 Android SDK 自带的驱动自动设别，则可能需要额外的驱动程序来完成这个过程。而对于 Mac OS X 操作系统来说，识别接入的 Android 设备就简单了很多，因为大多数情况下无须额外的驱动方面的需求。

（4）在 Unity 3D 引擎中设置 Android SDK 的路径。如果 Unity 3D 引擎无法定位 Android SDK 的路径（例如第一次发布 Android 的版本或 Android SDK 的路径有变化），则 Unity 3D 会要求开发者提供正确的 Android SDK 的路径，也就是 Android SDK 安装的根目录。

当然，也可以在“Unity Preferences”对话框中修改 Android SDK 的路径，如图 14-7 所示。

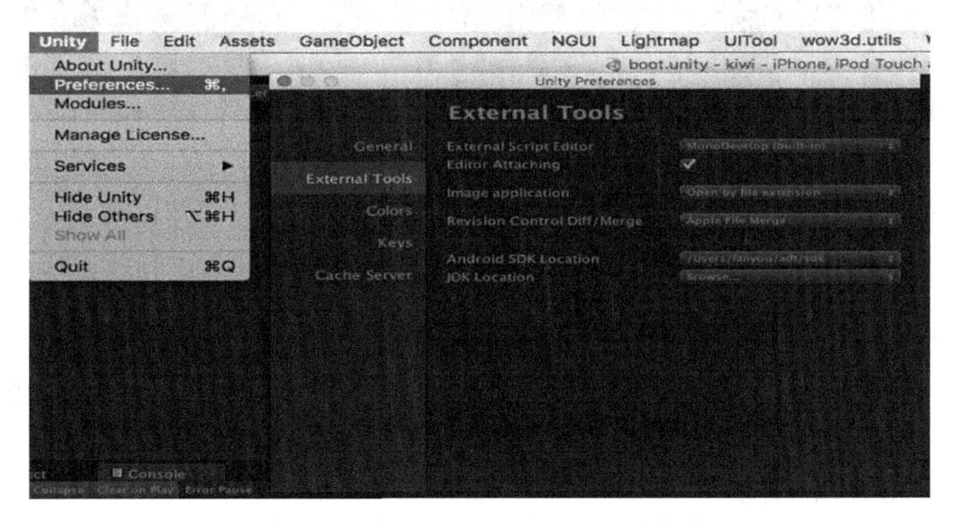

图 14-7　设置 Android SDK 以及 JDK 的位置

当准备工作都完成后，就可以正式开始将 Unity 3D 的项目部署到 Android 平台了。

将项目部署到 Android 平台的流程

可以将使用 Unity 3D 生成 Android 应用程序的过程分成两个主要步骤。

（1）要生成一个包含了所有库文件以及序列化后资源的 Android 应用安装包，也就是 apk 文件。

（2）需要将这个 apk 文件部署到实际的 Android 设备上。

可以在 Unity 3D 的编辑器中打开“Building Settings”界面，可以看到右下角有两个按钮，分别是“Build”和“Build And Run”，如果我们单击“Build”按钮，则 Unity 3D 只会进行上述的第一个步骤，即只会生成一个 apk 文件；如果单击“Build And Run”按钮，则会执行上述的两个步骤。这里要提醒各位读者注意的一点是，在第一次使用 Unity 3D 生成 Android 安装包或将 Android 安装包部署到实际的设备上时，都必须保证已经为 Unity 3D 指定了 Android SDK 的位置。

一旦成功生成了 apk 文件，接下来就要将 apk 文件部署到 Android 设备上了。而在 Unity 3D 真正的将 apk 文件部署到 Android 设备上之前，我们必须保证计算机的操作系统是可以识别目标 Android 设备的。将 Android 设备通过 USB 线和计算机连接后，可以在终端命令行中使用 adb devices 命令来确定计算机是否识别了接入的 Android 设备，如果成功识别了接入的设备，则会在终端中显示识别设备的列表，如图 14-8 所示。

```
FanYoudeMacBook-Pro:chenjd fanyou$ adb devices
List of devices attached
dfdda62e        device
```

图 14-8 被操作系统识别的 Android 设备的列表

然后还需要确保 Android 设备开启了允许进行 Debug 调试的选项。这样 Unity 3D 就可以实现在 Android 平台上的部署和运行了。

14.5.4 Unity 3D 部署到 iOS 平台

和 Unity 3D 发布到 Android 平台不同，如果想开发 iOS 平台上的 Unity 3D 游戏，除了要有一套开发 iOS 的开发环境之外，还必须要有一个苹果的开发者账户。

设置 iOS 的开发环境

在正式将 Unity 3D 项目发布到 iOS 设备上之前，必须要设置好 iOS 的开发环境。下面就总结一下在设置 iOS 开发环境时的步骤。

（1）首先要在苹果的开发者页面（https://developer.apple.com/programs/ios/）注册申请成为 iOS 的开发者，一年的费用约为 688 元人民币。

（2）升级我们的操作系统以及 iTunes。

（3）从 iOS 开发者中心下载最新的 iOS SDK。这里需要提醒各位读者注意的一点是，一定要下载稳定的版本，而不要下载测试版本。当然，XCode 也会被更新。

（4）获得设备标识符。用 USB 线连接 iOS 设备到 Mac 设备，并启动 Xcode。Xcode 将检测到连接的 iOS 设备，这时应该能在左侧设备列表看到连入的 iOS 设备，选择它并记下设备的识别码。

（5）添加设备。登录到 iPhone 开发者中心，在相应的页面添加设备信息。主要包括设备的名称（仅字母数字）和设备的识别码。

（6）创建证书。在 iPhone 开发者程序门户网站创建证书。

（7）下载安装 WWDR 中级证书，并且创建配置文件。

经过以上的 7 个步骤后，我们就在 Mac 设备中设置好了 iOS 的开发环境。接下来就要把 Unity 3D 项目部署到 iOS 平台上了。

将项目部署到 iOS 平台的流程

iOS 平台（iPhone、iPad）应用程序编译过程分为两步。

第一步是 XCode 工程被生成，并附带所有所需的库、预编译.NET 代码以及已序列化的资源；第二步是 XCode 项目构建，并在实际的设备上部署。

和在 Android 平台上部署 Unity 3D 项目类似，当在“Build Settings”界面单击“Build”按钮时，只是完成了部署的第一步。而如果单击“Build and Run”按钮，则会执行以上的两个步骤。

如果在项目的对话框中，用户选择已经存在的一个文件夹，将显示一个警告信息。目前，有两个 XCode 项目生成模式选择。

（1）替换：从目标文件夹删除所有文件，并生成新的内容。

（2）追加：Data、Libraries 和项目根文件夹被清空，并填充新生成的内容。XCode 项目文件根据最新的 Unity 项目变更进行更新。XCode 项目 Classes 子文件夹被视为安全的地方，可放置自定义的原生代码，但建议定期备份。追加模式仅支持现有的 Xcode 项目，带有相同的 Unity iOS 版本生成。

如果使用“Cmd+B”组合键，那么 Unity 3D 会自动使用和单击“Build And Run”按钮一样的效果的处理方式，最近使用的文件夹被假定为编译目标。在这种情况下，默认模式假定为追加模式。

这里需要说明的是，Unity 3D 在部署的第一步中生成的 XCode 工程。在应用程序最终被部署到 iOS 设备上之前，这个项目首先需要使用 XCode 进行编译和签名，因为只有这样才可以让我们的游戏在 App Store 上进行分发。

那么下面就先来看一看这个 Unity 3D 所生成的 XCode 工程的目录结构，如图 14-9 所示。

图 14-9 Unity 3D 生成的 XCode 工程目录

在这个工程目录中，有几个文件夹值得我们注意。它们分别是 Classes 文件夹、Data 文件夹、Libraries 文件夹。

Classes 文件夹包含了 Unity 运行时对应的 Objective-C 代码。其中的 main.mm 和 UnityAppController.mm，以及 UnityAppController.h 这几个文件是游戏运行的入口点。当然，我们也可以创建自己的从 UnityAppController 派生的 AppDelegate。因此，如果我们的插件包含 AppController.h，那么就可以简单地用 UnityAppController.h 替代。

另外需要注意的是 iPhone_Profiler.h 文件，它定义了一个可以使编译器开启内部分析器的条件。

总体而言，Classes 文件夹主要存放的是不经常更改的代码文件。因此我们也可以在这里放一些自己定义的类型。

Data 文件夹包含序列化的游戏资源和.NET 程序集（dll 文件）。因此，可以看出 Data 文件夹在每次构建时都会刷新该文件夹中的内容，所以不应该手动修改它。

Libraries 文件夹包含了.NET 程序集翻译而成的 ARM 汇编程序文件（即后缀为 s 的文件）。需要各位读者注意的是，libiPhone-lib.a 这个文件，它是 Unity 运行时静态库。以及 RegisterMonoModules.cpp 这个文件，它将绑定我们使用的游戏脚本语言（例如 C#）和 Unity 3D 底层的 C/C++代码。和 Data 文件夹类似，Libraries 文件夹中的内容每次构建也会被刷新，所以同样不应该手动修改它。

14.6 本章总结

本章主要介绍了如何将游戏脚本的源代码编译生成原生代码，并引出了 Unity 3D 利用 Mono，从而实现的两种不同的编译方式，即 JIT 即时编译以及 AOT 提前编译。通过分析 JIT 即时编译和 AOT 提前编译的详细过程，列举了它们各自的优缺点，并通过模拟 JIT 即时编译的方式，揭示了使用 Unity 3D 开发的游戏之所以无法实现热更新的原因。在本章的最后还从实战出发，介绍了如何将 Unity 3D 项目分别部署在 Android 平台和 iOS 平台上。